W0257344

Colin Bruce

Sherlock Holmes und der Energie-Anarchist

12 physikalische Rätsel brillant gelöst

Aus dem Englischen von
Michael Zillgitt und Carsten Heinisch

Springer Basel AG

Die englische Originalausgabe erschien 1997 unter dem Titel „The Strange Case of Mrs. Hudson's Cat" bei Addison Wesley Longman Inc., Reading, MA, USA.

Die Deutsche Bibliothek – CIP-Einheitsaufnahme

Bruce, Colin:
Sherlock Holmes und der Energie-Anarchist : 12 physikalische Rätsel brillant gelöst / Colin Bruce.
Aus dem Engl. von Michael Zillgitt und Carsten Heinisch. –
Basel ; Boston ; Berlin : Birkhäuser, 1998
    Einheitssacht: The strange case of Mrs. Hudson's cat <dt.>
    ISBN 978-3-0348-6401-5

© 1998 der deutschsprachigen Ausgabe: Springer Basel AG
Ursprünglich erschienen bei Birkhäuser Verlag, Postfach 133, CH-4010 Basel, Schweiz 1998
Softcover reprint of the hardcover 1st edition 1998
Umschlaggestaltung: Atelier Jäger, Kommunikations-Design, Salem
Layout und Satz: Dr. Michael Zillgitt, Frankfurt/Main
Gedruckt auf säurefreiem Papier, hergestellt aus chlorfrei gebleichtem Zellstoff. ∞
ISBN 978-3-0348-6401-5   ISBN 978-3-0348-6400-8 (eBook)
DOI 10.1007/978-3-0348-6400-8
9 8 7 6 5 4 3 2 1

Inhalt

Vorwort

Gegen Ende des vorigen Jahrhunderts schien sich die Grundlagenforschung im Triumph ihrer Vollendung zu nähern. Das Universum funktionierte nach unkomplizierten, leichtverständlichen Gesetzen, die genau bekannt waren. Der berühmte Wissenschaftler Lord Kelvin behauptete sogar, daß sich die Forscher künftig darauf beschränken könnten, die Naturkonstanten noch exakter zu bestimmen: Es gab offensichtlich kein Neuland mehr zu entdecken.

Und doch fanden sich etliche Anomalien, die es aufzuklären galt. Ein solches Paradoxon betraf die Lichtgeschwindigkeit, die erstaunlicherweise konstant zu sein schien, ungeachtet der Geschwindigkeiten von Lichtquelle und Beobachter. Andere Fragen ergaben sich in der mikroskopischen Welt, die sich einer genaueren Beschreibung so merkwürdig widersetzte. Zu Beginn unseres Jahrhunderts fegten diese ungeklärten Details das bequeme, exakte Bild des Universums hinweg, das die Wissenschaftler im neunzehnten Jahrhundert so geduldig zusammengefügt hatten. Wir haben es bis heute noch nicht wiedergefunden. Die ungeklärten Paradoxa sind viel fesselnder als alle Fragen, die menschliche Rätselerfinder je ersannen; und sie alle haben den geradezu quälenden Aspekt gemeinsam, daß man sie mit einem einzigen, genialen und intuitiven Ansatz lösen könnte.

Ich habe zwei Gründe, die Sachverhalte in einer recht unkonventionellen Form zu schildern. Der erste ist, daß ich mit Watsons Einwand sympathisiere: „Keine Mathematik, Holmes: Ich habe einen Horror vor Algebra." Ich wollte die offenkundigen Paradoxa der Speziellen Relativitätstheorie und der Quantentheorie auf rein visuelle und logische Art darlegen. Dabei soll jeder Leser die Möglichkeit haben, durch eigene Überlegung herauszufinden, ob es eine Alternative zu der absonderlichen Naturbeschreibung gibt, wie die Physiker sie uns heute anbieten. Mein zweiter Grund ist, daß ich den Stoff möglichst leicht „verdaulich" darbieten möchte. Wenn ich heute in eine Buchhandlung gehe, fühle ich mich durch die Fülle an Fach- und Sachbüchern eingeschüchtert. Es wäre sicher gut, so meine ich, die äußerst informativen Wälzer zu lesen. Aber dazu bin ich zu faul und gehe daher in die Abteilung mit den einfacheren Büchern. Wir alle werden heute mit Informationen überhäuft, und ich habe hier mein Bestes getan, daß die Geschichten ebenso leicht lesbar sind wie eher „harmlose" Erzählungen.

Besonders dankbar bin ich Dame Jean Conan Doyle für die Erlaubnis, die berühmten Figuren ihres Vaters zu verwenden. Sir Arthur hatte eine große Begabung, wirklich kluge Leute glaubhaft zu schildern: Uns allen gilt Sherlock Holmes auf seinem Gebiet seit hundert Jahren als absolut unschlagbar. Wir wissen, daß er sich als Wissenschaftler sah. Denken wir nur an seine berühmten Merksätze: Erkenntnis ergibt sich zuerst aus der Beobachtung und dann aus der Deduktion; theoretisiere nicht über die Tatsachen hinaus; akzeptiere das Unwahrscheinliche erst, wenn das Unmögliche ausgeschlossen wurde; eine Ausnahme widerlegt die Regel und darf nicht ignoriert werden. Solche Sätze beschreiben die Regeln, denen die ordentliche wissenschaftliche Forschung zu folgen hat. Holmes drückte sich in einer solchen Klarheit aus, daß es den Neid vieler moderner Wissenschaftsphilosophen erregen müßte. Ich habe mir auch die berühmte Figur des reizbaren und recht freimütigen Professors Challenger ausgeborgt. Wir leben in einer Welt, in der zu viele Wissenschaftler die Methoden der Politiker übernehmen: Kritisiere nicht die Ansichten der Älteren; sei höflich und weiche aus, wenn man dich nach deiner Meinung über offenkundigen Unsinn fragt. In einer solchen Welt haben wir Menschen vom Schlage eines Professor Challenger bitter nötig.

Mein Dank gilt auch meiner Schwester Belinda und dem Lektor Jeff Robbins, die beide die fertigen Teile des Manuskripts lasen und mir viele wertvolle Anregungen gaben.

Oxford,   Colin Bruce
April 1997

1. Der Fall des wissenschaftlichen Aristokraten

„Ich hoffe sehr für Sie, Watson, daß die Populärwissenschaft dem Denken nicht schadet."

Ich blickte von der illustrierten wissenschaftlichen Zeitschrift auf, in der ich gerade las. Sherlock Holmes saß mir gegenüber im bequemeren der beiden Sessel und stopfte genüßlich seine Pfeife.

„Ich versuche, mich ein wenig weiterzubilden", entgegnete ich etwas schroff. „Zweifellos meinen Sie, daß ich die Feinheiten nicht erfassen werde –"

„Gott bewahre, Watson! Ich wollte lediglich die Hoffnung ausdrücken, daß der Artikel nicht – wie es zuweilen vorkommt – im Stile einer Vorlesung abgefaßt ist, und daß er genug Informationen bietet, mit denen ein intelligenter Leser wie Sie sich durch eigenes Nachdenken seine Meinung zu bilden vermag."

Holmes sah genauer auf die Titelseite. „Welchen Artikel lesen Sie eigentlich? Den über die Natur der Sterne? Oder den über den Ursprung der Erde?"

Ich spürte, wie ich errötete. „Nun, Holmes, die Zeitschrift druckt gerade in Fortsetzungen eines der Werke von Herbert George Wells ab, nämlich *Die Zeitmaschine*. Ich wollte gerade –"

Mein Freund seufzte leise.

„Wirklich, Holmes, ich versuche mein Bestes!" rief ich aus. „Wenn Sie versuchen, etwas für meine Bildung zu tun, müssen Sie etwas Nachsicht üben. Zunächst einmal sind mir die Feinheiten der Mathematik wirklich zu hoch."

Holmes lächelte und hob die Hand wie zum Schwur. „Einverstanden, Watson. Sie haben mein Wort darauf: Womit auch immer ich Ihren Verstand auf die Probe stellen werde, es wird nicht die Mathematik sein.

Bei der Suche nach wissenschaftlicher Erkenntnis sind die mathematischen Details in der Tat der Logik untergeordnet. Es kommt nur auf das Verstehen der Grundlagen an und nicht auf den Rechengang."

„Mein anderes Problem, Holmes, ist, daß der Gegenstand wirklich ein bißchen zu trocken sein kann. Mich interessieren die Menschen und ihre Konflikte, wie unbedeutend sie im gesamten Kosmos auch sein mögen."

„Darin stimme ich Ihnen völlig zu, Watson, wie Sie auch aus meiner Tätigkeit schließen können. Aber es kann durchaus sein –"

In diesem Augenblick wurden wir abrupt unterbrochen. Wir waren so in unser Gespräch vertieft, daß wir den Lärm von unten gar nicht wahrgenommen hatten. Jetzt wurde die Tür aufgerissen, und ein gutgekleideter, doch wild dreinblickender junger Mann stürmte aufgeregt herein.

„Mr. Sherlock Holmes? Sie müssen mir helfen, Sir, ich flehe Sie an! Es geht um meinen Vater. Wir müssen sofort zu ihm."

Ich sprang auf. „Ist er krank?" fragte ich.

„Er ist tot! Und, meine Herren, die einzige Person, die es hätte getan haben können, die Person, die von der Polizei ganz sicher für den Täter gehalten wird – das bin ich!"

Sherlock Holmes hob die Augenbrauen. „Und wer, bitte sehr, sind Sie?"

„Ich bin Viscount Forleigh. Mein Vater ist Lord Forleigh. Sie haben vielleicht schon von ihm gehört. Er ist seit langem als klassischer Gelehrter berühmt und tat sich in letzter Zeit auch als Philanthrop hervor. Sein derzeitiges großes Projekt ist das Planetarium – knapp zwei Meilen von hier –, das jetzt kurz vor der Vollendung steht."

Wir nickten beide. Niemand in London konnte das beeindruckende Bauwerk übersehen haben, das am Südufer der Themse errichtet worden war: eine riesige Kuppel aus grünem Glas, kaum kleiner als die der St.-Pauls-Kathedrale auf der anderen Seite der Themse. Unfreundliche Kritiker verglichen das Gebäude dagegen mit einem zu groß geratenen Bahnhof. Es sollte eine Ausstellung wissenschaftlicher Geräte und Modelle beherbergen, zur Erbauung und zur Bildung der Bevölkerung. Aber was im einzelnen ausgestellt werden sollte, war bisher ein gut gehütetes Geheimnis geblieben.

„Wie Sie sicher wissen", fuhr der Viscount fort, „wünschte mein Vater, daß bis zur offiziellen Eröffnung – die für übermorgen angesetzt ist – nicht das geringste über die Exponate bekannt werden darf. Daher sind die Handwerker zur Verschwiegenheit verpflichtet worden, und es gibt nur zwei Schlüssel für das

Hauptportal. Der eine war im Besitz meines Vaters, den anderen habe ich. Die übrigen Eingänge wurden verschlossen, so daß morgens und abends einer von uns beiden zugegen sein muß, um die Handwerker und Künstler hereinzulassen und hinter ihnen wieder abzuschließen.

Heute ist zwar Samstag, aber mein Vater war trotzdem im Planetarium, um alles ein letztes Mal zu inspizieren. Er hatte mich gebeten, ihn dort um zwölf Uhr zu treffen. Ich kam ein paar Minuten zu früh und fand das Portal verschlossen. Ich öffnete es mit meinem Schlüssel, ging hinein und verschloß es wieder hinter mir. Dann trat ich in das Foyer und rief, erhielt aber keine Antwort. So nahm ich an, daß mein Vater sich verspätet hatte, und wollte die Zeit nutzen, um mir die Ausstellung selbst kurz anzusehen. Es schien alles in Ordnung zu sein. Nun ging ich um eine Ecke, und vor mir lag, mit dem Gesicht auf dem Boden, mit eingeschlagenem Hinterkopf, wie von einem mächtigen Hieb –"

Er hielt inne, und seine Schultern zuckten.

„Ihr Vater?" fragte Holmes ruhig.

„Ja. Er war offensichtlich erschlagen worden – wie von einem Straßenräuber. Anscheinend hatte ihm jemand aufgelauert. Es war ein gewaltiger Schock für mich. Allerdings möchte ich Ihnen nicht verheimlichen, Mr. Holmes, daß mein Vater und ich in letzter Zeit nicht auf allerbestem Fuße standen. Ich habe keinen Hehl daraus gemacht, daß er meiner Ansicht nach vom Vermögen der Familie – meinem späteren Erbe – zuviel für seine verschiedenen Projekte ausgab.

Mir wurde nun bald klar, daß meine Situation recht heikel war. Das Schloß des Portals war ein Schweizer Fabrikat, praktisch einbruchsicher. Ich sah in allen Räumen nach, fand aber kein Anzeichen für ein gewaltsames Eindringen und natürlich auch keinen Einbrecher. Die einzige Person, die das Gebäude außer meinem Vater hätte betreten können, war ich. Übrigens befand sich sein Schlüssel noch an seiner Halskette, wo er ihn stets mit sich führte.

Ich glaubte, wenn ich zur Polizei ginge, würde ich unweigerlich verhaftet. So verließ ich das Gebäude, verschloß das Portal sorgfältig und kam zu Ihnen."

Mein Freund erhob sich und verschränkte die Hände. „Ein interessantes Problem", meinte er. „Ich hatte schon mit Mordfällen in geschlossenen Räumen zu tun, aber das ist mein erster Fall in einem verschlossenen Museum. Wir werden die Behörden bald informieren müssen, aber wir können durchaus zuerst zum Tatort gehen und uns dort umsehen. Wie Sie schon andeuteten, kann die Polizei recht einfallslos sein, und ich möchte gern vermeiden, daß Sie die Unannehmlichkeit einer Festnahme auf sich nehmen müssen."

Trotz der Dringlichkeit bestand unser Klient darauf, zuerst zum *University College* zu gehen. Er wollte den maßgebenden wissenschaftlichen Berater des Projekts, einen gewissen Professor Summerlee, über das Geschehen informieren. Aber wir trafen Summerlee nicht an und verloren weitere Zeit damit, eine Notiz für ihn zu hinterlassen. Vom College bis zum Embankment nimmt man am besten die Untergrundbahn ab der Station Euston. Das taten wir auch. Aber es gab wohl Probleme mit den Signalen, so daß wir etliche Minuten lang neben einem anderen Zug im dunklen Tunnel festsaßen. Unterdessen wurde unser Klient immer unruhiger.

„Ah, wir fahren!" rief ich erleichtert aus, als die Fenster des anderen Zuges sich an uns vorbeibewegten. Niemand widersprach mir.

Doch einige Augenblicke später zog das Ende des anderen Zuges an uns vorüber, und ich sah plötzlich, daß wir in Wirklichkeit noch standen: Der *andere* Zug hatte sich in Bewegung gesetzt. Ich fing an, mich wegen meines Irrtums zu entschuldigen.

„Dieser Fehler kann sehr leicht unterlaufen", sagte der Viscount, „ob es um das riesige Universum geht oder einfach um einen Zug. Sterne und Planeten bewegen sich am Himmel mit unterschiedlichen Geschwindigkeiten, und es gibt keinen Stillstand im wörtlichen Sinne. Für uns bewegt sich der Planet Mars mit etlichen Kilometern pro Sekunde, doch ein Beobachter auf dem Mars nähme an, daß er ruht und die Erde an ihm vorbeirast. Man könnte sogar sagen, daß Sie recht hatten: Dazu müssen wir den anderen Zug als ruhend ansehen, während sich unser Zug und die Erde bewegten."

Ich nahm an, daß der Schock ihn wohl etwas verwirrt hatte. Seine Bemerkung mochte vielleicht eine naive philosophische Berechtigung haben, aber mehrere Millionen Londoner würden aus ganz praktischen Erwägungen sicher darin übereinstimmen, welcher Zug nun losgefahren und welcher stehengeblieben war.

Aber der Viscount war noch nicht fertig: „Mein Vater war davon überzeugt, daß verschiedene Standpunkte und Weltsysteme zugleich gültig sein können. Er hielt den strikt reduktionistischen Ansatz der abendländischen Wissenschaft, nach dem es auf jede wissenschaftliche Frage nur eine eindeutig falsche oder richtige Antwort gäbe, für untragbar.

Nach seiner Meinung sollten wir mehr Respekt vor den Ansichten der Alten haben. Beispielsweise war die antike griechische Philosophie in mancherlei Hinsicht unserer eigenen überlegen: Wir sollten nicht auf sie herabsehen, nur weil man seinerzeit keine genauen Meßinstrumente hatte, die den Forschern vielleicht unsere heutigen Einsichten in die physikalischen Zusammenhänge ermöglicht hätten. Sie glaubten nicht an das Experiment, sondern an die Logik. Allein durch Diskussionen klärten sie, welche Hypothesen zu Paradoxa und Widersprüchen führten. Auf diese Weise kamen sie zu einer rationalen Betrachtungsweise."

„Ich glaube nicht, daß für die Unzulänglichkeiten der griechischen Naturphilosophie nur die unzureichenden Instrumente verantwortlich gemacht werden können", meinte Holmes. Er glaubte zweifellos, daß unserem Klienten jedes Gespräch guttäte, wenn es ihn nur von seinen Sorgen ablenkte.

Er fuhr fort: „Betrachten wir als Beispiel die Vorstellung der Griechen, daß ein doppelt so schwerer Gegenstand genau doppelt so schnell zu Boden fällt. Heute wissen wir natürlich, daß – ohne Luftwiderstand – alle Gegenstände gleich schnell fallen, ungeachtet ihrer Größe oder Dichte. Angenommen, ein griechischer Naturphilosoph hätte dies überprüfen wollen, ohne sich zu einem wirklichen Versuch herabzulassen. Er hätte sich ein System aus zwei gleichen Ziegelsteinen vorgestellt, die zusammengeklebt würden und mit einer bestimmten Geschwindigkeit herabfielen.

Nehmen wir weiter an, die Klebfläche würde durchgesägt und die Ziegelsteine Seite an Seite, wie zuvor, fallen gelassen. Jeder Ziegelstein wäre also halb so schwer wie das gesamte System beim vorhergehenden Gedankenexperiment. Würden Sie erwarten, daß jeder Stein jetzt gerade halb so schnell fällt wie vorher der Doppelstein?

Sie könnten die *Reductio ad absurdum* weiterführen. Würde es etwas ausmachen, wenn die zwei Ziegelsteine durch einen haarfeinen Faden verbunden wären, so daß sie zusammen wieder *ein* Objekt darstellten? Natürlich nicht! Nein – so weise die Griechen in Philosophie und Politik auch waren, ich fürchte, daß wir ihre Beschränkungen als wissenschaftliche Denker hinnehmen müssen."

„Mein Vater war ein sehr kluger und berühmter Philologe, und ich glaube, daß ich seine Meinung über Ihre stellen muß, Mr. Holmes", entgegnete der Viscount einigermaßen verstimmt.

Mein Freund antwortete nicht. Er blieb für den Rest der Fahrt ruhig sitzen und schien erst wieder aufmerksam zu werden, als wir vor dem Portal des Museums standen. Der Viscount führte uns hinein und betätigte einen großen Drehschalter in der Wand.

Ich konnte einen Laut des Erstaunens nicht unterdrücken. Elektrische Lampen an der ganzen Decke leuchteten in einem unregelmäßigen Muster auf. Ich bemerkte bald, daß sie die Umrisse der vertrauten Sternbilder darstellten. Den Hintergrund bildete aber kein schwarzer Himmel, sondern eine hell bemalte Fläche in der Kuppel. Ich erkannte Diana, die Jägerin, außerdem den Krebs – die uralten griechischen Sternbilder. Die Darstellung war sehr schön, doch hatte sie etwas beunruhigend Heidnisches an sich.

Am Boden waren etliche bewegliche Vorrichtungen angebracht, außerdem fest eingemauerte Konstruktionen. Der Viscount führte uns in die Mitte. Holmes und ich zuckten zusammen, als plötzlich ein großer Gegenstand durch unser Gesichtsfeld schwang.

„Verzeihen Sie; ich wollte Sie nicht erschrecken", sagte der Viscount. „Das ist das große Pendel, das die Zeit symbolisiert."

Als wir der Mitte näher kamen, sahen wir das Pendel deutlicher. Es war im Zentrum der Kuppel aufgehängt, fünfzig Meter über unseren Köpfen, und schwang gravitätisch hin und her. Dabei blieb es in der Mitte in einiger Höhe über dem Fußboden. Nahe eben dieser Mitte lagen einige hell bemalte Pfosten unordentlich herum. Zweifellos sollten sie noch vor der Eröffnung des Museums in einer länglichen Anordnung aufgestellt werden, damit die Besucher nicht versehentlich in die Bahn des Pendelkörpers schlenderten.

Ungefähr zehn Meter von der Mitte entfernt sahen wir zu unserer Bestürzung einen Mann, der mit dem Gesicht nach unten auf dem Boden lag. Die Beine wiesen zur Mitte und der Kopf nach außen. Sein Hinterkopf war mit verkrustetem Blut überzogen. Ich kniete mich neben ihn hin. Schon nach wenigen Sekunden war ich sicher, daß der Lord seit mindestens sechs Stunden tot war.

Wir sahen uns um. In der Nähe standen mehrere schwere Maschinen, aber keine nahe genug, um ohne weiteres als Ursache eines Unfalls in Frage zu kommen. Der naheliegendste „Täter", das Pendel, schwang in einer ganz anderen Richtung, nämlich Nord-Süd. Dabei blieb es mindestens zehn Meter vom Toten entfernt, der ungefähr östlich von der Mitte lag. Selbst wenn der Stoß des Pendels den Mann ein Stück zur Seite geschleudert hätte, verlief die Schwingungsrichtung doch so anders, daß das Pendel den Mann nicht erschlagen haben konnte.

Sherlock Holmes ging ohne jegliche Hast herum und sah sich die verschiedenen Ausstellungsstücke an.

„Das ist ein sehr schönes Stück", bemerkte er bei einem Erdglobus von etwa zwei Metern Durchmesser. „Die Gebirge sind als Relief ausgeführt, und man kann den Himalaya fühlen. Er erhebt sich gut einen Millimeter über die Oberfläche. Und der Globus ist sehr gut ausgewuchtet."

Er drehte ihn ein wenig in der Aufhängung. „Doch er kann sich nur drehen, also den Unfall kaum verursacht haben. – Aber was ist das?"

Nahe beim Globus stand ein runder, vorwiegend blau angestrichener Tisch. In seine Oberfläche waren die Umrisse der Kontinente eingraviert. In der Mitte saß eine weiße Kappe auf einer senkrecht herausragenden Röhre.

„Das ist die flache Erde, Mr. Holmes", sagte der Viscount, „wie die Europäer sie sich früher vorstellten. Wenn das Modell in Betrieb ist, wird Wasser aus der Mitte emporgepumpt und strömt unter dem Eis am Nordpol hervor –"

„– und fließt über die Grenzen der Welt, in einem unaufhörlichen, allumfassenden Wasserfall", beendete Holmes die Erläuterung. „Das muß sehr beeindruckend sein."

„Es ist natürlich absurd, über diese Vorstellung näher nachzudenken. Die Wasserströmung wäre nicht allzu stark", konnte ich mir nicht verkneifen zu bemerken.

Der Viscount wandte sich an mich und entgegnete recht kühl: „Viele Völker haben geglaubt, die Erde sei scheibenförmig, Doktor. Und wer sind Sie, daß Sie deren Kulturen abzuwerten wagen? Mein Vater glaubte bis an sein Lebensende, daß die Weltanschauung beispielsweise eines Indianers oder eines australischen Ureinwohners zumindest soviel Respekt verdient wie Ihre oder meine."

Als wir weitergingen, sprach Holmes leise ins Ohr: „Wenn unser Klient mit nur wenig Proviant eine Seereise unternähme, und wenn er dann bemerkte, daß sein Steuermann die Erde für flach hält und daher den Kurs falsch bestimmt – meinen Sie, er wäre dann auch so großzügig? Ich glaube, daß ihm dies den Wert der verschiedenen Weltanschauungen wunderbar klarmachen könnte! Oh, der Dünkel des schöngeistigen Aristokraten! Aber was haben wir denn hier?"

Er stand vor einem seltsamen Gebilde, das in der Mitte eine Art Getriebegehäuse hatte, von dem horizontale, verschieden lange Arme in alle Richtungen ausgingen. Jeder Arm trug an seinem Ende eine Kugel aus gefärbtem Glas. Die Kugeln hatten sehr unterschiedliche Größen und Färbungen. Auf dem mittleren Gehäuse war eine mächtige Glühbirne angebracht.

„Ein Planetarium, Watson. Die Lampe im Zentrum stellt die Sonne dar. Der kürzeste Arm hält eine rote Kugel; das ist der Planet Merkur. Die blaugrüne Kugel ist die Erde. Der riesige vielfarbige Ball – wirklich meisterhaft gearbeitet – ist Jupiter. Schauen Sie sich seine Ringe an! Die äußerste Kugel muß Neptun sein."

Er untersuchte den Apparat genauer. „Das zentrale Getriebe scheint etwas komplizierter zu sein als bei den anderen Planetarien, die ich bisher gesehen habe", bemerkte er.

„Ja, Mr. Holmes, bei diesem ist berücksichtigt, daß die Umlaufbahnen der Planeten in Wirklichkeit Ellipsen und keine Kreise sind und daß die Geschwindigkeit eines jeden Planeten um so höher ist, je näher er der Sonne kommt", erklärte Forleigh. „Mit einer einfachen Anordnung exzentrischer Verzahnungen werden die Planetenbewegungen außergewöhnlich exakt nachgebildet."

Zu meinem Erstaunen kroch Holmes in das Planetarium hinein; als er sich wieder erhob, befand sich sein Kopf innerhalb der Glaskugel, die die Erde darstellte. Offensichtlich war unten ein Loch angebracht worden, um dies zu ermöglichen.

„So ist es richtig, Mr. Holmes. Sie sehen jetzt die Planeten genau so, wie sie in diesem Augenblick von der Erde aus erscheinen. Wenn Sie wollen, können Sie auch die Perspektive vom Mars oder vom Jupiter aus einnehmen. Das Planetarium läßt sich mit hoher Geschwindigkeit vor- oder zurückfahren, so daß man die Planetenkonstellationen viele Jahrtausende vor oder nach unserer Zeit betrachten kann. Das Gerät ist also eine Maschine, mit der man sozusagen im Raum wie in der Zeit reisen kann."

„Ich hoffe, Sie werden Mr. Wells zur feierlichen Eröffnung einladen!" sagte ich.

Holmes verharrte einigermaßen erstaunt vor dem nächsten Ausstellungsstück. Es ähnelte auf den ersten Blick dem Planetarium und hatte in der Mitte eine große Halbkugel, auf der die entsprechenden Kontinente der Erde eingezeichnet waren. Von hier gingen Arme aus, die die Planetenkugeln hielten. Jeder Arm hatte mehrere Glieder und an jedem Gelenk einige kleine Zahnräder. Das Gerät sah recht zusammengebastelt aus und war offenkundig noch nicht funktionsbereit.

Der Viscount schien etwas verlegen zu sein. „Das ist ein Astrolabium, Mr. Holmes, aber von einer moderneren Bauweise als jene, die Sie normalerweise ansehen können."

Holmes setzte sich auf die Halbkugel in der Mitte. „Oh, natürlich! Man sieht von der Erde aus tatsächlich das gleiche wie beim Planetarium. Eine raffinierte Demonstration."

Die Epizykelmaschine

Er wandte sich zu mir. „Erinnern Sie sich, Watson, daß man vor den Erkenntnissen des bedeutenden Astronomen Kopernikus glaubte, die Erde befände sich unbeweglich im Zentrum des Weltalls? Die Himmelskugel, an der die Fixsterne befestigt waren, drehte sich einmal pro Tag um die Erde, und auch Planeten, Mond und Sonne umkreisten die Erde. Die Umlaufbahnen hielt man für exakt kreisförmig. Das sollte die göttliche Vollkommenheit widerspiegeln.

Leider zeigten sogar die einfachsten Messungen sofort, daß die scheinbaren Umlaufbahnen der Planeten um die Erde keineswegs kreisförmig waren. Aber der griechische Astronom Ptolemäus rettete die Theorie, indem er Epizykeln einführte.

Er behauptete, daß jeder Planet einen exakten Kreis um einen unsichtbaren Drehpunkt beschreibt, der sich wiederum in einem perfekten Kreis um die Erde bewegt. Durch diese kombinierten Bewegungen kann der Planet zu bestimmten Zeitpunkten langsamer oder schneller werden; aber immer wird seine Bahn die ‚perfekte Harmonie‘ der gleichförmigen Kreisbewegung zeigen.

Genauere Messungen ergaben dann, daß ein Epizykel für jeden Planeten nicht ausreichte. Man mußte eine zusätzliche Kreisbewegung um einen Punkt postulieren, der sich seinerseits kreisförmig um einen Punkt bewegte, der sich wiederum in einem Kreis bewegte … und so weiter.

Allerdings konnte die Epizykeltheorie formal nie widerlegt werden. Wenn man nur genug Epizykeln hinzufügte, ließ sich die Beschreibung der Planetenbewegung so genau wie gewünscht der Beobachtung angleichen. Das Konzept der Epizykeln wurde dadurch jedoch so komplex und unhandlich, daß man nach einem einfacheren System verlangte. Schließlich behauptete Kopernikus, daß ein weitaus einfacheres Bild möglich war, wenn man annahm, daß alle Planeten, darunter auch die Erde, die Sonne umrunden und daß die Erde außerdem um ihre eigene Achse rotiert.“

„Das hört sich an, als müßten sehr viele neue Vorstellungen auf einmal akzeptiert werden“, meinte ich.

„So war es auch. Kopernikus versuchte nicht einmal, die Menschen davon zu überzeugen, daß die Erde die Sonne *wirklich* umkreiste. Er schlug lediglich vor, dies als einen bequemen, rein mathematischen Formalismus anzusetzen – so wie man zuweilen mit arithmetischen Tricks schwierige Berechnungen vereinfacht –, so daß man die Bewegungen der Himmelskörper einfacher und zuverlässiger vorauszusagen vermag."

„Eine weise Vorsicht."

„Sehr richtig. Als Galilei sich offener für ein sonnenzentriertes System einsetzte, zwang ihn der Papst unter Androhung der Folter durch die Inquisition, öffentlich abzuschwören. Damals wie heute wurde es übelgenommen, wenn man die Erkenntnisse und die Weisheit der Autoritäten in Frage stellte. Noch in unseren Tagen tut sich die katholische Kirche schwer damit, sich zu entschuldigen und zuzugestehen, daß Galilei und Kopernikus recht hatten. Ich will nicht zynisch klingen, aber vielleicht können wir bald auf einen liberaleren Papst hoffen, der sich dieser Frage stellt."

Viscount Forleigh hüstelte, um die Aufmerksamkeit wieder auf sich zu lenken.

„Auf das Gerät, vor dem Sie stehen, war mein Vater in der Tat besonders stolz. Für ihn hatten die alten vorkopernikanischen Ansichten ihre Berechtigung, und er nahm sich vor, ein neues System von Epizykeln zu konstruieren.

Leider spottete unser wissenschaftlicher Berater, Professor Summerlee, über diese Maschine. Zwar konnte er nicht bestreiten, daß sie die Vorgänge recht genau darstellt; doch ritt er auf einigen kleinen Diskrepanzen herum, die die Einführung weiterer Epizykeln erzwangen. Dadurch bekam das Gerät schließlich übertrieben viele Zahnräder und Übersetzungen."

Holmes stand ruhig da, anscheinend tief in Gedanken, während der Viscount nervös herumlief. Ich deutete etwas aufgeregt auf das Astrolabium:

„Schauen Sie auf den Arm, der den Neptun hält", sagte ich. „Im Augenblick stehen die Segmente mehr oder weniger eng beisammen, aber zu bestimmten Zeiten müssen sie alle in die gleiche Richtung weisen.

Ich stelle mir vor, daß sich die Teile des Astrolabiums schnell bewegt hatten und daß es vielleicht nicht richtig funktioniert hatte: Der Arm hätte weit ausgreifen können, und die an ihm befestigte Kugel hätte Forleigh treffen können, als er versehentlich dicht dabei stand."

„Kaum, Watson; die Reichweite wäre sicher zu gering. Und ich glaube auch nicht, daß der Aufprall spurlos an der Kugel vorübergegangen wäre. Nein, angesichts des einnehmenden Auftretens des Sohnes dürfen wir uns von den technischen Gegebenheiten nicht irritieren lassen, sondern müssen uns auf die nüchternen Indizien stützen", meinte Holmes. Er ging auf den jungen Viscount zu.

„Sir, seit dem – Unfall – sind inzwischen mehrere Stunden vergangen. Wenn Sie es wünschen, werde ich mit meiner Untersuchung fortfahren. Ich fürchte aber, daß wir bald zur Polizei gehen und ihr die Angelegenheit übergeben müssen."

Der Viscount wurde blaß. Doch bevor er antworten konnte, hörten wir jemanden heftig an das Portal klopfen. Er blickte zur Tür.

„Nein, bleiben Sie hier, Viscount!" sagte Holmes schnell. „Watson, nehmen Sie seinen Schlüssel und öffnen Sie. Ich vermute, das sind unsere offiziellen Kollegen."

Doch als ich geöffnet hatte, sah ich mich einem schmächtigen älteren Mann gegenüber.

„Ich bin Professor Summerlee, der wissenschaftliche Leiter dieses Projekts. Bitte, lassen Sie mich herein." Mit einer Behendigkeit, die sein Alter Lügen strafte, wich er mir aus und ging in die Halle. Er erfaßte die Situation sofort.

„Oh, ein Foucaultsches Pendel!" rief er. „Hätte Seine Lordschaft doch nur professionellen Rat annehmen können, anstatt sich auf sein eigenes, unsicheres Urteil zu verlassen."

Er machte eine herrische Geste zu Holmes hin, der den Viscount in einem leichten Griff hielt. Ich kannte diese Haltung, die er – wenn nötig – augenblicklich zu einem festen Judogriff verändern konnte, falls der Festgehaltene sich zu befreien versuchte. „Geben Sie ihn frei, Sir. Hier hat kein Verbrechen stattgefunden."

Er sah uns alle an. „Wenn Sie ein Pendel loslassen", sagte er in einem Tonfall, als hätte er ein begriffsstutziges Kind vor sich, „dann wird es in derselben Richtung weiterschwingen, in der Sie es gestartet hatten, nicht wahr?"

„Natürlich", sagte ich, „und genau deswegen haben wir es als Ursache für einen Unfall ausgeschlossen".

Summerlee seufzte. „Und die Erde, behält sie ebenfalls ihre Orientierung bei?" Holmes fluchte leise und schlug sich auf die Stirn, doch ich sah wohl so verwirrt aus, wie ich mich fühlte.

„Nehmen Sie ein einfaches Beispiel", sagte Summerlee, wobei er zu dem riesigen Erdglobus hinüberging. „Ich setze ein Pendel am Nordpol in Bewegung. Es schwingt nun zwischen Pegasus und Jungfrau" – er blickte kurz zur Kuppel hinauf – „hin und her. Und das wird es weiterhin tun. Nun vergeht die Zeit, die Erde dreht sich –"

„– und die *scheinbare* Richtung des Pendels verändert sich", rief ich aus.

„Ganz genau. Nach sechs Stunden liegt sie im rechten Winkel zur ursprünglichen Richtung. So würde es ein Insekt wahrnehmen, das auf der Oberfläche sitzt." Er wandte seinen Blick vom Globus ab und sah mich an. „Die Geometrie ist etwas komplizierter, wenn das Pendel sich nicht an einem der Pole, sondern auf irgendeiner mittleren geographischen Breite befindet. Das Prinzip ist aber dasselbe: Die relative Richtung des Pendels verändert sich, während sich die Erdkugel dreht.

Ich wußte, daß Lord Forleigh irgendeine neue Idee für die Kuppel hatte. Er hatte eine etwas kindische Art, mir manche Details zu verheimlichen, vielleicht weil ich dann und wann etwas – allerdings wohlbegründete – Kritik geäußert hatte. Er muß das Pendel in der vergangenen Nacht aufgehängt und gestartet haben. Dann ist er wohl heute morgen zurückgekehrt, um die übrigen Vorrichtungen zu überprüfen. Aber über Nacht hatte sich tückischerweise die Schwingungsrichtung des Pendels in der Halle gedreht. Als er nun sein Werk bewunderte –"

„– traf das Pendel seinen Hinterkopf, als er auf einem Platz stand, den er für sicher hielt", vollendete ich den Satz. „Er war sofort tot. Es vergingen weitere Stunden, in denen sich die Pendelrichtung weiter drehte. Und als wir eintrafen, war sie vom Toten weit entfernt, so daß wir annahmen, daß das Pendel keine Rolle gespielt haben konnte."

Summerlee schüttelte betrübt den Kopf. „Ich bin sicher, daß der Unfall nur geschah, weil Seine Lordschaft – obwohl auf seine Weise ein intelligenter Mann – halbwegs an die Wahrheit der alten Ansichten glaubte", sagte er. „Aber während die lineare Bewegung etwas Relatives sein kann" – ich erinnerte mich dabei an die beiden Züge im Tunnel –, „ist die Rotation eine absolute Größe. Selbst wenn wir in tiefen Höhlen lebten, niemals die Sterne gesehen hätten, und auch nichts von der Existenz des Sonnensystems wüßten, könnten wir doch auf mancherlei Weise feststellen, daß sich die Erde um ihre eigene Achse dreht; wir könnten sogar herausfinden, mit welcher Geschwindigkeit sie das tut."

„Nicht nur durch das Verhalten von Pendeln?" fragte ich.

„Nein! Denken Sie beispielsweise an den Kreisel: Ein rotierendes Schwungrad in einer kardanischen Aufhängung wird stets seine Richtung beibehalten, unabhängig davon, wie sich die Halterung bewegt. Das Verhalten eines Pendels ist allerdings leichter zu verstehen; dagegen sind die Kräfte an einem Kreisel in der Praxis schwierig zu messen und auch nicht leicht zu berechnen. Deswegen liest man zuweilen solchen Unsinn darüber.

Übrigens hat die Rotation bei elektrischen Ladungen oder Strömen besondere Auswirkungen. So erzeugt ein rotierender elektrisch geladener Körper ein meßbares Magnetfeld. Ich könnte noch weitere Beispiele anführen. Nur ein Ignorant, Sir, kann heutzutage noch der Vorstellung einer nichtrotierenden Erde anhängen."

Als wir zu viert zur Polizeiwache Vauxhall gingen, um den tragischen Unfall zu melden, überkam mich die Versuchung, seine Überheblichkeit herauszufordern.

„Vorausgesetzt, die Erde dreht sich um ihre Achse", begann ich vorsichtig, „ist es dann nicht möglich, daß sie ansonsten im Raum stillsteht, während Sonne und Planeten sich auf Epizykeln um sie herum bewegen? Wir könnten doch sicherlich niemals feststellen, welcher der beiden Fälle der Realität entspricht."

„Wir können die Bewegung der Erde unmittelbar erkennen, und zwar relativ zu den näher gelegenen Sternen", entgegnete Summerlee herablassend. „Deren scheinbare Positionen am Himmel verschieben sich durch die Bewegung der Erde um die Sonne gerade so weit, daß man es mit Teleskopen wahrnehmen kann. Aber sogar ohne diese Messungen würde ich nicht zögern, die Epizykeln abzulehnen, denn es gibt kein ihnen zugrundeliegendes Bewegungsmuster. Für jeden Planeten müßte man einen willkürlichen Satz von Epizykeln ansetzen. Nehmen wir nun an, es fliegt ein anderer Himmelskörper vorbei, zum Beispiel ein Komet, was ja von Zeit zu Zeit geschieht. Dann gäbe es zunächst keine Möglichkeit, seine Bewegung mit Hilfe von Epizykeln zu beschreiben. Nimmt man aber an, daß sich dieser Himmelskörper unter dem Einfluß der Gravitationskraft der Sonne bewegt, kann seine Bewegung ohne weiteres vorausgesagt werden.

Das Problem ist, daß man jede beliebige Bewegung beschreiben kann, wenn man nur genug Epizykeln ansetzt. Wenn ich die Schlangenlinien aufzeichne, auf denen ein Betrunkener auf dem

Piccadilly Circus entlangtorkelt, könnten Sie seinen Weg mit Hilfe von Epizykeln nachzeichnen. Ihre Mühe brächte aber keinerlei nützliche Erkenntnisse. Ein wichtiger Grundsatz beim Betreiben von Wissenschaft ist das von William of Ockham aufgestellte Prinzip der Beschränkung. Demnach muß man stets von der einfachsten Hypothese ausgehen, die die bekannten Tatsachen zu beschreiben vermag und zugleich die wenigsten zusätzlichen Annahmen erfordert. Ohne diesen Grundsatz könnten wir uns, so fürchte ich, in allen möglichen wilden Spekulationen verlieren, die niemals zu beweisen oder zu widerlegen wären. Zudem erforderte dies geistige Fähigkeiten, die einige von uns meiner Ansicht nach nicht besitzen." Er sah uns geringschätzig an und verabschiedete sich.

„Heute habe ich wieder etwas gelernt, Watson", bemerkte Holmes, als wir in der hellen Nachmittagssonne zur Baker Street zurückbummelten.

„Daß die Erde rotiert?"

„Nein, etwas Allgemeineres. Kurz nachdem wir uns kennengelernt hatten, neckte ich Sie damit, daß ich noch nicht einmal etwas von der Kopernikanischen Theorie gehört hätte."

„Ich erinnere mich wohl: Ich habe darüber in der *Studie in Scharlachrot* geschrieben."

„In Wahrheit hielt ich es damals für völlig bedeutungslos, ob sich die Erde um die Sonne bewegt oder umgekehrt. Meine Ignoranz hätte heute aber dazu führen können, daß ein unschuldiger Mann an den Galgen kommt. Von nun an, Watson, soll mein Geist ein bißchen offener für wissenschaftliche Fragen sein."

2. Der Fall der fehlenden Energie

„Diesen Mann umgibt ein Geheimnis", meinte Sherlock Holmes, als wir die Schritte unseres Klienten auf der Treppe hörten. „Als er gestern während unserer Abwesenheit mit Mrs. Hudson sprach, nannte er nur seinen Namen – Morrison – und war nicht bereit, mehr preiszugeben."

Morrison wurde gleich darauf ins Zimmer geleitet, und ich sah ihn mir genau an. Schon oft hatte ich die Fähigkeit meines Freundes bewundert, aus bestimmten Details Schlüsse zu ziehen. Doch scheint mir, daß man für einen allgemeinen, intuitiven Eindruck einen ganzheitlichen Ansatz braucht, wie ein Diagnostiker es ausdrücken würde.

Ich mußte mir hier eingestehen, daß die Beobachtung mir keine sehr hilfreichen Einsichten verschaffte. Das sonnengebräunte Gesicht und die schwieligen Hände unseres Besuchers ließen auf einen Arbeiter schließen, während der gute Anzug und der Füllfederhalter, der aus der Brusttasche ragte, auf eine Bürotätigkeit hindeuteten. Seine Gangart war eigenartig, ein wenig wiegend, und obwohl er uns mit klarem und festem Blick ansah, zitterte eine seiner Hände merkwürdig.

„Ich bin erfreut, Ihre Bekanntschaft zu machen", sagte Holmes zu unserem Besucher, während er ihm mit einer Handbewegung einen Stuhl am Kamin anbot. „Ich hoffe, daß Ihre Seereise angenehm war und die Tauchgänge mit der nötigen Vorsicht unternommen wurden."

Wenn Holmes vorgehabt hatte, eine entspannte Atmosphäre zu schaffen, so war ihm das gründlich mißlungen. Morrison wurde aschfahl und sprang auf. „Wer hat Ihnen von unserer Expedition erzählt?" rief er. „Wir sind offensichtlich verraten worden, wie ich schon befürchtete. Ich verlange, daß Sie mir Ihre Quelle nennen!"

Holmes lehnte sich interessiert nach vorn. „Setzen Sie sich, Sir, ich bitte Sie. Niemand hat mir irgend etwas über Sie berichtet. Ihr wiegender Gang deutet darauf hin, daß Sie noch nicht lange wieder an Land sind, und das Zittern Ihrer Hand ist ein klassisches Anzeichen für das, was mein Freund, Doktor Watson, als Caisson-Krankheit diagnostizieren würde: Sie sind in letzter Zeit getaucht und haben beim Auftauchen zu schnell dekomprimiert."

Unser Besucher entspannte sich sichtlich. „Verzeihen Sie meine Nervosität", sagte er. „Ich bin, wie Sie richtig vermuteten, Schiffsingenieur, und normalerweise hätte ich überhaupt nichts dagegen, wenn alle Welt von meinem Beruf wüßte. Aber kürzlich war ich auf einer Seereise zu einem Ziel, das unbedingt geheim bleiben mußte. Dabei arbeitete ich für einen äußerst anspruchsvollen Mann, der aufgrund seines Naturells sicher fähig wäre, mir bei lebendigem Leibe die Haut abzuziehen, wenn ich oder meine Besatzung mich des Geheimnisverrats schuldig machten. Er benimmt sich wie ein Verrückter und ist überzeugt davon, daß er riesigen Reichtümern auf der Spur ist und daß dabei solche Heimlichtuerei nötig ist. Vielleicht hat er nach alledem ja sogar recht, denn wenn wir nur Hirngespinsten nachjagten – wer würde sich dann Mühe geben, unser Unternehmen zu sabotieren? Was uns widerfahren ist, scheint andererseits aber die menschliche Vorstellungskraft fast zu übersteigen: Zur Hälfte bin ich überzeugt, daß meine abergläubische Besatzung recht hat und daß das Meeresdreieck, in dem wir arbeiteten, verflucht ist."

Daraufhin schwieg er. Mir schien es, als habe er mehr preisgegeben, als er eigentlich wollte. Auf was sonst könnte er sich beziehen als auf das rätselhafte Bermuda-Dreieck, das von den Seefahrern so gefürchtet wird, und was sonst könnte eine solche Expedition rechtfertigen als ein gesunkener Schatz? Ich sah vor meinem geistigen Auge eine spanische Galeone, mit Truhen voller Gold, das auf dem tropischen Meeresboden der Entdeckung harrt.

Sherlock Holmes lächelte. „Ich kann Ihnen versichern, daß ich in meiner an mysteriösen Geschehnissen durchaus reichen Laufbahn noch keinen Gespenstern oder übernatürlichen Erscheinungen irgendwelcher Art begegnet bin.

Ich habe es mir zur Regel gemacht, zu Beginn und am Ende eines Falles niemals offene Fragen zu akzeptieren. Erste Bedingung dabei ist die offene Darlegung der Sachverhalte durch den Klienten. Aber im vorliegenden Fall sehe ich ein, daß das Verheimlichen Ihres Bestimmungsorts notwendig ist. Sagen Sie mir nur, welches Unglück geschehen ist, und schildern Sie mir so viel von den näheren Umständen, wie es Ihnen angemessen erscheint."

Morrison nickte. „Das will ich gern tun. Der Beginn mag Ihnen prosaisch erscheinen. An unsere Firma war ein sehr bekannter Wissenschaftler herangetreten – seinen Namen könnten Sie kennen –, der eine Theorie über lohnende Lagerstätten eines gewissen Minerals auf dem Meeresboden aufgestellt hatte. Um die Richtigkeit seiner Idee zu prüfen, wollte er ein Schiff chartern, mit einer Taucherglocke und weiteren speziellen Vorrichtungen. Solch eine Expedition ist nicht billig, aber er hatte offensichtlich einige wohlhabende Geldgeber überzeugen können.

Das Projekt war für unsere Firma reine Routine, abgesehen von zwei Aspekten. Der erste betraf die Natur des Minerals, das der Professor zu finden hoffte, und der zweite lag in seiner Persönlichkeit. Einen aggressiveren, arroganteren und unduldsameren Mann werden Sie kaum finden. Aber er ist keineswegs dumm. Ich habe schon Wissenschaftler getroffen, denen das Verständnis für technische Dinge oder für überhaupt irgend etwas außerhalb ihres Spezialgebiets völlig abgeht. Aber dieser Professor begreift nicht nur die Details sehr schnell, sondern sagt Ihnen auch bald mit großer Selbstsicherheit, wie Sie Ihre eigene Tätigkeit auszuführen haben. Wirklich ein Mann, der einen fast zur Raserei bringen kann."

Unser Gast faßte sich wieder ein wenig. „Jedenfalls stachen wir bei Lowestoft in See. Durch eine glückliche Fügung war der Professor mit anderen Dingen beschäftigt. Ganz ehrlich – ich hätte ihn wahrscheinlich irgendwann erwürgt, wenn ich auf dem kleinen Schiff die ganze Zeit seine Gesellschaft hätte ertragen müssen! Wir folgten buchstabengetreu unseren Anweisungen, und als wir uns dem Ziel näherten, ereigneten sich erstmals merkwürdige Dinge. Die meisten könnten wohl durch die Widrigkeiten und Zufälle erklärt werden, die auf See nun mal vorkommen. Doch ein Ereignis war besonders befremdlich. Als wir an einer Flußmündung vorbeidampften, blieb das Schiff im Wasser fast auf einem Fleck stehen. Es gab nicht die Spur einer Strömung, keinen Windhauch, und die Schiffsschrauben wirbelten das Wasser heftig auf; doch es war, als ob die *Matilda Briggs* –" Er biß sich auf die Zunge.

„Sie können sich auf meine Diskretion und auf die von Doktor Watson absolut verlassen", sagte Sherlock Holmes beruhigend.

Unser Besucher zögerte ein paar Sekunden, schien sich dann zu entscheiden und lehnte sich mit etwas entspannterer Miene zurück.

„Ich denke, daß ich Ihnen vertrauen muß. Nun, es war, als würden wir durch Leim fahren. Die *Matilda Briggs* ist ein starkes Schiff, das zehn Knoten machen kann. Und doch blieb sie bei voller Kraft voraus beinahe stehen. Man hätte fast glauben können, daß uns irgendeine riesige, unsichtbare Bestie nach hinten zog.

Immerhin kamen wir bald wieder vorwärts und erreichten noch rechtzeitig unser Ziel. Dann bereiteten wir die Taucherglocke vor. Ist Ihnen die Konstruktion einer solchen Glocke vertraut?“

Wir nickten beide, aber Morrison zog ein Blatt Papier hervor, und mit den geübten, sparsamen Strichen eines erfahrenen Zeichners skizzierte er eine Taucherglocke, wie sie auf der folgenden Seite abgebildet ist.

„Das Gerät ist ganz einfach aufgebaut. Die Glocke wird an einer Winde, einem sogenannten Spill, aufgehängt und ist unten zum Wasser hin offen. Eine starke Pumpe auf dem Schiff preßt Luft durch den Verbindungsschlauch in die Glocke hinunter. Der Luftdruck in ihr reicht dann aus, um ein Eindringen des Wassers zu verhindern, so wie man einen umgedrehten Becher in ein Waschbecken drücken kann, ohne daß er innen naß wird. Außerdem strömt bei der Taucherglocke kontinuierlich überschüssige Luft am Rand nach außen. Es muß ständig ausreichend Luft zugeführt werden, damit sich die Atemluft in der Glocke nicht zu stark mit Kohlendioxid anreichert. Das ist schon alles. In der Glocke gibt es keinerlei Maschinen oder Brennstoffe, auch keine anderen entflammbaren Substanzen und keine Elektrizität. Die einzige Verbindung zur Außenwelt sind das Windenkabel und der Luftschlauch.“

„Es gibt also keine Möglichkeit zur Verständigung zwischen den Tauchern in der Glocke und der Mannschaft auf dem Schiff?“ fragte Holmes bedächtig.

„So ist es. Andernfalls gäbe es kein Rätsel, und ich müßte Sie nicht konsultieren.“ Morrison holte tief Atem. „Bevor wir mit den echten Tauchgängen begannen, führten wir den üblichen unbemannten Test durch: Wir starteten Pumpe und Winde und senkten die Glocke bis dicht über den Meeresboden ab. Wir konnten sie ohne Schwierigkeiten wieder hochziehen, und das Innere war immer noch so trocken wie die Sahara.

Dann stiegen zwei unserer erfahrensten Taucher in die Glocke, die nun wieder abgesenkt wurde. Wir wollten ihnen etwa eine

Stunde Zeit am Meeresboden geben, aber es dauerte insgesamt viel länger, weil wir die Winde alle paar Meter anhalten mußten, um den Tauchern die Anpassung an den höheren Druck zu ermöglichen."

„Und Sie sind sicher, daß die zugestandenen Intervalle ausreichend lang waren?" fragte ich.

Die Taucherglocke

„Gewiß. Es wurde nicht besonders tief getaucht, und beide Männer hatten schon früher gleichartige Tauchgänge unternommen, ohne daß sie irgendwie zu Schaden gekommen wären. So waren wir in keiner Weise auf den Anblick vorbereitet, der sich uns bot, nachdem wir die Glocke wieder an Bord geholt hatten."

Die Hand unseres Gastes zitterte noch heftiger als zuvor. Holmes goß etwas Whisky in ein Glas und reichte es ihm. Morrison nahm nur einen kleinen Schluck, bevor er fortfuhr.

„Die Geräte an Bord – Pumpe und Winde – funktionierten während des Tauchens fehlerfrei, und die Glocke wurde planmäßig hochgehievt und auf das Gerüst auf dem Vorderdeck gestellt. Wir warteten nun darauf, daß die beiden Taucher unten aus der Glocke stiegen. Man möchte diesen engen Raum möglichst schnell verlassen, auch wenn man nur kurze Zeit darin war. Es tat sich aber nichts. Ich bückte mich unter die Glocke. Der Anblick, der sich mir bot, ließ mich an meinem Verstand zweifeln.

Die beiden Männer lagen tot auf ihren Sitzen, mit starren Augen, und ihre Haut hatte seltsame Flecken. Sie waren fast nackt, denn sie hatten die schwere Kälteschutzkleidung abgelegt. Die Korkmatten auf den Sitzen waren heruntergerissen worden, so daß die beiden Männer unmittelbar auf dem Metall der Bänke lagen."

Morrison nahm wieder einen Schluck Whisky. „Ich bin sicher, Mr. Holmes, daß Sie dies für töricht halten werden, aber unter der skandinavischen Besatzung hörte ich Murmeln, aus dem ich das gefürchtete Wort *Krake* heraushören konnte. Das ist der Name eines sagenhaften, riesigen Meeresungeheuers, wohl verwandt mit der Schlange *Midgard* der nordischen Mythen, die auf dem Meeresboden die Welt umfaßte, indem sie ihren Schwanz ins Maul nahm. Hin und wieder soll sie auftauchen, um unglückliche Matrosen in den Tod zu zerren.

Natürlich schickte ich ein Boot an Land und ließ einen Arzt holen. Er stellte als Todesursache mit Gewißheit Hitzschlag fest! Man stelle sich vor: Hitzschlag – im Meerwasser, dessen Temperatur nur wenig über dem Gefrierpunkt lag, und ohne irgendeine Wärmequelle! Eine Seeschlange wäre da schon glaubhafter gewesen. Ich bin sicher, daß es in den Tiefen der Ozeane seltsamere Kreaturen gibt, als wir uns überhaupt vorstellen können.

Für mich scheint es nur zwei Möglichkeiten zu geben. Die eine ist die, daß die Gesetze der Physik – zumindest soweit man sie heutzutage kennt – verletzt wurden. Mir fällt dabei eine recht seltsame Theorie ein. Haben Sie schon von der Phlogistontheorie der Wärme gehört, an die man noch bis vor wenigen Jahrzehnten glaubte?"

Ich schüttelte den Kopf.

„Nach dieser Theorie soll Wärme eine Art unsichtbares Gas sein, das alle Substanzen durchdringt. In seiner freien Form soll es sowohl in eine Substanz eindringen als auch zwischen zwei Gegenständen wechseln können, die miteinander Kontakt haben. Dabei soll es seinen Druck ausgleichen, wie es auch ein gewöhnliches Gas tut. Diese Annahme könnte erklären, daß ein heißer Gegenstand einen kalten erwärmt. Es soll auch eine gebundene, sozusagen eingeschlossene Form des Phlogistons geben, die in Treibstoffen oder überhaupt in brennbaren Substanzen enthalten ist. Dieses latente Phlogiston soll beim Verbrennungsprozeß durch die Flamme freigesetzt werden."

„Diese Theorie scheint mir recht stimmig zu sein. Vielleicht ist sie eine ebenso zulässige Annahme wie die modernere Vorstellung über die Energie", bemerkte ich.

„Nun, mein Vater und mein Großvater hätten Ihnen sicher zugestimmt; aber die heutigen Wissenschaftler lehnen diesen Ansatz ab. Er wird zum Beispiel dadurch widerlegt, daß ein rotierender Stab, dessen Ende an einem Wetzstein reibt, durch die Reibung offensichtlich ständig neues Phlogiston erzeugt, solange die Bewegung andauert. Auf ähnliche Weise kann man einen verformbaren Gegenstand erhitzen, indem man kräftig auf ihn einhämmert. Das ist eindeutig ein Paradoxon, wenn man Phlogiston für eine unveränderliche Substanz hält, die weder geschaffen noch vernichtet werden kann.

Daher wurde die Phlogistontheorie durch das allgemeinere Prinzip der Erhaltung der Energie in allen ihren unterschiedlichen Formen abgelöst. Dazu gehören die kinetische Energie, also die Energie, die ein Körper aufgrund seiner Bewegung besitzt, ferner die potentielle Energie, die ein Gegenstand abgibt, wenn er herabfällt, und schließlich die thermische Energie oder Wärmeenergie, die um so größer ist, je heißer der betreffende Gegenstand ist. Manche Wissenschaftler meinen, daß die Wärmeenergie eine Form der Bewegungsenergie ist; sie soll darauf beruhen, daß die Atome, aus denen alle Materie besteht, sich unaufhörlich in rascher, regelloser Bewegung befinden. Ich bin allerdings ein nüchterner Ingenieur und werde an Atome erst glauben, wenn ich eines sehe.

Nehmen wir nun an, meine Herren – ich weiß, es klingt phantastisch –, daß das Phlogiston dennoch real ist. Sie erinnern sich, daß unser Schiff eine Zeitlang im Wasser fast stehenblieb, obwohl die Schiffsschrauben sich heftig drehten, und wir unser Ziel nur langsam erreichten. Wo war die Energie der Schiffsschrauben dann geblieben?"

„Nun, in einer Wolke aus Phlogiston!" entfuhr es mir. Dann kam mir aber ein Geistesblitz. „Und diese Phlogistonwolke konnte sich unter Wasser fortbewegt haben, bis sie auf Ihre Taucherglocke traf. Diese wurde dadurch so warm, daß die Taucher einen Hitzschlag erlitten, obwohl sie sich auszogen und sich gegen das kalte Metall preßten, das ja in Kontakt mit dem Wasser stand, das eigentlich kalt sein sollte."

Unser Besucher nickte, aber Holmes schien von meiner Idee nicht sehr angetan zu sein.

„Offen gesagt, Sir", warf er ein, „befasse ich mich vor allem mit Fällen, bei denen die Gesetze der Menschen und nicht die der Natur verletzt werden. Zugegeben, für meine Branche ist es vorteilhaft, daß die juristischen Gesetze nur allzuoft übertreten werden, im Gegensatz zu den physikalischen. Sie sprachen vorhin davon, daß Sie eine zweite Möglichkeit sehen?"

Morrison nickte. „Die zweite Möglichkeit besteht darin, daß irgendein teuflisch listiger Saboteur zugange war. So kehrte ich nach London zurück mit der Absicht, Hilfe von Experten bei der Klärung des Problems zu suchen, gleich welcher Art es sein mochte.

Ich suchte zuerst unseren Geldgeber auf. Es ist – das darf ich Ihnen verraten – Professor Challenger vom *Imperial College* in London. Trotz seines exzentrischen Verhaltens hatte er mich durch seine hohe Intelligenz beeindruckt. Leider traf ich ihn nicht an, da er gerade auf einer Dienstreise war. Also wandte ich mich an die *Royal Society*, in der ja die hervorragendsten Gelehrten unseres Landes vertreten sind. Ich hatte eigentlich erwartet, daß jegliches wissenschaftliche Rätsel, das ihnen von zuverlässigen Beobachtern vorgelegt würde, ihr höchstes Interesse fände.

Leider wurde ich enttäuscht. Ich versuchte, meine Phlogistontheorie einem Herrn zu schildern, der schließlich bereit war, mich anzuhören. Aber er wies sie geringschätzig zurück. Offensichtlich hielt er die Beweise gegen die Phlogistontheorie für so überzeugend, daß wohl nur ein Ignorant oder ein Spinner sie noch in Betracht ziehen könne."

Sherlock Holmes lächelte. „Das entbehrt nicht einer gewissen Ironie. Im Jahre 1847 wandte sich ein gewisser James Prescott Joule an die *Royal Society* und schilderte eingehend eine Reihe von Experimenten, die die Existenz des Phlogistons widerlegten. Joule hatte mit seinen Versuchen gezeigt, daß nicht nur mechanische Arbeit, sondern auch elektrische Energie und sogar die potentielle Energie fallender Gegenstände in Wärme umgesetzt werden können."

Ich war skeptisch: „Wie konnte er denn letzteres beweisen?"

„Er bestimmte die Temperatur des Wassers oben und unten an einem Wasserfall und fand heraus, daß beim Fallen die Temperatur höher wurde. Aber ungeachtet seiner klugen Beweisführungen und Demonstrationen lehnte die *Royal Society* seine Arbeit ab. Sie erklärte, daß sämtliche Aspekte des Phlogistons ausreichend geklärt seien, so daß sie keiner weiteren Untersuchung bedürften. Joule wandte sich nun mit seinen Ideen an die Öffentlichkeit, zunächst mit einem später berühmt gewordenen Vortrag in der Kirche St. Anna in Manchester. Erst danach wurde die *Royal Society* aufmerksam. Zuerst waren es also intelligente Laien, die von der Logik seiner Beweisführung überzeugt waren, und nicht die Vertreter des wissenschaftlichen Establishments.

Das deutet darauf hin, daß wir als Laien bei wissenschaftlichen Fragen vielleicht doch noch eine Rolle spielen können; womöglich sind gewöhnliche Leute mit gesundem Menschenverstand zuweilen klüger als die Gelehrten, die soviel von Mathematik und Physik verstehen. Aber wir schweifen ab. Bitte fahren Sie fort mit Ihrem hochinteressanten Bericht."

„Nun, Mr. Holmes, der einzige Vertreter der *Royal Society*, der bereit war, mich anzuhören, war ein gewisser Professor Summerlee. Er sagte mir, er werde sich zu gegebener Zeit damit befassen. Aber offensichtlich meint er, ich müsse entweder ein Narr oder ein Lügner sein. Er kommt nur mit, weil er meine Version der Ereignisse zu widerlegen hofft."

„Wir kennen Summerlee, den notorischen Skeptiker", meinte Holmes. „Und ich habe auch von Challenger gehört. Durch seinen völligen Mangel an Taktgefühl oder Zurückhaltung, wenn man über seine eher seltsamen Ansichten debattiert, wurde ihm in

London das Pflaster wohl etwas zu heiß; kein Wunder, daß er derzeit außer Landes weilt. Doch wenden wir uns von den wissenschaftlichen Fragen ab. Sie suchen meine Hilfe vermutlich angesichts der zweiten Möglichkeit?"

„So ist es. Wenn kein wissenschaftliches Rätsel vorliegt, ist Sabotage die einzig mögliche Erklärung. Dann muß sie aber mit außergewöhnlicher Erfindungsgabe und Gerissenheit durchgeführt worden sein. Man sagt, Sie seien genau der richtige Mann, solch ein Verbrechen zu untersuchen."

Sherlock Holmes nickte bei diesem Kompliment. „Ich sollte mich über diese Gelegenheit freuen. Das Problem dabei ist nur, daß es mir dringende Geschäfte in London derzeit unmöglich machen, eine Reise anzutreten. Ich denke aber, ich werde von hier aus einiges klären können, während mein Mitarbeiter an den Ort des Geschehens reisen kann. Was halten Sie von einer kleinen Seereise, Watson?"

Ich sprang auf. „Ich bin Ihr Mann", erklärte ich begeistert. „Meine Kindheitsträume brauchten anscheinend etwas Zeit, um wahr zu werden. Aber eine Reise zum Bermuda-Dreieck auf der Suche nach Gold am Meeresboden! Keine Sorge, Sir, ich werde mit Freuden mitkommen."

Unser Besucher war verblüfft. „Gold? Bermuda-Dreieck? Ich sprach vom Barents-Dreieck, Doktor, einem rauhen Gebiet vor der norwegischen Küste. Und wir suchen auch kein Gold, sondern Öl – oder schwarzes Gold, wie es einige zu nennen belieben. Die *Isis* sticht morgen nachmittag bei Lowestoft in See. Sie werden an Bord sein? Großartig!"

Nachdem unser Besucher gegangen war, fühlte ich doch Zweifel in mir aufsteigen. „Sie wissen, Holmes, wie gern ich Ihnen helfe. Aber wenn Sie mich früher irgendwohin geschickt haben, um für Sie Untersuchungen anzustellen, war ich durchaus nicht immer erfolgreich."

„Nun, Watson, ich war gegenüber unserem Besucher alles andere als ehrlich. Ich glaube nicht eine Sekunde lang an Sabotage. Professor Challengers Theorie, daß es unter der Nordsee reichhaltige Öllagerstätten gibt, wird von anderen als reine Phantasterei abgetan. Daher liegt hier kein Motiv für intensive Nachforschungen, geschweige denn für tödliche Sabotage. Ich glaube, wir haben es mit einem technischen Versagen oder irgendeiner einfachen Naturerscheinung zu tun."

„Aber das, Holmes, wäre ja noch schlimmer! Wenn schon erfahrene Wissenschaftler und versierte Ingenieure nicht weiter wissen, werde ich mir sicher die Zähne ausbeißen."

„Im Gegenteil, Watson, Sie sind nach meinem Dafürhalten genau der Richtige für diese Aufgabe. Fachleute sind zu naiv und leichtgläubig, wann es darum geht, das Offensichtliche zu erkennen. Lassen Sie mich eine Begebenheit erzählen, die sich vor einigen Jahren zutrug. Ein berühmter Wissenschaftler bat mich um Rat; ihm war eine Maschine zum Kauf angeboten geworden, die Blei in Gold verwandeln sollte.

Nun hätten Sie oder ich ihm sofort sagen können, daß das unmöglich ist. Der fundamentalste Grundsatz der Chemie besagt, daß ein chemisches Element niemals durch chemische Reaktionen in ein anderes umgewandelt werden kann. Es gibt rund hundert chemische Elemente, und die gesamte Menge eines jeden war, ist und bleibt für alle Zeit erhalten. Weder Gold noch irgendein anderes Element kann durch irgendein bekanntes Verfahren produziert, vernichtet oder umgewandelt werden.

Dieser Mann fiel sozusagen seiner eigenen Intelligenz zum Opfer. Er lauschte den langatmigen und frei erfundenen Ausführungen dieses modernen Alchimisten, der ihm die angebliche Funktionsweise seiner Maschine erläuterte, und ließ sich durch etwas Fingerfertigkeit täuschen: Ein Bleibarren, der auf drei Seiten mit Gold überzogen war, wurde – während die Maschine angeblich arbeitete – heimlich gegen einen echten Goldbarren ausgetauscht. Jeder Amateurzauberer hätte den Trick sofort erkannt, doch einer der hervorragendsten Gelehrten unserer Zeit fiel darauf herein.

Es gibt natürlich Probleme, bei denen Vorstellungskraft und Einfallsreichtum gefragt sind. Bei anderen aber sind diese Gaben nicht hilfreich, sondern man muß einfach zuverlässig und ehrlich sein. Ich kann mir niemanden vorstellen, Watson, der für diese Aufgabe geeigneter wäre als Sie."

So kam es, daß ich am nächsten Morgen nach Lowestoft fuhr und an Bord der *Isis* ging, eines kleinen Trampschiffes, das mich über die Nordsee zur *Matilda Briggs* bringen sollte. Die Fahrt sollte drei Tage dauern. Ich fühle mich auf See nie besonders wohl und zog mich zunächst einmal in meine Koje zurück. Der Anreiz, sie zu verlassen, wurde nicht gerade gesteigert durch das, was ich über einen der Mitreisenden hörte. Er war unmittelbar vor der Abfahrt an Bord gekommen, wobei er den Maat unter Druck setzte, um noch mitgenommen zu werden. Von Zeit zu Zeit tönte seine herrische Stimme über das Deck, wenn er wieder jemanden von der Besatzung schurigelte. Häufig forderte er, den Kapitän zu sprechen. Ich hatte daher wenig Verlangen, seine Bekanntschaft zu machen.

Am zweiten Tag wurde die See bedeutend ruhiger, und ich ging am Abend an Deck. Der erwähnte Mitreisende lehnte an der Reling; er schien zu dösen, denn sein großer Kopf mit wirrem Haarschopf nickte leicht auf und ab. Doch als ich neben ihn trat, traf mich ein boshafter Blick.

„Blicken Sie, wie Odysseus, über die weindunkle See?" fragte ich etwas töricht.

Er hob eine Augenbraue. „So ist es, Sir. Man sagt, daß das Universum sich sozusagen in einem Weinglas befindet. Doch man erfährt mehr über seine Beschaffenheit, wenn man die größeren Zusammenhänge erkennt."

Er machte eine ausladende Handbewegung.

„Sehen Sie zum Horizont. Die Wikinger hielten die Erde für flach. Wenn man aber zum Horizont blickt, wie sie es oft getan haben müssen, zeigt sich dann nicht deutlich die Krümmung der Erdoberfläche?"

Ich blickte über das Meer. Es mag sein, daß man vom hohen Deck eines Linienschiffes aus die Krümmung wahrnehmen kann. Aber wir befanden uns nur wenige Meter über den Wellen, wie vermutlich auch die Wikinger auf ihren Langschiffen. Selbst bei ruhiger See war die genaue Form des Horizonts nicht erkennbar. Das Auge kann jedenfalls schwache Krümmungen sehr schlecht erkennen. So müssen die Säulen der griechischen Tempel sogar ganz leicht geneigt und gebogen sein, damit sie gerade erscheinen, wenn man sie von schräg unten betrachtet. Das erwähnte ich jetzt gegenüber meinem Begleiter.

Zu meiner Überraschung nickte er beifällig. „Sehr richtig, Sir! Sie vermögen zu beobachten, was wirklich zu sehen ist, und sehen nicht das, was man Ihnen nahelegt zu sehen."

Er schien zu grübeln. „Und doch, die Nachdenklicheren unter den Wikingern hätten spekulieren können. Ob sie wohl glaubten, daß die Erdoberfläche unbegrenzt sei?"

„Ich denke, nein; das wäre kaum anzunehmen."

„Aber würde man wirklich an eine Grenze der Welt glauben, an der das Wasser ständig so schnell ausströmt, daß es schon nach wenigen Tagen ganz verschwunden wäre?"

„Wenn man es so sieht, dann hätten sogar primitivere Völker wahrscheinlich nicht daran geglaubt."

„Und angenommen, man träfe heute einen Wikinger und sagte ihm, daß die Erde, auf der er steht, weder eine Begrenzung hat noch beliebig weit ausgedehnt ist – was würde er denken?"

„Nun, daß ein Paradoxon vorliegt!" entfuhr es mir. „Eine ebene Fläche, die weder einen Rand hat noch sich unendlich weit erstreckt, ist einfach ein Widerspruch in sich."

„Genau! Und das bloße Nachdenken über das Paradoxon – ohne die Notwendigkeit, den Horizont wirklich zu beobachten, und ohne jeden anderen Anhaltspunkt von außen – hätte ihn vielleicht folgern lassen, daß die Annahme falsch sein muß, weil es keine wirklichen Paradoxa gibt. Damit ist die Hypothese von der flachen Erde hinfällig. Die Erdoberfläche muß sich in sich zurückbiegen, so würde er feststellen, und unwahrscheinliche Unendlichkeiten oder Grenzen wären gegenstandslos."

Nach einer kurzen Pause setzte er unvermittelt hinzu: „Und was sagen Sie zu dem Paradoxon, das wir hier untersuchen werden?"

Ich sah ihn scharf an und erinnerte mich an die geforderte Verschwiegenheit.

„Das ist schon in Ordnung", sagte er. „Ich bin Professor Challenger, der Initiator der Expedition. Sie können offen mit mir sprechen. Ich bin zufällig gestern nach England zurückgekehrt und kam sofort hierher. Es ist abwegig, einen Detektiv hinzuzuziehen, wenn George Edward Challenger sich um die Angelegenheit kümmert! Aber lassen Sie Ihre Folgerungen und Ihre Meinung hören."

„Im Moment kann ich nur Vermutungen äußern", entgegnete ich. „Allerdings hat Morrisons Vorstellung von einer Phlogistonwolke – Sie haben doch davon gehört? – zumindest den Vorzug, daß es dabei nur ein Rätsel gäbe anstatt deren zwei."

Er schnaufte verächtlich. „Es ist ein Zeichen undisziplinierten Denkens, anzunehmen, zwei Ereignisse müßten miteinander zusammenhängen, nur weil sie beide nicht geklärt sind."

„Sie halten es also für gerechtfertigt, daß die etablierten Wissenschaftler die Phlogistontheorie ablehnen?"

Er schnaufte nochmals. „Nehmen Sie niemals irgend etwas hin, nur weil die meisten angeblichen Fachleute daran glauben!" sagte er. „Die ganze Geschichte der Wissenschaft zeigt, daß es Fortschritte nur gibt, wenn man endgültig beweisen kann, daß eine ganze Horde akademischer Narren im Unrecht ist."

Ich versuchte, ihn ein wenig zu beschwichtigen. „So sollten wir lieber den Bilderstürmern vertrauen?"

„Sicher nicht. In den allermeisten Fällen haben diejenigen völlig unrecht, die gewagte neue Theorien vertreten. Entscheidend ist aber, daß man keine Theorie nach der Person beurteilen kann, von der sie aufgestellt wurde."

„Nun, ich würde dennoch einer Theorie eher zuneigen, wenn sie von jemandem stammt, der schon einige wissenschaftliche Erfolge vorweisen kann", entgegnete ich.

„Damit stünden Sie keineswegs allein. Aber Sie gingen trotzdem nicht richtig vor. Denken Sie beispielsweise an die mystischen Ansichten von Isaac Newton. Bei den bedeutendsten Wissenschaftlern finden Sie oft genialen Scharfblick und daneben absurde Narreteien. Wohlwollende Biographen neigen dazu, über diese Fehlgriffe hinwegzugehen."

„Also dürfte man nur elementarste Tugenden wie die Ehrenhaftigkeit berücksichtigen, wenn man die Theorien eines Wissenschaftlers erstmals bewertet?" fragte ich.

„Das erschiene logisch. Aber wir wissen, daß viele große Forscher ihre Daten ‚zurechtgebogen' haben, damit sie ihren Vorstellungen auch wirklich entsprachen. So können die Daten in Mendels Arbeiten über Pflanzenkreuzungen kaum überzeugen. Es wäre fast so, als behauptete ein Statistiker, bei jedem seiner vielen Versuche mit jeweils tausendmaligem Werfen einer Münze sei stets genau gleich häufig (fünfhundertmal) Zahl und Wappen erschienen. Dennoch waren Mendels Ideen grundsätzlich richtig. Was ich damit klarzumachen versuche – übrigens mit einigen Schwierigkeiten –, ist folgendes, Sir: Man muß über die Theorie nachdenken und nicht über ihren Urheber."

„Dann muß man neue Ideen stets mit neuen Experimenten überprüfen?" fragte ich.

„Notfalls ja, aber vor allem müssen zuvor alle Aspekte gründlich durchdacht werden. Zuallererst ist zu fragen, ob die Theorie mit dem bereits Bekannten in Einklang steht und welche Konsequenzen sie haben könnte. Tausend schlecht ausgedachte

Experimente werden vermutlich nichts enthüllen, was man nicht schon wußte", sagte Challenger voller Überzeugung.

„Dennoch sind Experimente oft notwendig", warf ich ein. „Bevor es beispielsweise Maschinen gab, mit denen man einen Bohrer rasch und gleichmäßig rotieren lassen kann, war es nicht möglich, die Wärme zu beobachten, die dadurch fortwährend an einem einzigen Punkt entstehen kann. Erst dieser Versuch stürzte die Phlogistontheorie."

Challenger sah mich mit unverhüllter Verachtung an. „Wirklich? Wissen Sie nicht, wie der frühe Mensch Feuer machte? Er spitzte einen Stock an, drückte ihn gegen ein Stück Rinde und drehte ihn zwischen seinen Handflächen rasch hin und her, bis die Reibungswärme die Rinde entzündete. Das konnten schon unsere affenähnlichen Urahnen, aber die Leuchten unserer *Royal Society* haben es nicht begriffen!

Nein, Sir, ebenso wie bei der Frage der Erdkrümmung, die wir gerade diskutiert haben, waren auch hier weder Experimente noch zusätzliche Beobachtungen nötig, sondern nur das Nachdenken über ein Paradoxon. Man postulierte das Phlogiston, eine ‚substanzlose Substanz', die trotzdem ein wirkliches Element sein sollte, dessen Menge daher stets erhalten bliebe. Irgendwann aber bemerkt man sicher den Gemeinplatz, daß ein rotierender Bohrer oder heftiges Hämmern praktisch unbeschränkt Phlogiston erzeugen kann. Siehe da – ein Paradoxon! Und weil die Realität keine Paradoxa enthalten kann, muß man vielmehr folgern, daß es kein Phlogiston geben kann."

„Immerhin sehe ich ein", sagte ich, „warum die Phlogistontheorie in der Praxis überhaupt keine Rolle spielte. Sie war wohl mehr eine wissenschaftliche Glaubenssache."

Anscheinend hatte ich im Bestreben, das Gespräch in ruhigere Bahnen zu lenken, seine Selbstbeherrschung überstrapaziert. „Ach ja!" rief er. „Sie haben das große Glück, zu einer Zeit zu leben, in der viele Menschen erstmals von schwerer körperlicher Arbeit befreit sind und sich angenehmeren und einträglicheren Tätigkeiten widmen können. Sie sind von der Mühsal befreit, zum Beispiel durch die Dampfmaschine, deren Weiterentwicklung den Bau von Lokomotiven ermöglichte, dann den von Traktoren und nun auch den von elektrischen Kraftwerken. Bald werden die Menschen das als selbstverständlich hinnehmen, aber Sie, Sir, sollten daran denken, daß nur ein tiefes Verständnis der Gesetze

der Energieumwandlung, wie es uns die Wissenschaftler nahe-
brachten, Sie von den Mühen körperlicher Arbeit befreit hat. Ignoranz und Undank, das ist das Los der Gelehrten. Gute Nacht!"
Abrupt – aber auch zu meiner großen Erleichterung – machte er
auf dem Absatz kehrt und ging.

Am nächsten Tag war meine Seekrankheit so weit überwunden,
daß ich im Aufenthaltsraum in der angenehmeren Gesellschaft
des Schiffskapitäns frühstücken konnte. Ich langte herzhaft zu
und hielt deshalb einige flotte Runden an Deck für nötig, um das
normale Gleichgewicht wieder herzustellen. Ein Wissenschaftler
würde sagen: um durch Anstrengung die chemische Energie ab-
zubauen, die ich mit der Nahrung zu mir genommen hatte.

Als ich den Raum verlassen hatte, wurden mir sofort zwei
Fehleinschätzungen klar. Erstens war der Wind zwar nicht stark,
aber sehr kalt. Das war eigentlich nicht überraschend, denn steu-
erbords zeichnete sich schon die kahle, schneebedeckte Küste
Norwegens am Horizont ab. Zweitens hatte es auch mein streit-
süchtiger Gesprächspartner vom Vortag für gut gehalten, an Deck
zu gehen.

„Guten Morgen", begrüßte er mich unerwartet freundlich.
„Ein herrlicher Tag, nicht wahr? Ich habe über das Problem nachgedacht, das uns erwartet, und die Hinweise erwogen, die wir
schon kennen. Ein Schiff auf See ist doch von Energie umgeben,
nicht wahr?"

Ich sah ihn verdutzt an. In der Umgebung schien mir keine
Energie zu stecken – jedenfalls keine Wärme.

„Nehmen wir das Schiff, auf dem wir uns befinden. Es
dampft mit etwa zehn Knoten vorwärts; das sind rund fünf Meter
pro Sekunde. Da das Schiff eine hohe Masse hat, beträgt seine
Bewegungsenergie ziemlich viele Joule."

Ich erinnerte mich zwar an den Namen des Amateurfor-
schers, der gegenüber der *Royal Society* die Phlogistontheorie hatte
widerlegen wollen. Aber Professor Challenger muß mir meine
Ratlosigkeit angesehen haben.

Er schnaufte leicht. „Ich meine damit die Energieeinheit, die
nach James Prescott Joule benannt wurde", erklärte er. „Bald nach
seinem Tode änderte die wissenschaftliche Gemeinschaft ihre
Haltung und gab die Mißachtung auf; sie nannte sogar die metri-
sche Energieeinheit ‚Joule', nach eben diesem bedeutenden For-

scher. Der Energieumsatz pro Zeiteinheit, also die Leistung, wurde nach einem anderen James benannt, nämlich nach James Watt, der durch die Dampfmaschine berühmt geworden war. Wenn ein Gerät pro Sekunde ein Joule an Energie umsetzt, dann hat es eine Leistung von einem Watt."

„Ich bin ein wenig nostalgisch und ziehe die alten Einheiten vor", meinte ich.

„Gut, man kann sie leicht umrechnen. Beispielsweise entspricht eine Pferdestärke (ein PS) ungefähr 750 Watt. Anders herum: Vier PS sind etwa 3000 Watt oder drei Kilowatt."

„Mir ist aber noch nicht ganz klar, was ein Joule ist."

„Nun, die Energie – genauer: die mechanische Arbeit – ist gleich dem Produkt aus der Kraft und der Strecke, längs der sie wirkt. Ein vertrautes Beispiel: Die Energie, die man benötigt, um eine Masse von einem Kilogramm gegen die Schwerkraft auf der Erde um einen Meter hochzuheben, beträgt knapp zehn Joule. Bei der Wärmeenergie ist es folgendermaßen: Um ein Kilogramm Wasser um ein Grad Celsius zu erwärmen, benötigt man rund 4200 Joule an Wärmeenergie. Man kann beide Energieformen miteinander vergleichen. Dieselbe Energiemenge, mit der man eine bestimmte Wassermenge vom Gefrierpunkt bis zum Siedepunkt erhitzen kann, würde ausreichen, um diese Wassermenge ungefähr 42 Kilometer hoch zu heben. Überlegen wir einmal, wieviel kinetische Energie – Bewegungsenergie – unser Schiff gerade hat. Wir nehmen seine Masse zu einhundert Tonnen an, also zu einhunderttausend Kilogramm, und seine Geschwindigkeit zu fünf Meter pro Sekunde. Was ergibt das?"

„Müssen wir nicht einfach die Geschwindigkeit mit der Masse multiplizieren und erhalten eine halbe Million Joule?"

Der Professor sah mich geringschätzig an. „Keineswegs. Das wäre der Impuls, der übrigens auch eine Größe ist, für die ein Erhaltungssatz gilt. Man kann ihn als ‚Schwung' in der jeweiligen Richtung deuten. Aber die Bewegungsenergie ist nicht proportional zur Geschwindigkeit, sondern zu deren Quadrat, und auch zur Masse. Wenn wir also mit zwanzig anstatt mit zehn Knoten führen, dann –"

„– wären wir ganz bestimmt Anwärter auf das *Blaue Band* für die schnellste Atlantikpassage", warf ich scherzhaft ein.

„– wäre unsere Bewegungsenergie nicht doppelt, sondern viermal so hoch", beendete er seinen Satz.

„Dieser Zusammenhang kommt mir recht willkürlich vor", entgegnete ich. „Warum gibt es in der Physik nicht auch ein ebenso zutreffendes Prinzip, nach dem die Energie direkt proportional zur Geschwindigkeit ist?"

„Das wird sofort klar, wenn wir die Energie in eine andere Form umwandeln. Nehmen wir an, wir bremsen einen Gegenstand ab, bis er ruht; dabei entsteht Reibungswärme. Und wenn sich der Gegenstand doppelt so schnell bewegt hat, entsteht beim Abbremsen nicht zweimal, sondern viermal soviel Wärme."

„Um das zu klären, waren sicherlich sorgfältig ausgeführte Experimente nötig", warf ich skeptisch ein.

„Nein, Sir, auch hier genügt reine Überlegung, um den Widerspruch aufzuklären. Betrachten wir zum Beispiel einen fallenden Gegenstand. Wenn wir ihn hochheben, dann ist die dazu nötige mechanische Arbeit offensichtlich direkt proportional zur Höhe, um die er angehoben wird."

„Und auch proportional zu seinem Gewicht, nicht wahr?"

„Sehr richtig; die Arbeit ist das Produkt aus Höhenänderung und Kraft. Nach dem Anheben lassen wir den Gegenstand fallen. Die Bewegungsenergie, die er beim Fallen um eine bestimmte Höhe gewinnt, ist natürlich die gleiche, die zum Anheben um dieselbe Höhe aufgebracht wurde."

„Das leuchtet sofort ein."

„Die Erdanziehungskraft beschleunigt jeden fallenden Gegenstand, so daß er pro Sekunde um rund zehn Meter pro Sekunde schneller wird. Nach einer Sekunde Fallzeit wird er daher zehn Meter pro Sekunde schnell sein, nach der zweiten Sekunde zwanzig und nach der dritten dreißig Meter pro Sekunde und so weiter."

„Das erklärt natürlich, warum ein Sprung von großer Höhe aus medizinischer Sicht nicht ratsam ist."

Challenger ignorierte diese Bemerkung. „Wie weit wird der Gegenstand nach einer Sekunde also gefallen sein?" fragte er.

„Nun, zu Anfang der Sekunde ruhte der Gegenstand, und nachdem sie verflossen ist, bewegt er sich mit zehn Metern pro Sekunde. Seine Durchschnittsgeschwindigkeit beträgt daher fünf Meter pro Sekunde, und er wird um fünf Meter gefallen sein." Das Ergebnis überraschte mich ein wenig, aber ich war auch etwas stolz darauf, daß ich mich noch so weit an den Physikunterricht erinnern konnte.

„Und nach zwei Sekunden?"

„Die Geschwindigkeit wird dann zwanzig Meter pro Sekunde erreicht haben, und die mittlere Geschwindigkeit während der beiden Sekunden beträgt daher zehn Meter pro Sekunde. Das ergibt eine Fallhöhe von insgesamt zwanzig Metern. Vergleichen wir mit der Strecke nach der ersten Sekunde, so scheint die Fallhöhe mit dem Quadrat der Zeit zuzunehmen."

„So ist es. Weil der Gegenstand nach der zweiten Sekunde zwanzig Meter, also viermal so weit gefallen ist wie nach der ersten, muß auch die Bewegungsenergie durch die Schwerkraft viermal so groß sein. Aber seine Geschwindigkeit –"

„– ist nur doppelt so hoch. Die Energie ist also wirklich proportional zum Quadrat der Geschwindigkeit", vollendete ich.

Challenger hob den Finger. „Ja. Sie haben als ein etwas träger, aber kluger Wissenschaftler die Zusammenhänge aufgeklärt, ohne sich sozusagen aus Ihrem Sessel zu erheben."

Angesichts der Tatsache, daß wir während unserer Unterhaltung flott an Deck entlangschritten, hielt ich diese Aussage für leicht übertrieben.

„Eine nähere Überlegung", fuhr Challenger fort, „würde Sie zu der Formel führen, nach der die kinetische Energie eines jeden Gegenstands gleich dem halben Produkt aus seiner Masse und dem Quadrat seiner Geschwindigkeit ist. Und im Gegensatz auch zum pedantischsten Experimentator, dessen Messung nie absolut genau sein kann, wissen Sie, daß Ihre Formel *exakt* gelten muß. Andernfalls könnten Sie eine Anlage konstruieren, in der ein Gegenstand gegen die Schwerkraft angehoben und wieder fallen gelassen würde und dessen Bewegungsenergie ausgenützt würde, die –"

„Ein Perpetuum mobile!" rief ich aus.

„Eine Vorrichtung, die nach aller Erfahrung ein Paradoxon darstellte. Die Menge aller Energie in der Welt bleibt stets erhalten, und man hat noch niemals eine Ausnahme von diesem Prinzip gefunden. Wäre dies nicht der Fall, so wäre das Universum völlig anders beschaffen."

„Dann würden bestimmt die Kohleaktien drastisch fallen", warf ich unbeschwert ein. Dann erinnerte ich mich daran, daß Challenger ja Öl unter dieser rauhen See vermutete. Wenn seine Theorien zuträfen, müßten die Kohlepreise erst recht sinken. Aber Challenger nahm den Faden wieder auf, wobei er meine hochgezogenen Augenbrauen geflissentlich übersah: „Was ich sagen wollte, bevor Sie ein wenig vom Thema abkamen, ist folgendes: Die gesamte Bewegungsenergie unseres Schiffes können wir mit den Zahlen von eben zu gut einer Million Joule berechnen. Wäre es Wärmeenergie, dann würde sie gerade ausreichen, einen Kessel Wasser zum Kochen zu bringen. Aber keinesfalls könnte sie den merkwürdigen Hitzschlag der Taucher hervorrufen!" Er hob den Finger. „Welche anderen Energiequellen sehen Sie hier noch?" fragte er.

Ich blickte auf die schwache Dünung, die uns zur Küste hin überholte. „Nun, zunächst einmal sehe ich die Bewegung der Meereswellen. Die Wellenkämme scheinen sich schneller fortzubewegen als unser Schiff und enthalten sicherlich einiges an Energie."

Challenger schüttelte den Kopf. „Sie sollten den Anschein einer Bewegung nicht mit dieser selbst verwechseln. Mit den Wellen, die Sie sehen, bewegen sich nämlich keine Wasserteilchen fort. Jeder einzelne Wassertropfen bewegt sich zwar periodisch auf und ab, aber er entfernt sich nicht von seinem Ort. Sie können das leicht zeigen, indem Sie ein Holzstückchen ins Wasser werfen; Sie werden sehen, daß es an Ort und Stelle auf und ab schwingt. Es gibt etliche Phänomene, die den Eindruck einer Bewegung hervorrufen. Ich habe einmal eine Reihe von Revuetänzerinnen gesehen, die vorn an der Bühne standen und mit genau aufeinander abgestimmten Bewegungen ihrer blauen Fächer eine Welle nachahmten. Die Welle schritt entlang der Rampe schnell fort, aber jeder einzelne Fächer wurde nur ein wenig auf und ab bewegt, und jede Tänzerin blieb an ihrem Platz stehen."

„Dann ist eine Welle nur eine Täuschung?" erkundigte ich mich vorsichtig.

„Diese Frage müßten eher die Philosophen klären als die Wissenschaftler; aber ich möchte sagen, eine Welle ist keine bloße Illusion. Sie ist wohl eher ein *Prozeß* als ein Gegenstand, aber trotzdem real. Eine Welle enthält zweifellos Energie: potentielle Energie in den Wellenkämmen über dem mittleren Wasserspiegel und kinetische Energie der auf und nieder tanzenden Wassertröpfchen."

„Ich verstehe. Die Welle selbst kann eigentlich keine Energie transportieren, weil sich die Wasserteilchen nicht fortbewegen", sagte ich.

„Das darf man daraus nicht schließen", entgegnete Challenger. „Kräfte, die sich fortbewegen, übertragen Energie, auch wenn keine Masse transportiert wird. Ich selbst habe der Regierung Ihrer Majestät einmal dargelegt, daß ein System von Pontons und Seilzügen vor der Westküste Schottlands die Energie der anbrandenden Atlantikwellen aufnehmen könnte; so wären unaufhörlich ungeheure Mengen an Energie nutzbar zu machen. Aber man machte sich über meine Bemühungen nur lustig. Galilei, Joule, Challenger – die Wege von uns Pionieren der Wissenschaft führen geradewegs ins Martyrium."

Ich hatte einige Mühe, angesichts der Selbstgefälligkeit dieses Mannes nicht zu lächeln.

„Aber kehren wir zu unseren Problemen zurück", meinte er dann. „Wir sehen uns einem Phänomen gegenüber, das sozusagen Energie abzieht, und einem anderen, das Energie zuführt. Mich interessiert sehr, wie Sie darüber denken."

Es schmeichelte mir, daß er mich trotz seiner schroffen Art offensichtlich ernst nahm.

Ich begann recht behutsam: „Ich meine, wenn Paradoxa oder unerklärliche Ereignisse aufzutreten scheinen, dann muß man zunächst seine eigenen Prämissen in Frage stellen." Challenger nickte ermutigend.

„Nun – Sie und andere Männer der Wissenschaft scheinen zwei Dinge anzunehmen, die mir nicht recht einleuchten. Zum einen sollen gemäß den Naturgesetzen viele unterschiedliche Größen *exakt* erhalten bleiben. Wenn die von Menschen durchgeführten Messungen niemals absolut genau sein können, sondern sich immer wieder Fehler einschleichen können, wie kann dann die Natur so perfekt sein?

Der zweite Punkt ist der, daß die Gesetze der Physik überall genau dieselben sein sollen. Vielleicht sind sie ja auf dem Mars, dem Jupiter oder entfernten Sternen ganz verschieden von den uns bekannten. Warum sollten sie nur auf der Erde überall identisch sein?" Ich blickte auf die kahle, unheimliche Landschaft, der wir uns näherten und die sich so drastisch vom angenehmen, von Menschenhand geformten Ambiente in London unterschied. Challenger hob nachsichtig seine buschigen Augenbrauen. „Ich nehme an, Doktor, daß es irgendwo Universen geben könnte, wie Sie sie beschreiben, in denen sich also die Naturgesetze von Ort zu Ort verändern und in denen eine gewisse Zufälligkeit herrschen kann, die die Naturgesetze als nicht exakt erscheinen läßt. Was müssen das für Höllen sein für alle Wissenschaftler, die in ihnen leben – einmal angenommen, daß sich in solch widersprüchlichen Systemen überhaupt Intelligenz entwickeln könnte, was ich übrigens bezweifle.

Ich kann nur sagen, Doktor, daß diese Eigenschaften unseres Universums besser überprüft sind, als Sie es sich wahrscheinlich vorstellen können.

Zum einen erscheint das Universum völlig symmetrisch in der Art und Weise, wie es seine Gesetze geltend macht. Sie sind stets genau dieselben, wie weit man in irgendeiner Richtung des Raumes auch reisen mag. Andernfalls hätten unsere mit Teleskopen und Spektrographen vorgenommenen Messungen an weit entfernten Sternen und deren Bewegungen nicht die Ergebnisse, wie wir sie kennen. Die Naturgesetze sind auch zu verschiedenen Zeitpunkten immer die gleichen. Wäre das nicht der Fall, dann könnten unser Sonnensystem und die Erde, auf der wir stehen, kaum während der Milliarden Jahre der Evolution dieselben geblieben sein. Schließlich hängen die Naturgesetze auch nicht von der Richtung im Raum ab, denn sonst könnten etliche optische und mechanische Geräte, vor allem solche, die beim Betrieb rotieren, nicht korrekt funktionieren.

Zum zweiten bleiben bestimmte Größen unter allen uns bekannten Umständen erhalten. Natürlich muß man diese Größen sorgfältig definieren. Um ein bißchen frivol zu sein: Ein Schoß bleibt nicht erhalten, denn wo bleibt er, wenn Sie aufstehen? Und auch das Phlogiston besteht den Test auf Erhaltung nicht. Aber gewisse grundlegende Größen – Masse, Energie, Impuls, Elektronenladung – bleiben mit erstaunlicher Präzision erhalten und ändern sich nicht einmal um einen Teil von Abermilliarden Teilen, denn dies könnten wir ohne weiteres feststellen.

Bei näherer Betrachtung wird klar, daß die Anzahl der Größen, die einem Erhaltungssatz unterliegen, ungefähr der Anzahl von Symmetrien entspricht, die wir im Universum erkennen. Ich frage mich, ob es hier nicht eine ganz enge Verknüpfung gibt." Challenger schwieg nun und schien zu grübeln.

Ich versuchte, ihm irgendwie zu helfen. „Kann es sein, daß mit dem unaufhörlichen Fortschritt der Wissenschaften immer mehr Erhaltungsgrößen entdeckt werden? So wurde doch die Erhaltung der elektrischen Ladung erst in jüngerer Zeit erkannt."

Challenger blickte leicht ärgerlich auf, als hätte ich irgendeinen heiklen, aber verheißungsvollen Gedankengang gestört. „Wenn hier überhaupt ein Zusammenhang vorliegt, dann ist das Gegenteil der Fall. Mit Hilfe einer entsprechend konstruierten Maschine konnte man zeigen, daß das Phlogiston lediglich eine Form eines allgemeineren Aspekts – der Energie – war. Vielleicht können raffiniertere Versuche noch erweisen, daß Größen, die wir für ziemlich unterschiedlich halten, nichts als variierende Erscheinungsformen einer einzigen Größe sind.

Je beschränkter die Möglichkeiten der Technik sind, desto zahlreicher sind die Größen, die anscheinend erhalten bleiben. In einer Welt beispielsweise, in der die einzigen Versuchsgeräte langsam bewegliche Laufrollen und Hebel wären, könnte man annehmen, daß die potentielle Gravitationsenergie erhalten bliebe: Man könnte einen Ein-Kilogramm-Klotz um zwei Meter hoch heben, indem man einen Zwei-Kilogramm-Klotz um einen Meter fallen läßt, und so weiter. Aber in Wirklichkeit kann die Energie zwischen verschiedenen Formen wechseln, darunter auch Wärme.

Aber wenden wir uns wieder unserem Problem zu, Doktor. Wir haben ein Schiff, das Energie verliert, und eine Taucherglokke, die Energie aufnimmt. Ich habe da ein paar Ideen und will Ihnen einige Hinweise geben." Er deutete zum Himmel. „Fällt Ihnen an diesen Wolken etwas auf?"

Ich blickte hinauf. Die Wolken sahen tatsächlich ein wenig merkwürdig aus: Zwei Gruppen ansonsten ähnlicher Wolken schwebten in verschiedenen Richtungen aneinander vorbei, und ihre Bahnen schienen sich sogar zu kreuzen.

„Oh, der Wind hat in verschiedenen Höhen unterschiedliche Geschwindigkeiten und Richtungen", entgegnete ich.

Der Professor nickte. „Und was schließen Sie daraus?"

Ich dachte kurz nach. „Ich erinnere mich an eine Erzählung von einem Schiff mit hohem Mast, das an einem kleineren Schiff vorbei segelte, das in einer Flaute stillstand. Die Toppsegel des großen Schiffes erfaßten eine steife Brise, obwohl dicht über dem Meeresspiegel Windstille herrschte.

Challenger nickte mir ermutigend zu. „Aber, Professor", warf ich ein, „die *Matilda Briggs* ist ein Dampfschiff und hat weder Masten noch Segel."

Challenger schüttelte verwundert den Kopf. „Ich bin Ihnen wirklich dankbar, Doktor", sagte er. „Zuweilen kreidet man mir eine gewisse Unduldsamkeit mit meinen Studenten an, die mir öfter als besonders begriffsstutziger Haufen vorkommen. In letzter Zeit werde ich tatsächlich immer seltener gebeten, Unterrichtsverpflichtungen zu übernehmen. Aber Sie haben mir die Augen geöffnet, daß es bei der Spezies, zu der ich gehöre, wohl eine große Bandbreite in der Auffassungsgabe gibt. Ich werde fortan ganz gewiß toleranter sein."

Während ich noch über dieses rätselhafte Kompliment nachgrübelte, sprach Challenger langsam und geduldig weiter: „Ich denke eigentlich weniger an die Bewegung der Luft in verschiedenen Höhen, sondern an die des Meerwassers in unterschiedlichen Tiefen. Die Gezeiten erzeugen an der norwegischen Küste seltsame Strömungen. Vielleicht haben Sie schon einmal vom gefürchteten *Malstrom* gehört. Man weiß auch, daß sich Gezeitenströme mit der Tiefe stark verändern können. Eine starke Unterwasserströmung kann dabei auf den Kiel eines Schiffes einwirken, so daß es zurückgeschoben wird, obwohl das Wasser an der Oberfläche ruht. Der stärkste bekannte Gezeitenstrom in diesen Breiten – der Pentland-Firth, der Schottland von den Shetland-Inseln trennt – erreicht bei Springfluten sechzehn Knoten; das reicht aus, um solche Effekte hervorzurufen."

Nun schien ihm etwas einzufallen. „Doktor, Sie müßten eigentlich die ideale Person sein, mir bei einem kleinen Versuch zu helfen. Könnten Sie in ein paar Minuten in meine Kabine kommen?"

Als ich seine Kabine betrat, sah ich, daß er eine Paraffinlampe auf etwas bedenkliche Weise auf dem Beistelltisch abgestellt hatte. Daneben stand ein wassergefülltes Aquarium aus Glas, in dem sich aber gerade kein Fisch befand und das offensichtlich einige Tiere aufnehmen sollte, die der Professor auf unserer Reise begutachten wollte. Außerdem lag dort ein Blasebalg. Zu meiner Überraschung verschloß Challenger hinter mir die Tür.

„Nun, Doktor", sagte er, „wenn Sie sich anschickten, einige Stunden in einem nicht isolierten gußeisernen Behälter im kalten Meerwasser zu verbringen, würden Sie dann irgendeine Wärmequelle mitnehmen, vielleicht einen Ölbrenner?"

„Morrison erzählte mir, daß der Kapitän an Bord so etwas strikt verboten hat, und daß er auch sorgfältig auf die Einhaltung dieser Vorschrift achtet." – „Der Kapitän mag ja in der Kommandogewalt gleich nach Gott kommen, aber wenn man eine Wahl hat zwischen den Gesetzen der Menschen und denen der Physik, dann glaube ich sicher zu wissen, welche eher gebrochen werden. Eine kleine Heizung könnte leicht in die Taucherglocke geschmuggelt und erst nach Tauchbeginn angezündet werden. Ich werde Ihnen jetzt zeigen, was den Tauchern hätte widerfahren können."

Er zündete die Paraffinlampe an und nahm den Blasebalg zur Hand. „Diese Lampe hat einen Sicherheitsbrenner. Aber je mehr Sauerstoff zutritt, desto heller brennt die Flamme. Wie Sie wissen, wurde über den Luftschlauch mit einer starken Pumpe ständig Luft in die Taucherglocke gepumpt."

Er betätigte den Blasebalg, und die Lampe brannte heller.

„Ich sehe immer noch keinen Grund für eine Katastrophe. Die Taucher waren bestimmt vorsichtig", sagte ich.

„Nun, während die Taucherglocke tiefer sank, stieg der Luftdruck in ihr an. Denken Sie daran, daß sie unten, zum Wasser hin, offen ist. Zehn Meter tiefer ist die Dichte der Luft schon doppelt so hoch wie an der Oberfläche, also auch der Partialdruck des Sauerstoffs. Dadurch wird die Flamme heftiger brennen."

Er blies noch mehr Luft zu – mit verheerenden Folgen. Die Flamme wurde nach unten vom Docht weggedrückt, so daß sie das Paraffin im Gefäß erreichte, und kurz darauf schoß eine fast einen Meter hohe Stichflamme empor.

Ich überlegte schnell. Im Aquarium neben der Lampe befand sich reichlich Wasser, aber es war zu schwer, als daß man es anheben konnte. Ich erinnerte mich an das berühmte Gleichnis vom Berg und dem Propheten. Also hob ich die Lampe auf und goß ihren Inhalt ins Aquarium. Ich hätte kaum etwas Falscheres tun können, denn ich hatte nicht bedacht, daß Paraffin und Wasser sich nicht mischen und daß Paraffin die leichtere der beiden Substanzen ist. Das Paraffin breitete sich also auf dem Wasser aus, und augenblicklich stand die ganze Oberfläche des Aquariums in Flammen. Glücklicherweise reagierte der Professor sehr flink; er nahm ein Stück Sackleinwand und deckte das Aquarium damit ab. Nach wenigen Sekunden erloschen die Flammen, weil keine Luft mehr hinzutrat.

„Lassen Sie sich das eine Warnung sein, sich so unsinnige Experimente auszudenken", rief ich wütend.

„Sie sehen das falsch, Doktor. Sie haben mir nämlich gerade aufs schönste dabei geholfen, meine Theorie zu beweisen. Mit dem Verschließen der Tür simulierte ich die geschlossene Taucherglocke. Wenn reichlich Sauerstoff zugeführt wird, gerät die Flamme außer Kontrolle. In der Glocke gibt es keine Fluchtmöglichkeit, und es bleiben nur Sekunden zum Reagieren. Was tun die Männer also? Sie kippen das brennende Paraffin ins Wasser; die Glocke ist ja unten offen. Das Paraffin breitet sich auf dem Wasser aus und brennt dadurch noch heftiger, weil seine Oberfläche nun größer ist. Es wird schnell sehr heiß, und der Rauch hindert die Männer wahrscheinlich an weiteren Aktionen, so daß sie umkommen. In der Zeitspanne, bis die Glocke nach oben gezogen ist, hat die Frischluft, die ja die ganze Zeit über reichlich hineingepumpt wird, jeden Rauch vollständig entfernt. Das Paraffin ist inzwischen verbraucht, und die Lampe selbst liegt am Meeresboden.

Die Seeleute haben ganz recht, wenn sie das Feuer so fürchten. Ob Öl, Paraffin oder Fett: Jedes Kilogramm dieser Substanzen liefert beim Verbrennen eine ungeheure Energiemenge von rund vierzig Millionen Joule. Verbrennen auch nur ein paar Liter davon, dann kann die Temperatur in einer Glocke so hoch werden, daß niemand das überleben kann."

„Das ist sehr klug argumentiert", mußte ich trotz meines Ärgers zugeben.

Professor Challenger nickte. „Ich bin sicher, Doktor, daß sich meine Erklärungen morgen als richtig herausstellen werden und das abergläubische Geschwätz ein Ende haben wird."

Der Morgen brach für mich etwas plötzlich herein. Ich wurde durch wütendes Geschrei an Deck aus tiefem Schlaf geweckt. Ich zog mich hastig an, ergriff eine Schwimmweste und eilte an Deck. Dort erwartete mich eine unheimliche Szene. Die Schiffsschraube lief auf vollen Touren, wie man aus dem Dröhnen der Motoren schließen konnte. Aber das Schiff stand fast völlig still, und das in ruhigem Wasser, gerade an der Mündung eines Fjords.

Unter der Besatzung brach beinahe Panik aus, und ich konnte eine gewisse Selbstgefälligkeit nicht unterdrücken: Ich allein von allen Anwesenden meinte, die Ursache dieses Phänomens zu kennen, das uns hier heimsuchte. Aber gleich darauf erschien Challenger selbst an Deck. Er trug eine brennende Kerze und ein enghalsiges Glasgefäß, an dessen Boden anscheinend Bleischrot lag. Der Professor ignorierte die Aufregung um ihn herum, kniete nieder, stellte die Kerze in das Gefäß und verschloß es mit einem Korken. Dann beugte er sich über die Reling und ließ das Glas vorsichtig über Bord.

Ich eilte zur Reling. Der Kerzenschein war durch das Wasser deutlich zu erkennen, während das Gefäß sank. Es war eine sehr raffinierte Demonstration. Wenn Challengers Theorie zutraf, sollte die Lampe schnell zum Heck gelangen, da sie der verborgenen Wasserströmung ausgesetzt war.

Einen Moment schien es, als geschehe ebendies. Der Lichtschein näherte sich schnell dem Heck, während das Glas weiter sank. Doch einen Moment später schien er anzuhalten und schwächer zu werden. Er bewegte sich nun einige Meter weit nach vorn und wurde heller. Daraufhin schien er – fast genau unter mir – umzukehren, bevor er unter dem Schiffsrumpf meinen Blicken entschwand.

Ich sah Challenger an. Er schien noch verwirrter zu sein als ich: Für einige Sekunden stand sogar sein Mund offen. Gleich darauf erlangte er seine Selbstbeherrschung zurück. Ohne ein Wort zu sagen, ging er unter Deck.

Ich folgte ihm in seine Kabine. Sie war überhaupt nicht aufgeräumt, und niemand hatte versucht, die Spuren des Experiments vom Vortag zu beseitigen: Der Inhalt des Aquariums schwappte hin und her, während das Schiff rollte; das Wasser kräuselte sich unter dem Paraffin.

„Sie haben es in diesem Durcheinander ausgehalten?" fragte ich. Er hob den Blick und sah mich an.

„Ja, und ich habe, ganz in Gedanken, die meiste Zeit auf dieses Aquarium geblickt: Völlig unwissend, und das angesichts offensichtlichster Hinweise! Ich bin wirklich blind gewesen! Und doch, was für ein außergewöhnliches Phänomen war hier zu entdecken!" Er schüttelte den Kopf.

„Sagen Sie mir nun: Was sehen Sie in diesem Tank?" fragte er mich.

„Ich sehe eine Schicht von rosafarbenem Paraffin, dessen Oberfläche leicht gewellt ist, wohl aufgrund der Bewegungen des Schiffes."

„Und was ist mit der *anderen* Oberfläche des Paraffins?"

Für einen Moment war ich verwirrt. Dann sah ich mir das Aquarium von der Seite an, wo ich die Untergrenze des Paraffins, zum Wasser hin, sehen konnte.

„Nun, die Wasseroberfläche, auf der sich das Paraffin befindet, hat viel größere Wellen. Die Grenzschicht schwingt recht stark."

„Und können Sie sagen, warum das so ist?" fragte Challenger. Ich schüttelte den Kopf.

„Das rührt daher, daß zum Erzeugen einer Welle zunächst etwas Energie zugeführt werden muß."

„Natürlich Bewegungsenergie."

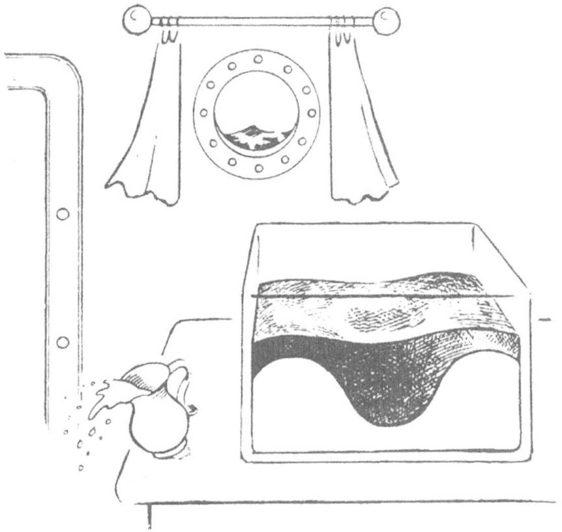

Die Kabine von Professor Challenger

„Nicht nur diese. Es gibt auch potentielle Gravitationsenergie. Ein Teil der Flüssigkeit an der Oberfläche muß absinken, damit die Wellentäler entstehen, und ein anderer Teil steigt auf und bildet die Wellenberge. Sehen Sie das? Die Dichte des Paraffins macht ungefähr neun Zehntel der Wasserdichte aus; daher schwimmt das Paraffin oben. Es fließt also von den Wellenbergen ab und füllt die Wellentäler. Dadurch wird zum Ausbilden einer Welle mit einer bestimmten Höhe an der Grenzfläche viel weniger Energie benötigt, als wenn sich kein Paraffin auf dem Wasser befände."

Man möge mich getrost dumm nennen – ich bin eben nicht besonders helle, wenn ich gerade aus tiefem Schlaf gerissen wurde –, doch es schien mir jetzt, daß Challengers Entdeckung für unsere Reise kaum sehr bedeutungsvoll war. Ich ging also wieder zu Bett.

Ein paar Stunden später wurde ich durch eine Veränderung der Schiffsbewegung geweckt und ging erneut an Deck. Unser Schiff war nun längsseits mit der *Matilda Briggs* vertäut. Ich bemerkte einige Hektik dort drüben, sowohl vorn als auch hinten. Dagegen schien unser Schiff praktisch verlassen. Ich wandte mich zur Gangway, die beide Schiffe verband, und ging etwas beklommen hinüber. Dort fragte ich das Besatzungsmitglied, das hier Wache hielt, was eigentlich los sei.

„Das ist wegen des Professors, den Sie mitgebracht haben, Sir", war die etwas respektlose Antwort. „Er ordnete an, sofort die Taucherglocke herunterzulassen, aber er selbst will jetzt radfahren; wir liegen ja nur eine Viertelmeile vor der Küste."

Ich ging zum Heck. Die leicht angerostete Taucherglocke hatte etwa die Ausmaße einer großen Kirchenglocke und stand auf einem Gerüst. Professor Challenger kroch gerade unten aus der Glocke heraus.

„Ah, Doktor, Sie kommen gerade zur rechten Zeit. Die Taucherglocke soll gleich herabgelassen werden. Ich habe dem Kapitän versichert, daß sich das Unglück nicht wiederholen kann, und überzeugte mich mit eigenen Augen davon, daß sich weder etwas Entflammbares in der Glocke befindet noch irgend etwas sonst, außer den zwei Freiwilligen, die in die Glocke stiegen. Jetzt brauchen wir nur noch einen absolut zuverlässigen Zeugen, der darauf achtet, daß nichts weiter an Bord genommen wird und daß während des Tauchganges nichts Bedenkliches unternommen wird. Ich bin sicher, daß ich mich auf Sie verlassen kann. Erlauben Sie, daß ich Ihnen mein Fernglas überlasse?"

Ich fand einen günstigen Standort zum Beobachten und blickte auf die Wasseroberfläche hinunter. Zu meiner Überraschung war es außergewöhnlich klar: Ich konnte kleine Fische sehen, die gut drei Meter tief hin und her huschten.

„Das Wasser ist für Meerwasser ungewöhnlich transparent."

„In der Tat, Doktor. Ich glaube auch, Sie können mir sagen, warum."

Challenger nahm einen kleinen, blankgeputzten Eimer zur Hand, an dem ein Seil befestigt war. Er warf ihn herunter und zog ihn, halb mit Meerwasser gefüllt, wieder hoch.

„Bitte, kosten Sie."

Ich tat es ganz vorsichtig und wunderte mich sehr.

„Oh, das ist ja Süßwasser!"

„Die Gletscherzunge, die den Fjord speist, beginnt in dieser Jahreszeit zu schmelzen. Aber es wäre doch recht erstaunlich, wenn dieses Schmelzwasser ausreichte, den ganzen Fjord zu füllen, nicht wahr?"

„Offensichtlich ist aber doch genug geschmolzen, denn wir liegen ja praktisch in der Mitte des Fjords."

Challenger lächelte verschmitzt. „Wenn Sie es sagen, Doktor. Ich habe jetzt an Land zu tun. Ich möchte Sie bitten, hier auf Ihrem Posten zu bleiben, bis ich zurückkomme."

Ein paar Minuten später hörte ich das Platschen von Rudern und sah gleich darauf ein Ruderboot mit drei Besatzungsmitgliedern. Im Heck saß Challenger, würdevoll wie ein König auf seinem Thron. Im Bug lag ein Fahrrad, ein moderner Typ mit Luftbereifung.

Ich sah wieder zum Vorderdeck, als dort einige Besatzungsmitglieder kräftig an der Winde kurbelten, so daß sich die Taucherglocke einen halben Meter weit über das Gestell hob. Sie wurde seitlich über das Wasser gedreht, und die Männer an der Winde kurbelten nun anders herum. Jetzt senkte sich die Glocke auf die ruhige Wasserfläche. Rund um die Spitze hatte man ihren Namen aufgemalt: *Sumatra*. Ich fragte einen der Winschmänner, was dieser Name bedeutete.

„Das heißt nur, daß die Glocke in Indonesien gebaut wurde, wo sie ein paar Jahre lang eingesetzt wurde. Sie sieht aber eher wie eine Ratte aus, die man am Schwanz aufgehängt hat, nicht wahr? Wir nennen Sie deshalb – verzeihen Sie, Sir – die ‚Riesenratte von Sumatra'."

Die Glocke wurde jetzt ganz langsam weiter abgesenkt, und so sollte es weitergehen, bis sie den Meeresboden erreichen würde. An Bord war alles ruhig, bis auf die riesige Motorpumpe, deren Kolben mächtig auf und ab stieß und reichlich Luft durch den Schlauch in die Taucherglocke preßte, damit die Taucher atmen konnten.

Ich spürte eine seltsame Unruhe in mir aufsteigen. Ich konnte die Glocke unter Wasser deutlich sehen, und nichts hätte sich im klaren Wasser nähern können, ohne bemerkt zu werden. Könnte der schreckliche Unfall womöglich trotzdem wieder geschehen?

War das Phlogiston wirklich ausgeschlossen? Zugegeben, es kam als Erhaltungsgröße nicht mehr in Frage. Aber hieß das, daß es überhaupt nicht existieren könnte? Sogar Challenger hatte zugestanden, daß die Wellen, die ich auf der Meeresoberfläche gesehen hatte, in gewisser Hinsicht real waren und daß Wasserwellen immer und überall entstehen, um dann wieder zu vergehen. Wenn aber andererseits Wolken aus freiem Phlogiston dazu neigten, sich zu bilden und umherzugleiten, so wäre ein derartiges Phänomen sicher schon früher beobachtet worden.

Im Grunde war es eine Frage der Energie, das war offensichtlich. Welche Energiearten waren also beteiligt? – Wärmeenergie? Ja, aber das Meer war kalt, und Wärme fließt niemals spontan von Kalt nach Warm. Chemische Energie? Der Professor hatte beteuert, daß sich keinerlei brennbare Substanzen in der Glocke befanden. Verformungsenergie aufgrund von Elastizität? Eine Uhrfeder enthielte wohl kaum genug Energie, um derartige Effekte hervorzurufen.

Andere mechanische Energie? Es gab keine mechanischen Apparate in der Glocke; nur das Schiff hatte mächtige Motoren. Die Kessel waren momentan nicht geheizt, und die Schiffsschrauben standen still. Selbst wenn sich andere Energiequellen an Bord befänden – wie könnte ihre Energie nach unten in die Glocke gelangen? Die einzigen Verbindungen zwischen Schiff und Taucherglocke waren eine metallene Kette und ein Gummischlauch.

Ein wenig beruhigt, wandte ich meine Aufmerksamkeit wieder ab. Das Boot hatte das Ufer erreicht, und Challenger ging mit seinem Fahrrad an Land. Mit dem Fernglas beobachtete ich, wie er auf das Fahrrad stieg, unsicher ein paar Meter weit fuhr und wieder abstieg. Er nahm eine kleine Pumpe zur Hand, setzte sie an das Ventil des Hinterrades und pumpte es mit einigen energischen Stößen auf.

Ich überprüfte noch einmal, ob mit der Taucherglocke alles in Ordnung war, und sah wieder zum Strand hinüber. Challenger winkte und rief wütend zum Boot hinüber. Das Besatzungsmitglied neben mir bemerkte es amüsiert.

„Ein so bedeutender Wissenschaftler – und doch hat er in seiner Zerstreutheit etwas vergessen, nicht wahr, Sir?"

Das Boot kehrte um und erreichte nahe bei Challenger den Strand. Er sprang hinein und sprach eindringlich auf den Bootsführer ein. Zu meinem Erstaunen ging dieser an Land und ließ seine Kameraden wegtreiben. Nun fing er an, wie eine verrückt gewordene Vogelscheuche mit den Armen zu rudern.

„Das ist ein Signal, Sir, ein Notruf", sagte der Winschmann. Ich gab ihm das Fernglas. Er sah ein paar Sekunden lang hindurch, wurde blaß und schrie den Männern an der Winde einen Befehl zu.

„Wir sollen sofort die Glocke an Bord ziehen, sonst kann es Tote geben", rief er. „Aber wie kann er das überhaupt wissen?"

Ungefähr zehn Minuten später stand ein atemloser Challenger neben mir, als die Taucherglocke an Bord gehievt wurde. Die Taucher krochen heraus, einigermaßen verwirrt, aber unverletzt. Challenger wandte sich an mich.

„Es gibt Zeiten, Doktor, da muß auch der größte Geist der Vorsehung für irgendeine rechtzeitige Andeutung dankbar sein. Sie haben gerade gesehen, wie ich an Land eine Pumpe verwendete. Sagen Sie, Doktor, besitzen Sie ein Fahrrad?"

„Nein, aber ich bin schon radgefahren und habe auch gelegentlich aufpumpen müssen."

„Nun, wenn Sie den Schlauch sehr schnell aufpumpten, ist Ihnen da am metallenen Ventil etwas Besonderes aufgefallen?"

„O ja, es wurde heiß. Ich kann mir jedoch nicht vorstellen, warum."

„Warum? – Weil dabei eine Kraft in Bewegung wirkt!" Er deutete auf die große Pumpe am Heck. „Arbeit ist gleich dem Produkt aus Kraft und Abstand. Wenn Sie den Kolben hineindrücken, wird die Luft zusammengedrückt, was relativ leicht geht. Bei diesem Komprimieren verrichten Sie Arbeit, gerade so, als würden Sie eine Feder aufziehen oder zusammendrücken. Und wo bleibt die Energie? Sie wird das, was alle ungenutzte Energie wird: Wärme!

Je tiefer die Taucherglocke abgesenkt wird, desto größer wird die Kraft, die zum Zusammendrücken der Luft nötig ist; im gleichen Maße nimmt die erzeugte Wärmeenergie zu. Die Luft, die in die Glocke strömt, wird lauwarm, dann warm, dann heiß. Mit den früher üblichen Handpumpen konnte nicht so viel Wärme erzeugt werden, daß sich die Glocke erhitzte, aber eine dampfbetriebene Pumpe mit etlichen Pferdestärken –"

„Wie scharfsinnig, daß Sie die Gefahr rechtzeitig erkannt haben!" entfuhr es mir. – „Wie schwachsinnig, wenn ich sie nicht erkannt hätte", entgegnete Challenger ungnädig. „Aber besser im letzten Moment als überhaupt nicht. Diese Lektion, Doktor, müssen künftige Ingenieure lernen: Ein tiefes, aber mit Phantasie verknüpftes Verständnis der physikalischen Gesetze ist für den modernen Techniker genauso wichtig, wie es die Muskeln für unsere Urahnen waren."

Challenger ruhte sich keineswegs auf seinen Lorbeeren aus. Erneut war er an Land gerudert worden, und ich beobachtete, wie er nahe der Küstenstraße wieder das Boot bestieg. Er kehrte zurück, als die Dämmerung nahte, und brachte eine ganze Ladung von Korbflaschen mit, ähnlich der, die er zuvor zu Wasser gelassen hatte, allerdings etwas größer.

„In gut einer Stunde soll Professor Summerlee mit dem Dampfschiff *Scipio* ankommen. Er wird behaupten, daß alle seltsamen Phänomene, über die berichtet wurde, auf Ignoranz oder dreisten Betrug zurückzuführen seien", bemerkte er. „Ich glaube, es ist unsere Pflicht, einen so vornehmen Besucher zu begrüßen. Wollen Sie mich begleiten, Doktor?"

So griff ich auch ins Ruder, als wir mit dem Beiboot des Schiffes ablegten. Es fiel mir ein bißchen schwer, mich auf die Ruderschläge zu konzentrieren, als ich sah, was der Professor Merkwürdiges anstellte. Er hatte an der Bordwand einen Eimer ins Wasser gehängt. Im Boot lagen etliche Korbflaschen, und neben der Ruderbank brannte ein kleiner Holzkohleofen. Von Zeit zu Zeit nahm er eine Flasche zur Hand, gab mit Hilfe einer Zange ein glühendes Stückchen Holzkohle hinein und legte sie in den Eimer. Dann gab er Bleischrot in die Korbflasche, bis sie so schwamm, daß ihr Hals in Höhe des Wasserspiegels im Eimer lag. Dann nahm er die Korbflasche heraus, verschloß sie mit einem Glasstopfen und ließ sie an der Seite ins Wasser herab.

Ich amüsierte mich köstlich darüber, daß er trotz seines scharfen Verstandes ein kleines Detail übersehen hatte. Er wollte vermutlich erreichen, daß die Korbflaschen schwammen. Jedoch hatte er das zusätzliche Gewicht des Stopfens nicht berücksichtigt! Daher sank jede Korbflasche langsam tiefer, ohne daß er es bemerkte. Ich war schon versucht, ihn darauf hinzuweisen. Dann dachte ich aber, daß ihm etwas Bescheidenheit eigentlich gut anstünde, und hielt den Mund. Als er sich anschickte, die letzte Korbflasche fertigzumachen, wies ich ihn vorsichtig auf seinen Fehler hin.

Er schnaufte verächtlich. „Sehr verehrter Herr Doktor, Sie glauben wohl, ich hätte den Verstand eines Affen! Schauen Sie dorthin zurück, wo wir entlanggefahren sind. Was sehen Sie?"

Zu meiner Überraschung sah ich eine Reihe orangefarbener Punkte. „Oh, jede Flasche scheint in derselben Tiefe zu schweben, rund zehn Fuß unter dem Wasserspiegel."

„Zehn *Fuß*? Ich bitte Sie, es sind drei *Meter*! Und warum schweben sie dort?"

„Das ist mir durchaus klar. Der Grund ist die Kompressibilität des Wassers, das in größerer Tiefe dichter ist."

„Wohl kaum. Die Kompressibilität des Wassers ist so gering, daß die Dichte in dieser Tiefe nur um ein Tausendstelprozent höher ist als oben. Hier spielt ein ganz anderer Effekt eine Rolle. Wie Sie wissen, ist die Dichte von Meerwasser um rund zwei Prozent höher als die von Süßwasser. Würden Sie ganz vorsichtig Süßwasser auf Meerwasser gießen, so daß beide sich nicht mischen, was geschähe dann?"

„Es wäre wohl das gleiche wie beim Paraffin: Eine Schicht Süßwasser würde auf Salzwasser schwimmen, aber die Grenze zwischen beiden wäre nicht sichtbar."

„Sie ist aber zu erkennen, wenn Sie eine Reihe von Bojen ins Wasser hängen, deren Gewicht so austariert ist, daß ihre Dichte gerade ein wenig höher als die des Süßwassers, aber ein wenig geringer als die des Meerwassers ist. Aber sehen Sie, da kommt die *Scipio*, früher als erwartet."

Ich folgte seiner Geste und sah die *Scipio*, die in flotter Fahrt in den Fjord glitt. Aber kurz darauf schien sie zu schwanken, und gleichzeitig bemerkte ich etwas sehr Seltsames. Die rötlichen Leuchtpunkte der glühenden Holzkohlestückchen in den Flaschen bewegten sich unter Wasser und begannen, eine gemeinsame wellenförmige Bewegung auszuführen, genau wie eine riesige Seeschlange, die sich in der Tiefe vorwärtsschlängelt.

„Großer Gott", entfuhr es mir, „jeder Seemann, der an *Kraken* glaubt, wird sicher flüchten, um sein nacktes Leben zu retten."

Challenger lächelte herablassend.

„Keine Sorge, lieber Doktor. Sagen Sie mir: Wo bleibt die Energie, wenn eine Schiffsschraube in Rotation gesetzt wird, so daß das Wasser aufschäumt?"

„Nun, zunächst einmal beschleunigt sie das Schiff."

„Und wenn es seine Reisegeschwindigkeit erreicht hat?"

„Dann dient sie zweifellos dazu, das Wasser während der Fahrt beiseite zu schieben."

„Ja – besser gesagt: um Wellen zu erzeugen. Das Kielwasser eines Schiffes besteht aus Wellen, die von der Rotation der Schraube hervorgerufen werden. Erinnern Sie sich daran, wie im Aquarium mit Paraffin und Wasser an der Grenzfläche zwischen beiden Flüssigkeiten viel größere Wellen auftraten als an der Oberfläche? Je weniger sich die beiden Dichten unterscheiden, desto größer ist die Höhe der Wellen an der Grenzfläche. Und bei einem Dichteunterschied von nur zwei Prozent –"

„– wird die unsichtbare Kielwelle an der Grenzfläche sehr viel stärker sein als oben", ergänzte ich.

„Dieser Effekt wird so ausgeprägt sein, daß er die gesamte Bewegungsenergie des Schiffes aufnimmt und das Schiff daher fast stehenbleibt, so kräftig die Maschinen auch laufen", erklärte Challenger nicht ganz ohne Selbstgefälligkeit. „Zweifellos wird der bewanderte Herr Professor Summerlee diesen Sachverhalt auch erkennen. Aber wir sollten auf jeden Fall hinüberrudern und

Die verborgene Welle

ihn begrüßen, bevor irgendwelche abergläubischen Besatzungsmitglieder zu meutern beginnen und ihn womöglich noch über Bord werfen."

Challenger lehnte sich zurück und sah wohlwollend zu, als ich mich kräftig ins Ruder legte. „Haben Sie in der Schule Rudersport betrieben? Es ist erfreulich, solch sportliches, robustes Wirken zu sehen. Und ein bißchen symbolisch ist es auch, Doktor, denn wir haben bewiesen, daß auch Energie selbst ein robuster Begriff ist. Dagegen haben sich das Phlogiston und die Epizyklen sozusagen wie Fata Morganas vor den Augen der klarsichtigen Forscher verflüchtigt. Wir konnten hier sehen, daß Energie zwar *scheinbar* erzeugt oder vernichtet wurde, in Wahrheit war es aber keineswegs so. Wir brauchen nur genug Zutrauen, um nach subtil verborgenen Kräften zu suchen – vielleicht nach unsichtbaren Wellen –, und siehe, wir finden sie. Energie ist ein Begriff, auf dem man aufbauen kann, trotz mancher kleiner Schwierigkeiten."

3. Der Fall des Arztes, der nicht an Atome glaubte

„Hatten Sie heute einen schweren Tag, Doktor?" erkundigte sich mein Freund besorgt, als ich meine Arzttasche erschöpft auf dem Beistelltisch abstellte und dabei begehrlich auf die Karaffe blickte.

Ein solches Mitgefühl tut immer gut, wenn es von einem netten Kollegen kommt, aber es irritiert doch ein wenig, wenn es von einem Mann geäußert wird, der noch um halb sechs nachmittags Morgenmantel und Hausschuhe trägt und den Tag damit zugebracht hat, sich seinem Steckenpferd zu widmen, in diesem Falle einem seiner häufigen chemischen Experimente. Ich war an diesem Nachmittag in der Tat etwas mitgenommen, und es lag mir eine scharfe Entgegnung auf der Zunge, um mir Luft zu machen, vielleicht auch in der Hoffnung auf ein bißchen ehrliches Mitleid oder gute Ratschläge.

„Es war eigentlich ein ganz normaler Tag – bis der letzte Anruf kam: Eine Dame mittleren Alters leidet an hartnäckigen Magenschmerzen. Es ist kein wirklich schwieriger Fall. Wenn sie auf mich hörte und sich wenigstens etwas kooperativ zeigte, dann wäre das nur zu ihrem Besten. Aber sie verschließt sich meinen Ratschlägen."

„Mißtraut sie der medizinischen Wissenschaft?"

„Nein, sie hat keineswegs etwas gegen uns Ärzte. Das Problem ist nur, daß sie von einem recht unheimlichen Scharlatan äußerst angetan ist. Er glaubt an heilende Kristalle und an homöopathische Arzneien. Ich sah gerade seine Kutsche, einen schönen Zweispänner, fortfahren, als ich zum Hausbesuch bei ihr eintraf. Er ist anscheinend ein wohlhabender Mann, gut gekleidet und irgendwie imponierend – viel beeindruckender als ich, ich kann mir nicht helfen."

„Nun, zweifellos werden seine gute Kleidung und sein teurer Wagen von manch leichtgläubigem Patienten finanziert. Und was hat dieser Scharlatan Ihrer Patientin verordnet?"

„Er behauptet, ihre Beschwerden rührten von giftigen Stoffen her, die sie als Kind zu sich genommen haben soll. Und sein Gegenmittel ist beängstigend: Er ist sicher, daß eine sehr stark verdünnte Lösung solcher Substanzen – Blei, Arsen, Belladonna, jedes halbwegs bekannte Gift, das Sie sich nur denken können – sie heilen wird. Und so unwahrscheinlich es klingt: Sie glaubt so sehr an ihn, daß sie schon damit begonnen hat, diese Rezeptur täglich einzunehmen."

„Ich vermute, die Beschwerden könnten dadurch rasch verschlimmert werden. Das wäre fast schon ein Fall für mich, Watson! Sie sagten, seine Medizin sei stark verdünnt; was genau ist damit gemeint?"

„Enorm hoch verdünnt, sonst wäre ich noch besorgter, als ich es ohnehin schon bin. Er sagt, zuerst nehme er einen Becher mit den reinen Giften, schütte neun Zehntel davon fort und fülle den Becher mit Wasser wieder auf. Diese Verdünnung auf ein Zehntel wiederhole er, so daß die Lösung auf ein Hundertstel verdünnt ist. Insgesamt führe er dreißig Verdünnungsschritte aus."

„Damit wird die Vorsicht sicherlich extrem übertrieben: zehnfache Verdünnung, und zwar dreißigmal hintereinander. Das Mengenverhältnis von Wasser zu Gift im letzten Becher ist enorm. Es entspricht einem Verhältnis von einer Eins mit dreißig Nullen zu eins. Wir können auch sagen, die Verdünnung ist millionenmillionen-millionen-millionen-millionenfach. Da ist es besser, die Potenzschreibweise der Naturwissenschaftler anzuwenden. Dann beträgt das Mengenverhältnis eins hoch dreißig zu eins. Denken wir uns seine Giftmenge als Inhalt eines Ein-Liter-Glases. Dann müßte er eine Wassermenge zufügen, die einen Würfel mit einer Million Kilometer Kantenlänge füllt! Wir könnten auch sagen, Watson, daß seine Lösung noch viel stärker verdünnt ist, als würden wir seinen Giftbecher in den Pazifik gießen, gut umrühren und ein Glas voll daraus für Ihre Patientin entnehmen! Zumindest können Sie also sicher sein, daß der Trank harmlos ist!"

„Das ist ja auch in Ordnung. Wenn ich die Dame aber nicht davon überzeugen kann, einer wirksameren Therapie zuzustimmen, wird bald alles verloren sein."

Sherlock Holmes runzelte die Stirn und saß eine Weile mit verschränkten Händen still da, vielleicht ein oder zwei Minuten lang. Dann warf er plötzlich den Kopf zurück und lachte.

„Es sieht zwar nicht so aus, aber – mein Wort darauf – ich habe den Tag heute doch nicht so nutzlos verbracht, wie Sie annehmen. Nein, geben Sie sich keine Mühe, das zu bestreiten: Ihr Blick, als ich erzählte, was ich heute getan habe, war allzu deutlich. Aber wissen Sie eigentlich, Watson, was ich wirklich gemacht habe?" Er nahm eine wissenschaftliche Monographie zur Hand, die ich neben seinem Stuhl schon gesehen hatte.

„Ich erkenne da eine Pipette für Augentropfen, ein paar Schalen mit öligen Flüssigkeiten und viel weniger Schmutz und Gestank, als es bei Ihren Versuchen normalerweise der Fall ist", sagte ich. „Sind Sie vielleicht dazu übergegangen, Kosmetika herzustellen?"

„Nein, Watson, damit liegen Sie ganz falsch. Ich habe einige neuere Experimente wiederholt, die auf sehr überzeugende Weise die Existenz von Atomen bestätigen."

„Ich nahm eigentlich an, es sei schon lange geklärt, daß Materie aus winzigsten Teilchen besteht, obwohl man sie nicht einmal im stärksten Mikroskop sehen kann."

„Keineswegs, Watson; sogar heute zweifeln noch ziemlich viele Wissenschaftler daran. Der Beweis für die sogenannte Atomtheorie war sehr umständlich. Ein wesentliches Indiz für die Existenz von Atomen ist das Auftreten von Kristallen. Fast alle Substanzen können aus einer Lösung auskristallisiert werden, indem man das Lösungsmittel, meist Wasser, allmählich verdunsten läßt. Dabei erhält man meist sehr schöne, regelmäßig geformte Kristalle. Im großen und ganzen neigt jede Substanz dazu, eine spezielle Kristallform auszubilden. Das deutet darauf hin, daß die Substanz aus unzählig vielen mikroskopisch kleinen Einheiten identischer Gestalt besteht, die sich in regelmäßiger Art und Weise aneinanderreihen, aber so klein sind, daß man sie nicht sehen kann.

Ein anderer Hinweis auf die Atome ist die Eigenheit der Substanzen, in ganz bestimmten Mengenverhältnissen miteinander zu reagieren. Beispielsweise entsteht Wasser, wenn man ein Gewichtsteil Wasserstoff mit acht Gewichtsteilen Sauerstoff verbrennt. Methan enthält ein Gewichtsteil Wasserstoff auf drei Gewichtsteile Kohlenstoff. Und Kohlensäuregas erhält man, wenn man drei Gewichtsteile Kohlenstoff mit acht Gewichtsteilen Sauerstoff verbrennt – und so weiter und so fort. Alle Mengenverhältnisse sind stets unveränderlich und entsprechen fast genau den Verhältnissen von kleinen ganzen Zahlen.

Die einleuchtendste Erklärung dafür ist die, daß winzige Einheiten der Elemente sich in immer gleichen Anzahlen vereinigen, so daß die chemischen Verbindungen entstehen. Die Elemente sind ja die chemischen Grundstoffe, das heißt, sie können nicht zersetzt werden; denn noch niemals ist es gelungen, Wasserstoff, Kohlenstoff oder Sauerstoff in chemische Bestandteile zu zerlegen."

„Solche Argumentationen haben mich immer überzeugt", warf ich ein wenig selbstgefällig ein, denn ich erinnerte mich an meine ersten medizinischen Vorlesungen.

„Aber diese Beweisführung sagt uns nichts über die wirkliche Größe der Atome, außer daß sie eben winzig sind", sagte Holmes. „Passen Sie auf. Ich nehme eine Schale mit reinem, destilliertem Wasser –"

„– fast so rein wie das des Quacksalbers", ulkte ich.

„– und eine Pipette voll Öl. Ich drücke ein Öltröpfchen heraus auf einen Draht und halte ihn an dieses Lineal. Nehmen Sie bitte die Lupe, Watson – nein, die stärkere – und lesen Sie ab, wie groß der Tropfen ist."

„Sein Durchmesser ist etwa ein fünftel Millimeter."

„Gut. Jetzt gebe ich den Tropfen auf das Wasser, und –"

„Ich würde sagen, er ist verschwunden; er hat sich aufgelöst."

„Nein, Watson, Öl löst sich nicht in Wasser. Diese beiden Substanzen sind nicht miteinander mischbar, und wegen der Schwerkraft verteilt sich der Tropfen zu einem so dünnen Film, daß alle Atome nebeneinander liegen; der Film wird jedoch durch die Oberflächenspannung zusammengehalten. Schauen Sie in einem ganz flachen Winkel darauf, Watson."

„O ja, ich sehe den Film – zwar nur als schwachen Schimmer, aber der Rand ist zu erkennen. Der Ölfleck hat ungefähr zehn Zentimeter Durchmesser."

„Gut beobachtet, Watson. Nun können Sie sich selbst die Abmessung eines Ölmoleküls ausrechnen. Sie brauchen nur das Volumen des Öltropfens durch die auf dem Wasser bedeckte Fläche zu dividieren; das ergibt die Dicke des Ölfilms."

Ich rechnete also, und Holmes half mir ein wenig. Er erinnerte mich zum Beispiel daran, daß das Volumen einer Kugel ungefähr halb so groß wie das eines Würfels ist, in dem sie gerade Platz hat. Entsprechend erklärte er, ein Kreis habe drei Viertel der Fläche des Quadrats um ihn herum. Aber ich glaubte, er mußte sich geirrt haben.

„Ich komme damit auf ein halbes Tausendstel eines Millionstel Meters, Holmes. Das kann wohl nicht stimmen: Ein so winziger Wert als Ergebnis, wo wir doch von so großen Abmessungen ausgegangen sind, daß man sie mit bloßem Auge sieht."

„Das ist schon richtig so, Watson. Aber wir können es noch einfacher ausdrücken. Man kann eintausend Millionen schreiben als eine Eins mit neun Nullen bzw. als zehn hoch neun; dann ist ein Tausendstel eines Millionstels gerade der Kehrwert davon: zehn hoch *minus* neun. Ein Wissenschaftler würde daher sagen, die Dicke des Films betrage rund null komma fünf mal zehn hoch minus neun Meter oder auch fünf mal zehn hoch minus zehn Meter.

Nun haben wir für die Größe eines einzelnen Ölmoleküls einen Zahlenwert – zwar nur einen groben Näherungswert, das gebe ich zu, aber einen durchaus diskutablen. Dreißig Millionen solch winziger Gebilde aneinandergereiht ergäben die Breite Ihres kleinen Fingers."

Ich lehnte mich mit einem Seufzer in meinem Stuhl zurück. „Sie haben mich für eine Weile von meinen heutigen Sorgen abgelenkt, Holmes. Haben Sie mein Problem womöglich vergessen?"

„Überhaupt nicht, Watson. Der springende Punkt unserer Rechnung ist nämlich folgender: Wie viele Moleküle passen denn in ein Glas mit einem Volumen von, sagen wir, einhundert Kubikzentimeter?"

Ich rechnete: „Das wäre ein Würfel mit einer Kantenlänge von knapp fünf Zentimetern, auf die rund zehn hoch acht Moleküle passen. Das müssen wir zur dritten Potenz erheben. Das ergibt zehn hoch vierundzwanzig oder eine Million Million Million Millionen Atome. Aber ich verstehe nicht, warum das wichtig sein soll."

„Und welchen Verdünnungsfaktor hat Ihr Konkurrent angesetzt?"

„Zehn hoch dreißig. Oh – einen Augenblick, Holmes –, diese Zahl ist ja bei weitem größer als die Anzahl der Giftmoleküle, mit der er seine Verdünnungsreihe begonnen haben muß –"

„Und zwar so viel größer, Watson, daß nur eine Chance von zehn hoch minus sechs – also von eins zu einer Million – besteht, im letzten Becher auch nur ein Molekül vom ursprünglichen Gift zu finden, ob es nun schade oder nütze. Sie müssen Ihrer Patientin nur diese Argumentation nahebringen, und schon wird sie einsehen, daß die Heilmittel dieses Mannes nichts als Wasser sind, das mit aalglatten Sprüchen hinuntergespült wird. Er wird ziemlich schwer erklären können, wie ein Medikament, das nicht ein einziges Molekül des Wirkstoffs enthält, irgendeine Heilung bewirken soll."

Wenn Holmes mehr Gelegenheit gehabt hätte, hypochondrische und anderweitig schwierige Patienten zu erleben, dann wäre er nicht so sicher gewesen, ausschließlich mit Hilfe logischer Argumente überzeugen zu können. Am nächsten Abend kehrte ich etwas bedrückt in die Baker Street zurück.

„Meine Bemühungen waren nutzlos, Holmes", sagte ich, während ich meinen Mantel auszog. „Doktor von Kranksch – so nennt er sich – stand schon am Bett der Patientin, als ich eintraf. Sie bestand darauf, daß er während meiner Visite da blieb, und er zerriß meine Argumente in der Luft. Wie kommt es, Holmes, daß geschickte Worte anscheinend so viel mehr Macht haben als die Logik?"

„Wenn ich das beantworten könnte, Watson, wäre die Hälfte aller Probleme auf der Welt mit einem Schlag zu lösen. Aber kommen Sie, mein lieber Freund, setzen Sie sich an den Kamin und erzählen Sie mir genauer, was schiefgelaufen ist."

Ich setzte mich und streckte die Beine bequem aus.

„Nun, er hat ganz einfach die Existenz der Atome bestritten. Er erkannte die Beweisführung mit dem Öltröpfchen keineswegs an, sondern behauptete, die Dicke des Ölfilms ergäbe sich allein daraus, wie die Anziehungskräfte zwischen den beiden Flüssigkeiten wirkten. Auf jeden Fall aber müßten die Atome – *falls* das Experiment ihre Existenz überhaupt beweise – viel kleiner als die Dicke des Films sein.

Ich versuchte Gründe anzuführen, Holmes, aber irgendwie mangelte es meinen Worten an Überzeugungskraft. Schließlich mußte ich gehen. Um meine Patientin zu überzeugen, hätte ich diese Atome auf direkte und dramatische Weise demonstrieren und vielleicht auch ihre tatsächliche Größe beweisen müssen."

Holmes lehnte sich aufmerksam vor. „Dann bin ich Ihr Mann, Watson. Was würden Sie sagen, wenn ich erklärte, Sie könnten durch dieses Mikroskop sehen und darin deutlich den Beweis für die Existenz von Atomen erkennen?"

Er deutete auf sein schon etwas mitgenommenes Mikroskop. Er hatte es umgebaut, denn anstelle des Objektivschlittens war ein leeres Röhrchen angebracht. Ich schaute in das Okular hinein und sah mit Erstaunen einzelne schwarze Flecken im Blickfeld hin und her tanzen. Sie waren so groß, daß ich fast Details ihrer Form erkennen konnte.

„Das grenzt an Zauberei, Holmes! Ich meine, irgendwo gelesen zu haben, daß Atome ungefähr tausendfach zu klein sind, als daß man sie im stärksten Mikroskop erkennen könnte, das überhaupt gebaut werden kann."

„Das sind sie auch, Watson."

Ich hob den Kopf hoch und sah ihn mißtrauisch an; ich finde es ungerecht, wenn Holmes seine zugegebenermaßen größere Intelligenz ausnutzt, um mich auf den Arm zu nehmen. Nahe beim Mikroskop bemerkte ich einen Kolben mit grauem Staub und beugte mich hinüber, um das Etikett zu lesen.

„Wirklich, Holmes! Was soll das, mir hier Pollenkörner zu zeigen und zu behaupten, es seien Atome? Mir ist nicht zum Scherzen zumute, wenn meine Patientin krank im Bett liegt, weil ihr kein besserer ärztlicher Rat zuteil wird."

„Ich mache mich keineswegs lustig über Sie, Watson. Dies sind also, wie Sie sehen, Pollenkörner. Und was fällt Ihnen auf?"

Ich beugte mich noch einmal über das Mikroskop. „Es ist schwierig, die Details zu erkennen, Holmes. Die Dinger flitzen so schnell umher und kommen nie zur Ruhe."

„Genau, Watson! Und warum hopsen sie so durcheinander?"

„Vielleicht durch die Wirkung des Lichts? Oder haben Pollenkörner vielleicht Geißeln wie Bakterien, die sie hin- und herschlagen, um sich fortzubewegen?"

„Nein, diese Möglichkeiten kann man leicht widerlegen. Die Ursache ist grundlegender. Sie wissen, daß Wärme im Grunde Bewegung ist, zum Beispiel von Gasteilchen; denn mit höherer Temperatur steigt der Gasdruck, und ein Gas füllt jedes ihm gebotene Volumen sehr schnell vollständig aus.

Nun, Watson, stellen wir uns einmal vor, die Luftmoleküle – die allerdings unsichtbar sind – seien viel, viel schwerer und größer, so daß sich nur wenige in einem vorgegebenen Volumen befänden. Könnten wir dann die Auswirkungen ihrer Bewegung beobachten?"

„Im Prinzip ja, als ein Prickeln auf der Haut. Im Grenzfall der *Reductio ad absurdum* nehme ich an, daß uns ihr Anprall aus dem Gleichgewicht bringen könnte. In Wirklichkeit sind sie natürlich so winzig, Holmes, daß der Anprall von so unzählig vielen Molekülen pro Sekunde insgesamt zu dem gleichmäßigen Druck führt, den die Luft ausübt."

„Sehr gut, Watson. Nun zurück zu den Pollenkörnern. Wäre ein Luftmolekül so schwer wie ein Pollenkorn, was könnten wir dann sehen? Berücksichtigen Sie, daß Luftmoleküle mit ungefähr anderthalbtausend Kilometern pro Stunde umherfliegen."

„Nun, es wäre nur ein Schatten zu erkennen. Man könnte nämlich niemals ein einzelnes Korn beobachten, weil es sich viel zu rasch bewegt und zudem ständig mit anderen zusammenstößt."

„Und wenn die Luftmoleküle unvorstellbar klein wären – Abermilliarden mal kleiner als die Pollenkörner?"

„Dann würden sich die Wirkungen der Stöße im Durchschnitt gegenseitig nahezu aufheben, so daß die Körner ruhten."

„Sehr richtig, Watson. Und weil sich die Pollenkörner bewegen, also der tatsächliche Zustand zwischen beiden Extremen liegt, kann man aus ihre Bewegungen auf das Verhältnis der Massen von Luftmolekülen und Pollenkörnern schließen. Man zählt und wiegt sehr viele Pollenkörner, so daß man die Masse eines Kornes kennt. Daraus ermittelt man dann – in Verbindung mit dem eben genannten Massenverhältnis – die durchschnittliche Masse eines Moleküls in der Luft. Außerdem wissen wir, daß Luft zu achtzig Prozent aus Stickstoff besteht, dessen Moleküle je zwei Atome enthalten –"

„Dann kennt man also die Masse eines Atoms! Sie sind ein Genie, Holmes."

Holmes lächelte. „Das habe ich mir natürlich nicht selbst ausgedacht. Ich folge nur den Ausführungen in der wissenschaftlichen Zeitschrift, die dort liegt. Die entsprechenden Arbeiten wurden in Deutschland ausgeführt. Sie ergaben, daß der Durchmesser von Atomen bei zwei mal zehn hoch minus zehn Metern liegt – weniger wissenschaftlich ausgedrückt: bei einem Fünfmillionstel eines Millimeters. Für uns ist wichtig, Watson, daß Sie Ihrer Klientin wahrheitsgemäß berichten können, daß die Größe der Atome bekannt ist und daß es unmittelbare Beweise für deren Existenz gibt."

Am nächsten Abend schien Holmes tief in Gedanken versunken, als ich ins Zimmer kam. Aber als ich mich in einen Sessel setzte, sah er mich aufmerksam an.

„Nun, Watson, wie war es?"

„Es stand auf des Messers Schneide, Holmes! Ich suchte die Dame zweimal auf. Am Morgen diskutierte ich ausführlich mit ihr, bis sie mich schließlich aufforderte zu gehen. Als ich am Abend erneut zu ihr ging, fürchtete ich das Schlimmste.

Aber sie hieß mich willkommen und sagte mir, sie habe den ganzen Tag über meine Argumente nachgedacht. Sie habe am Fenster gesessen und durch ihre Lesebrille im hellen Sonnenlicht Staubkörner in der Luft umherwirbeln sehen. Das habe sie an meine Worte erinnert.

Sie sagte weiter, daß der Widerspruch sie für eine Weile verwirrt habe, denn sie glaubte, daß das ihr verordnete Mittel sich als wirksam erwiesen habe. Aber meine Ausführungen hätten ihr klargemacht, daß die Medizin kein einziges Atom von den angeblich nützlichen Giften enthalten und daher nicht wirken könne: ein vertracktes Rätsel.

Weiter erzählte sie mir, sie habe sich an frühere Gelegenheiten erinnert, bei denen sie ebenfalls mit offensichtlichen Widersprüchen konfrontiert war. Fast jedesmal, wenn sie in ihrem Leben auf angeblich unvereinbare Tatsachen stieß, sei es zum Konflikt zwischen neuen, erwiesenen Beobachtungen und althergebrachten Überzeugungen gekommen, auch wenn die alten Ansichten oft nur in einem fast unbewußten, tief verwurzelten Glauben bestanden, dessen Inhalt aber niemals zweifelsfrei bewiesen worden war. Eine Neuordnung der Überzeugungen hätte aber eine innere Pein mit sich gebracht; und dies hielt sie davon ab einzugestehen, daß sie in einem Irrtum befangen war. Daher war sie kaum in der Lage, das Alte aufzugeben und sich dem Neuen zuzuwenden.

Sie werden diese Dame für ziemlich töricht halten, Holmes, weil sie vermutlich nicht klar denken kann."

„Im Gegenteil, Watson. Ich wünschte, auch nur die Hälfte unserer sogenannten Gelehrten besäße die Fähigkeit, sich neuen Tatsachen zu stellen."

„Zumindest wurde ihr folgendes klar: Dieser Doktor von Kranksch hatte ihr einiges über den wundersamen Erfolg seiner Mittelchen berichtet, und sie hatte ihm geglaubt, wie der Laie eben dazu neigt, jemandem zu vertrauen, der sich als Experte ausgibt; aber er hatte ihr keinerlei Beweis für seine Behauptungen liefern können. Schließlich sagte sie mir, daß sie mit Doktor von Kranksch nichts mehr zu tun haben, sondern nun meinem Rat folgen wolle. Sie hält ihn inzwischen auch für den Quacksalber, der er ja ist. Ich sollte sogar die Essenzen und Broschüren beiseite schaffen, die sie von ihm noch hatte. Sie wollte mir damit versichern, daß sie keine Verwendung mehr dafür habe."

Ich zog die Broschüren aus der Tasche und wollte sie in den Kamin werfen, aber Holmes streckte die Hand danach aus.

„Das ist interessant, Watson", sagte er. „Es gibt zwar kein Gesetz, das es verbietet zu lügen, aber wenn man fälschlicherweise medizinische Qualifikationen behauptet – nun, auch das geht mich nicht direkt an. Doch wenn uns Lestrade wieder einmal besucht, dann wäre es nett, Watson, wenn Sie mich daran erinnerten, daß ich ihm dies gebe." Er schrieb eine kurze Notiz auf eine der Broschüren und steckte sie hinten in den Briefhalter.

Etwas später am selben Abend seufzte ich tief auf.

„Da ist noch etwas, das mich ein wenig beunruhigt, Holmes. Vielleicht halten Sie es aber auch für unsinnig. Sie scheinen ja der Auffassung meiner Patientin zuzuneigen, daß man stets bereit sein sollte, liebgewordene Annahmen in Frage zu stellen, wenn neue Beweise gefunden werden."

Holmes nickte mir aufmunternd zu.

„In meiner Diskussion mit von Kranksch kam ich in ernste Schwierigkeiten, als es um die Kristalle ging. Hätte ich sie doch bloß nicht zur Sprache gebracht! Er behauptete, die Theorie, nach der Kristalle aus Atomen aufgebaut seien, sei unbewiesen. Viele Substanzen bilden ja überhaupt keine Kristalle, und manche Stoffe können in zwei oder noch mehr verschiedenen Kristallformen auftreten."

„Das trifft durchaus zu."

„Aber dann behauptete er noch, Kristalle hätten mystische Eigenschaften, die die heutige Wissenschaft niemals erklären könnte. Er sagte, jede kristallisierbare Substanz stünde auf geheimnisvolle Weise mit sich selbst in Resonanz, die den gewöhnlichen Grenzen von Raum und Zeit nicht unterläge. Als Beweis führte er an, daß jede von den Forschern neu entdeckte Substanz beim ersten Mal äußerst schwierig zu kristallisieren sei, während sich schon beim zweiten Versuch die Kristalle wesentlich leichter bildeten."

„Das ist leicht zu erklären, Watson. Es ist bekannt, daß das Vorhandensein eines – zuweilen unsichtbar winzigen – Kristallisationskeims oder anderer Kristalle in einer Lösung die Bildung von Kristallen sehr erleichtert. Sobald eine Substanz einmal kristallisiert wurde, gibt es fast überall im Labor Spuren von ihr. Daher wird die nächste Kristallisation – obwohl man sicher ist, alle Spuren des vorigen Versuchs sorgfältig beseitigt zu haben – auf schier wundersame Weise sofort gelingen."

„Das ist ohne weiteres einzusehen, Holmes. Von Kranksch behauptete aber, das zweite Experiment gehe auch dann viel leichter vonstatten, wenn es völlig unabhängig vom ersten durchgeführt wird, beispielsweise das erste hier in England und das zweite in Australien. Nach seiner Ansicht gibt es ein mystisches Feld, das alle Materie durchdringt und vielleicht vom Geist der Anwesenden, darunter der Forscher, modifiziert wird. Dieses Feld soll sich bilden, sobald irgendwo auf der Erde der erste Kristall einer bestimmten Substanz entstanden ist. Und eben dieses Feld erleichtere es allen anderen Forschern, gleiche Kristalle zu erzeugen. Er lügt sicher, wenn er von einem solchen Resonanzeffekt spricht, nicht wahr?"

Zu meiner Verblüffung schüttelte Sherlock Holmes den Kopf. „Es gibt sogar dokumentierte Beweise für so etwas, Watson. Aber beunruhigen Sie sich nicht allzusehr. Zum einen: Wenn ein Forscher das erfolgreiche Experiment eines anderen nach dessen Vorschrift wiederholt, dann wird dies sicher etwas reibungsloser verlaufen, weil der Experimentator ja darauf vertrauen kann, daß es gelingen wird.

Natürlich bemerkt man bestimmte Dinge eher, wenn man darauf gefaßt ist, als wenn man nach Unbekanntem Ausschau hält. Es gibt also psychologische Faktoren, die das Phänomen erklären könnten.

Eine andere Erklärung ist faszinierender; sie wird in der Literatur recht charmant als ‚Rätsel von Cäsars letztem Atemzug‘ bezeichnet. Hier wird deutlich, welche Konsequenzen sich aus der Winzigkeit von Atomen ergeben können.

Stellen Sie sich vor, Sie wären im römischen Senat zugegen gewesen, als Cäsar mit dem Ausruf ‚Et tu, Brute!‘ zusammenbrach und kurz darauf sein Leben aushauchte. Was schätzen Sie als Arzt, wieviel Luft hat er zuletzt wohl ausgeatmet?"

„Mindestens einen Liter, Holmes. Das Atemvolumen kann sehr unterschiedlich sein und hängt von mehreren Faktoren ab. Was hat das aber mit den Atomen und den Kristallen zu tun?"

„Nur Geduld, Watson. Die Dichte der Luft beträgt rund 1,2 Kilogramm pro Kubikmeter, so daß die Annahme berechtigt ist, Cäsar habe mit seinem letzten Atemzug mindestens ein Gramm Luft ausgeatmet. Wie schwer mag wohl die gesamte Atmosphäre der Erde sein?"

„Das, Holmes, ist doch dermaßen speziell, daß kein Laie es wissen oder auch nur auf einfache Weise herausfinden kann."

„O doch; auch Sie wissen es schon, Watson! Welchen Durchmesser hat die Erde?"

„Knapp dreizehntausend Kilometer."

„Und wie hoch ist der Luftdruck an der Erdoberfläche?"

„Er entspricht dem Gewicht eines Kilogramms pro Quadratzentimeter."

„Na also! Sie müssen nur die Erdoberfläche in Quadratzentimeter umrechnen; das ist dann direkt die Masse der gesamten Atmosphäre in Kilogramm. Dazu ein Tip: die Erdoberfläche beträgt rund fünfhundert Millionen Quadratkilometer."

„Nun, Holmes, ein Meter hat hundert Zentimeter, und ein Kilometer tausend Meter –"

„Am besten rechnen Sie mit Exponenten wie die Wissenschaftler. Das ist viel leichter, glauben Sie mir."

„Also: Ein Meter hat zehn hoch zwei Meter, und ein Kilometer hat zehn hoch drei Meter. Daher hat ein Kilometer zehn hoch fünf Zentimeter. Oh, beim Multiplizieren muß man ja nur die Hochzahlen addieren, sozusagen die Nullen zusammenzählen!"

„Eine bemerkenswerte Erkenntnis, Watson! Machen Sie bitte weiter."

„Auf jedem Quadratkilometer lasten demnach zehn hoch fünf mal zehn hoch fünf, also zehn hoch zehn Kilogramm Luft. Wir multiplizieren mit der Erdoberfläche – fünf mal zehn hoch acht Quadratkilometer – und erhalten fünf mal zehn hoch achtzehn."

„Ja, das ist die Masse der Atmosphäre in Kilogramm. Man muß sich stets vergegenwärtigen, mit welchen Einheiten man gerade rechnet."

„Multipliziert man mit zehn hoch drei, so ergibt sich die Masse in Gramm, nämlich fünf mal zehn hoch einundzwanzig. So viele letzte Atemzüge Cäsars umfaßt die Atmosphäre. In Millionen sind das –"

„Nein, Watson, nicht umrechnen. Das Wesentliche beim Beherrschen einer Sprache ist es, in ihr zu denken. Ich teile Ihnen jetzt noch eine bemerkenswerte Tatsache mit. Ein Molekül der Luft ist so winzig, daß es gerade einmal fünf mal zehn minus sechsundzwanzig Kilogramm wiegt. Wieviel Moleküle enthielt dieser Atemzug also?"

Nun überlegte ich ein bißchen länger. Dann fiel es mir wie Schuppen von den Augen: „Zehn hoch zweiundzwanzig ist dasselbe wie zehn mal zehn hoch einundzwanzig. Oh, das ist ja gerade das Doppelte der Anzahl von Atemzügen, die die ganze Atmosphäre ausmachen."

„Nun denken Sie einen Moment darüber nach, Watson. Dann erkennen Sie, daß Sie mit jedem Ihrer Atemzüge durchschnittlich zwei Moleküle aus Cäsars letztem Atemzug inhalieren!"

„Sie haben es wirklich beinahe geschafft, daß mir übel wird, Holmes. Ich frage Sie noch einmal: Was in aller Welt hat das mit den Kristallen zu tun?"

„Nehmen Sie jetzt an, Watson, ich hätte hier ein Reagenzglas mit zehn Gramm irgendeiner rätselhaften neuen Substanz. Nehmen Sie weiter an, ich hätte es gedankenlos auf der Fensterbank stehengelassen – auch noch offen –, so daß ein Teil der Substanz verdampfen konnte."

„Da muß man gar nichts annehmen, Holmes! Wenn Sie nämlich Ihre schlechten Angewohnheiten nicht ablegen, wird selbst die so tolerante Mrs. Hudson sicher bald –"

„Nun, Watson, setzen wir ein paar Tage an, während denen sich die Substanz in der Atmosphäre verteilen kann. Wie viele Moleküle wird jeder Liter der gesamten Erdatmosphäre bei vollständiger Verteilung wohl enthalten?"

„Großer Gott! Ihr scheußliches Gebräu, Holmes, hätte praktisch jeden Atemzug auf der Erde verseucht."

„Und wenn ein Chemiker in Australien versuchen sollte, dieselbe Substanz zu kristallisieren?"

„Es ist schier unglaublich, Holmes, aber dann könnten ihm die Kristallisationskeime sozusagen aus der Luft zufliegen! Er hätte wohl kaum Probleme mit der Kristallisation."

„In der Tat, Watson. Und die Chance dafür wären noch viel höher, wenn – zusätzlich zur zufälligen Verteilung in der Atmosphäre – ein direkter Kontakt zwischen beiden Labors bestünde, vielleicht über ein Postpaket von mir, dessen Oberfläche unweigerlich mit Millionen von Molekülen der betreffenden Substanz verunreinigt wäre.

Und die Forschungsinstitute auf der ganzen Welt haben ja ständig regen Kontakt miteinander."

Ich dachte ein Weilchen nach. Dann fühlte ich mich bemüßigt, meinen Freund um Verzeihung zu bitten.

„Ich muß gestehen, Holmes, daß ich geglaubt hatte, es gäbe kaum Sinnloseres, als über die Existenz von Atomen zu spekulieren. Weil Atome viel zu winzig sind, als daß man sie jemals sehen kann, habe ich Diskussionen über ihre Existenz immer wie Erörterungen darüber gewertet, ob es Leben auf dem Mars geben kann oder ob zuerst die Henne oder das Ei da war: alles unlösbare Scherzaufgaben ohne praktische Bedeutung. Mir erschien das, was Sie in den letzten Tagen getan haben, als reine Zeitverschwendung, erst recht für einen erwachsenen Mann, der wahrlich genug zu tun hat."

„In gewisser Hinsicht war es das auch, Watson: Ich konnte meine geplanten Arbeiten durch geschicktes Vorgehen früher als erwartet beenden. Außerdem liegen mir Ermittlungen mehr als die reinen Wissenschaften." Holmes lächelte. „Aber als Mediziner sollten Sie die Angelegenheit durchaus für wichtig halten. Haben Sie schon einmal von sogenannten Miasma-Theorie der Krankheitsübertragung gehört?"

„Ja, natürlich, Holmes. In dem Krankenhaus, in dem ich meine Ausbildung abschloß, glaubten die meisten, wenn nicht gar alle älteren Fachärzte daran. Man weiß schon seit Urzeiten, daß manche Krankheiten von einer Person zu einer anderen übertragen werden können. Also muß es, so folgerte man, einen Überträger geben, eine Art immaterielles Feld oder Gas, das sogenannte Miasma."

„Das erinnert ein wenig an das Phlogiston, nicht wahr?"

„Die Analogie ist mir klar. Aber nach einer anderen Theorie sollen winzige Parasiten diese Krankheit hervorrufen. Das gilt heute als sicher, denn in den modernen Mikroskopen kann man die Bakterien, wie man die Erreger heute nennt, deutlich sehen."

„Also ist die Frage durchaus praktisch bedeutsam, ob die Krankheit durch eine Substanz – das Miasma – oder durch einzelne, winzige Organismen ausgelöst wurde?"

„Sie ist enorm wichtig, Holmes: Alle Hoffnungen der modernen Medizin beruhen darauf. Aber Sie wollen mich schon wieder auf den Arm nehmen. Das ist nicht fair – habe ich nicht gerade zugegeben, daß auch die Atome wichtig sind?"

„Sie haben es auf sehr großzügige Weise eingeräumt, Watson." Holmes erhob sich aus seinem Sessel. „Das Ganze hat aber noch eine andere Moral. Die seltsame Frage nach der Existenz von Atomen erwies sich nicht nur für die Wissenschaftsphilosophen als relevant, sondern auch für Ihre Patientin, die sich zuvor nicht für solche Dinge interessierte. Hätte sie es nicht richtig verstanden, es hätte sie durchaus das Leben kosten können. Gute Nacht, Watson."

4. Der Fall des sabotierten Wissenschaftlers

„Watson, kommen Sie doch bitte mal herüber und sagen Sie mir, welchen Eindruck dieser Mann auf Sie macht."

Ich trat eilends neben Holmes an das Fenster.

„Ich dachte, Sie hätten für heute keine Verabredung getroffen", bemerkte ich.

„Das ist richtig, aber schauen Sie sich einmal diesen Mann auf dem gegenüberliegenden Bürgersteig an. Er wirkt doch wie ein Klient, und zudem ist er ziemlich aufgeregt."

Holmes deutete auf einen Mann, der neben einer zweispännigen Mietkutsche stand, der er offensichtlich gerade entstiegen war. Im Augenblick stritt er gerade heftig mit dem Kutscher. Gleich darauf fuhr die Kutsche ab, und ich konnte ihn deutlicher sehen: Er wirkte etwas sonderbar: ein großer, hagerer Mann mit langem, ungepflegtem Bart und Haupthaar. Sein dunkler Anzug schien teuer gewesen zu sein, war aber so zerknittert, daß man selbst aus der Entfernung sehen konnte, daß er schlecht saß. Der Mann fing nun an, verzweifelt in seinen Taschen zu wühlen. Er zog Papierfetzen heraus, betrachtete sie durch seinen Kneifer und warf sie dann weg.

„Ich bilde mir ein, die soziale Stellung der meisten Menschen auf den ersten Blick einschätzen zu können. Aber hier finde ich die Indizien ein wenig verwirrend. Was meinen Sie zu diesem Mann, Watson?"

Ich versuchte, die Methode meines Freundes nachzuahmen. „Er ist offensichtlich begütert, Holmes: Sein Anzug ist teuer, ebenso seine Schuhe. Aber um das Haus so unordentlich zu verlassen, muß er irgendeinen großen und plötzlichen Schock erlitten haben. Und dieser wird wohl auch der Grund dafür sein, daß er Sie nun aufsucht."

„Nicht schlecht, Watson. Sie taten gut daran, auch auf die Schuhe zu achten. Ein teurer Anzug und gleichzeitig billige, unbequeme Schuhe deuten meist auf einen Menschen hin, der höher eingeschätzt werden will. Hier liegt aber sicher mehr vor als nur ein Schock von heute morgen, denn der Anzug ist zerknittert, als habe er wochenlang ganz unten im Schrank gelegen, und der letzte Haarschnitt liegt auch schon ungebührlich lange zurück."

„Nun, Holmes, irgendwie wirkt er wie die Karikatur eines zerstreuten Wissenschaftlers. Ich könnte ihn mir gut als Figur in einem der phantastischen Romane von H. G. Wells vorstellen. Offen gesagt, sieht er eher aus, als sei er einer Nervenheilanstalt entflohen."

Der Mann fand nun endlich das Stückchen Papier, nach dem er offenbar gesucht hatte. Er blickte auf die Hausnummern und rannte dann so unvermittelt auf die Straße, daß er von einem Kutschpferd fast umgerissen worden wäre. Er erreichte den Bürgersteig auf unserer Straßenseite nur mit viel Glück.

„Nein, Watson, ich glaube eher – oh, ich habe unrecht: Das ist gar kein Klient, und unser kleiner Wettstreit ist damit hinfällig."

Der Mann läutete nämlich nicht bei uns, sondern im Nachbarhaus. Sherlock Holmes wandte sich vom Fenster ab.

„Nun, Watson, ich bin doch etwas erleichtert. Ich hatte mir diesen Tag von Verabredungen freigehalten, vor allem weil ich –"

„Sie waren schon wieder ein bißchen voreilig, Holmes."

Der Mann hatte die andere Haustür inzwischen verlassen, nachdem er noch heftig zu dem Bewohner hin gestikuliert hatte. Und schon hörten wir unsere Türglocke.

„Zum Teufel mit ihm, Watson. Ich hoffe, Mrs. Hudson wird ihn abweisen."

Aber auch das war eine vergebliche Hoffnung, denn wir hörten von unten eine hohe Stimme, und gleich darauf wurde der Mann in unser Zimmer geleitet.

„Ist einer von Ihnen Mr. Holmes, der berühmte Detektiv?"

„Das bin ich. Gewöhnlich empfange ich meine Klienten aber nur nach Vereinbarung, außer in ernsten Notfällen."

„Dann werden Sie mich sicherlich anhören. Ich bin das Opfer eines Verbrechens, dessen Schwere kaum größer sein könnte."

„Und Sie sind Mr. –?"

„Illingworth – Doktor Illingworth von der Universität Edinburgh, wenn Sie gestatten, Sir! Derzeit bin ich an die Universität Cambridge versetzt."

Ich erinnerte mich an den Namen dieses Wissenschaftlers, der als nächster Royal Astronomer im Gespräch war. Offenbar erkannte auch mein Freund, wen wir vor uns hatten, denn er wirkte nun etwas weniger ungehalten.

„Würden Sie bitte Platz nehmen, Doktor Illingworth, und mir möglichst ruhig erklären, was vorgefallen ist? Ich werde dann –"

„Dazu habe ich keine Zeit, Sir! Es geht um Minuten, sonst ist der Beweis verschwunden. Das Verbrechen trug sich im Britischen Museum zu, nur einige hundert Meter von hier. Ich werde Ihnen gern alles erklären, während wir hingehen."

Ich sah, daß Holmes noch stark zweifelte. Da er mir aber vor kurzem die Augen für wissenschaftliche Fragestellungen geöffnet hatte, hielt ich es für meine Pflicht, Fürsprache einzulegen.

„Ich bin sicher, Mr. Holmes wird Ihnen helfen können, Doktor. Er ist ein glühender Verehrer der Wissenschaften."

Bald darauf gingen wir flott den Bürgersteig entlang. Sherlock Holmes' Laune schien immer noch etwas getrübt zu sein, weil seine Pläne für diesen Tag durchkreuzt worden waren.

„Nun, Doktor, bitte berichten Sie mir, was geschehen ist. Worin genau bestand das Verbrechen?"

„Zunächst einmal handelt es sich um Sabotage. Außerdem geht es um einen Aspekt, der entscheidend für den Fortschritt der Wissenschaft ist. Es steht sozusagen eine Frage kosmischer Bedeutung zur Debatte, eine Frage, die unsere grundsätzliche Stellung im Universum beeinflussen könnte. Derzeit wäre es nicht angebracht, mehr dazu zu sagen."

„Ich glaube allmählich, Watson, daß Sie mit Ihrer ersten Einschätzung recht hatten", sagte Holmes leise zu mir. Dann fuhr er lauter fort: „Kosmische Fragen übersteigen meinen begrenzten Horizont etwas, Doktor. Widmen wir uns zuerst den profanen Aspekten: Wogegen richtete sich die Sabotage?"

„Meine Platten, Sir. Meine besten und wirklich einmaligsten Platten!"

„Sie konsultieren mich, weil das Hausmädchen Ihre Servierplatten zerbrochen hat?"

„Dieser Scherz ist nicht besonders lustig. Ich spreche von photographischen Platten. Ich beabsichtigte, die lichtschwächsten Sterne am Himmel zu zählen, und benötige dafür photographisches Material von bester Qualität. Mein Kollege, der berühmte Chemiker Doktor Adams, der auch Direktor des Britischen Museums ist, stellte für mich eine Photoemulsion mit hoher Empfindlichkeit her. Damit beschichtete ich einige Glasplatten, die fast einen Quadratmeter groß sind, und wollte anschließend mit der Suche beginnen."

Er deutete nach oben. Wir waren gerade um die letzte Straßenecke vor dem Museum gekommen. Als wir dorthin blickten, wohin er zeigte, sahen wir etwas, das ich nie zuvor wahrgenommen hatte: eine kleine Kuppel, in der sich ein Teleskop befand.

„Sie betreiben Ihre Forschung hier im Observatorium des Museums?" fragte ich.

„Halten Sie mich für einen Narren, Sir? Dafür benötigt man ein viel größeres Teleskop, und man muß weitab von großen Städten arbeiten, weil die Beleuchtung zu stark stört. An diesem Teleskop wollte ich nur eine Probeaufnahme machen und dann erst die Platten an ihren Bestimmungsort versenden. Die Probeplatte war aber verdorben, und ich kann mir das nur durch Sabotage erklären."

Inzwischen hatten wir die Treppe am Museum erreicht, aber Holmes blieb stehen. „Wollen Sie damit etwa sagen", fragte er gefährlich leise, „daß Sie mich hierher gebeten und dabei große Bedeutung und Dringlichkeit betont haben, weil ein Photo nicht gelungen ist?"

„Genauso ist es, Mr. Holmes. Sie haben das Wesentliche sofort erkannt."

Mein Freund holte tief Luft. „Es tut mir leid, Doktor Illingworth, sogar sehr leid, aber mir fällt da gerade ein Fall mit noch größerer Dringlichkeit ein, den ich zu bearbeiten habe. Eine Dame in Brighton bat in einem Fall von Vergiftung um meine Hilfe, und ich muß unverzüglich nach dort abreisen. Sir, ich wünsche Ihnen einen guten Tag."

„Aber, Holmes", sagte ich, überrascht darüber, daß ihn sein Gedächtnis offenbar verlassen hatte, „sie hat doch gestern abend telegraphisch mitgeteilt, die örtliche Polizei habe den Fall bereits aufgeklärt. Ich habe Ihnen die Nachricht doch sicherlich weitergegeben."

Sherlock Holmes sah mich tadelnd an, und ich merkte, daß ich gerade einen Fehler gemacht hatte. In diesem Moment hörten wir, wie jemand von dem oberen Treppenabsatz zu uns herunterrief.

„Mr. Holmes, wie schön, Sie zu sehen. Daß jemand Ihres Ansehens sich um unsere trivialen Problemchen kümmert!"

Der uns so begrüßt hatte, war der Direktor des Museums, Doktor Adams, ein berühmter Mann, den wir flüchtig kannten. Holmes seufzte und ließ sich ins Museum hineinleiten. Wir kamen in einen Korridor, an dessen einer Wand die Platte lehnte, von der die Rede war.

Ich hatte einen gewöhnlichen Vandalismus erwartet, aber nun erschrak ich heftig. Die Platte zeigte klar und deutlich das Sternbild Orion, den Himmelsjäger. Über die ganze Fläche waren aber etliche unheimlich wirkende Schatten verteilt. In ihrer Gesamtheit formten sie, obwohl verzerrt und verschwommen, ein Bild, das an eine Kreuzung zwischen Mensch und Bestie denken ließ. Es erschien fast, als zeigte diese Photoplatte den Kampf heidnischer Götter in den Weiten des Alls.

„Es fällt schwer, darin einen zufälligen Schaden zu sehen", gab Holmes zu. „Aber wer könnte ein Interesse an einer so seltsamen Sabotage haben, und welche Absicht könnte er damit verfolgen? Wer hatte Zugang zu den Platten?"

„Außenstehende, Sir!" antwortete Illingworth schnell. „Die Türen des Observatoriums sind stets verschlossen, aber wegen ihrer Größe blieb die Platte eine Zeitlang hier unten und sollte dann über die Treppe in die Kuppel getragen werden. Das Museum wurde zur Nacht natürlich abgeschlossen, aber es wäre für jeden Besucher ein leichtes gewesen, sich hier irgendwo bis nach dem Ende der Öffnungszeit zu verbergen."

„Und das Motiv?"

„Wissenschaftliche Rivalität! Seit dem Prioritätenstreit nach der Entdeckung des Neptun herrscht einige Eifersucht zwischen Deutschen, Franzosen und Briten. Die Entdeckung eines Himmelskörpers ist in der Astronomie stets auch eine Sache des nationalen Stolzes. Auf jeden Fall habe ich Hinweise darauf, daß jemand hier eingedrungen ist." Illingworth ging eilig fort.

„Es wirkt wie ein Streich von Studenten, wenn überhaupt Absicht dahintersteckt", sagte Holmes ruhig. „Ich kann mir nicht vorstellen, daß der gute Doktor bei seinen Studenten sonderlich beliebt ist. Was meinen Sie, Direktor?"

Dr. Adams verzog den Mund. „Nun, es ist schwer einzusehen, wie dieser Schaden unabsichtlich hätte eintreten können. Ich stimme Ihnen aber darin zu, daß ein Schabernack wahrscheinlicher ist als ein Anschlag durch Fremde."

Plötzlich hörten wir das Geräusch von Schrubbern und Eimern. Der Direktor sprang vor und deckte hastig die Platte ab.

„Ich möchte vermeiden", erklärte er, „daß die Putzfrauen das sehen. Seit wir vorige Woche einige seltsame Reliquien erhielten, macht einiges abergläubisches Geschwätz die Runde. Es würde durch diesen Anblick sicher noch geschürt."

„Seltsame Reliquien?"

„Ja, von der Dangerfield-Expedition. Haben Sie nicht davon gehört?"

Das hatten wir allerdings. Die Dangerfield-Expedition war vor einigen Wochen von einer Reise nach Zentralafrika zurückgekehrt. Die Teilnehmer berichteten von einer verfallenen Stadt, in der sie seltsam anmutende Metallstatuen gefunden hatten, die sehr kunstvoll verfertigt waren. Man vermutete, sie seien von einer konkurrierenden Expedition zum Schabernack aufgestellt worden. Allerdings hatte es eine Reihe von rätselhaften Mißgeschicken gegeben, die den Forschern seitdem widerfahren waren. Zwei erlitten sonderbare Brandwunden, und die meisten anderen waren inzwischen erkrankt. Alle scheinen nun dahinzusiechen, und man konnte noch keine ihrer Krankheiten diagnostizieren. Man sprach seitdem viel von Flüchen wie denen, denen die ägyptischen Grabräuber und auch die Archäologen zum Opfer gefallen sein sollten. Holmes hatte darüber nur gelacht. Ich nahm an, daß eine neue Tropenkrankheit eine weit wahrscheinlichere Erklärung sein könnte.

Der Direktor zeigte auf einen Tisch, der knapp zwei Meter von uns entfernt stand. „Wir haben dort eine der Götzenstatuen ausgestellt. Sie wurde aus einem seltenen Metall hergestellt, dessen Dichte fast so hoch wie die von Blei ist. Es ist ein sehr interessantes Stück, obwohl es nicht sehr alt ist."

Ich ging hin, um es mir näher anzusehen. Es war halbkugelförmig, und auf der flachen Seite war ein Gesicht dargestellt, und zwar als negatives Relief, so daß die einzelnen Merkmale konkav anstatt konvex ausgebildet waren, wie bei einer Gußform. Die optische Täuschung war so perfekt, daß das Gesicht von weitem normal aussah. Wenn man aber herumging und dabei den Blickwinkel änderte, wechselten Licht und Schatten auf unerwartete Weise, und die blinden Augen schienen stets dem Betrachter zu folgen. Die Gesamtwirkung war sehr unheimlich. Es war nicht verwunderlich, daß abergläubische Bedienstete sich vor dieser Statue fürchteten.

Nun kam Illingworth zurück. Er hatte einen kleinen Kasten mit gläsernen Wänden mitgebracht. Ein Kupferstab ragte oben heraus und verlief in der Mitte senkrecht nach unten. An ihm

befand sich im Inneren des Kastens eine Folie aus gelbem Metall;
sie war weitgehend frei beweglich, denn sie war nur an ihrem
oberen Rand befestigt.

„Meine Herren, dieses Gerät ist ein Elektroskop. Ich werde es
nun aufladen." Er rieb ein Stück Leder ein paarmal kräftig an
seinem Ärmel hin und her und berührte dann damit den Kupferstab. Augenblicklich klappte die gelbe Folie im Kasten vom
Stab weg.

„Sie sind mit dem Begriff der elektrischen Ladung sicher
vertraut. Alle Materie ist aus kleinsten positiven und negativen
Ladungen aufgebaut, die sich normalerweise gegeneinander aufheben, da sie perfekt durchmischt sind. Ein elektrischer Strom
besteht im Fließen negativer Ladung gegenüber der positiven.
Eine statische Ladung ist ein leichter Überschuß an positiver Ladung gegenüber der negativen oder umgekehrt. Beim Reiben des
Leders am Ärmel nahm dieser einige negative Ladungen auf.
Dann habe ich das Elektroskop geladen, und da sich gleichnamige
Ladungen abstoßen, steht die Goldfolie nun etwas vom Kupferstab ab. Denn beide – elektrisch leitend miteinander verbunden –
sind positiv geladen."

„Ich kann Ihnen ohne weiteres folgen, Doktor; aber was hat
das mit der Sabotage zu tun?"

„Nun, es war zwar überhaupt nicht beabsichtigt, aber dieses
Elektroskop erwies sich als ein hübscher Einbruchsmelder. Ich
hatte es geladen auf dem Tisch stehenlassen. In trockener Luft, so
wie hier im Museum, behält es viele Stunden lang seine Ladung,
wenn man es sich selbst überläßt. Aber ich kann es leicht entladen, indem ich es beispielsweise berühre, so daß es über meinen
Körper geerdet wird."

Er berührte mit dem Finger die Spitze des Kupferstabes:
Sofort fiel die Goldfolie wieder an den Stab herunter.

„Ich dachte mir zuerst nichts dabei, aber inzwischen bin ich
sicher, daß sich das Gerät innerhalb etwa einer Stunde entladen
hat, während ich im Observatorium zu tun hatte. Währenddessen
stand die Platte hier. Zu dieser Zeit hätte sich niemand außer mir
im Museum aufhalten dürfen. Also muß ein Eindringling dage-
wesen sein!"

Holmes schien recht befriedigt zu sein und rieb seine Hände
aneinander. „Meine Herren, ich sehe einen Weg, Ihr Problem zu
lösen. Watson, Sie achten die Wissenschaften sehr, nicht wahr?"

„Natürlich, Holmes."

„Und Sie sind ein Bewunderer dieses bedeutenden Museums, der gern jede sich bietende Gelegenheit ergreift, all diese Schätze zu bewundern?"

„In der Tat", antwortete ich zurückhaltend.

„Dann können wir zu Werke gehen. Illingworth, könnten Sie hier eine frische Photoplatte sozusagen als Köder deponieren? Großartig! Und Watson wird über Nacht mit seinem Revolver Wache halten. Er wird den Schurken sicherlich entlarven und festnehmen können, sei es ein ausländischer Spion oder ein Student, der nur einen Scherz machen will."

„Aber Holmes, meine Patienten!" protestierte ich heftig.

„Er hat mir heute erzählt," sagte Holmes mit einem feinen Lächeln, „daß viele seiner Patienten in diesen Hundstagen verreist

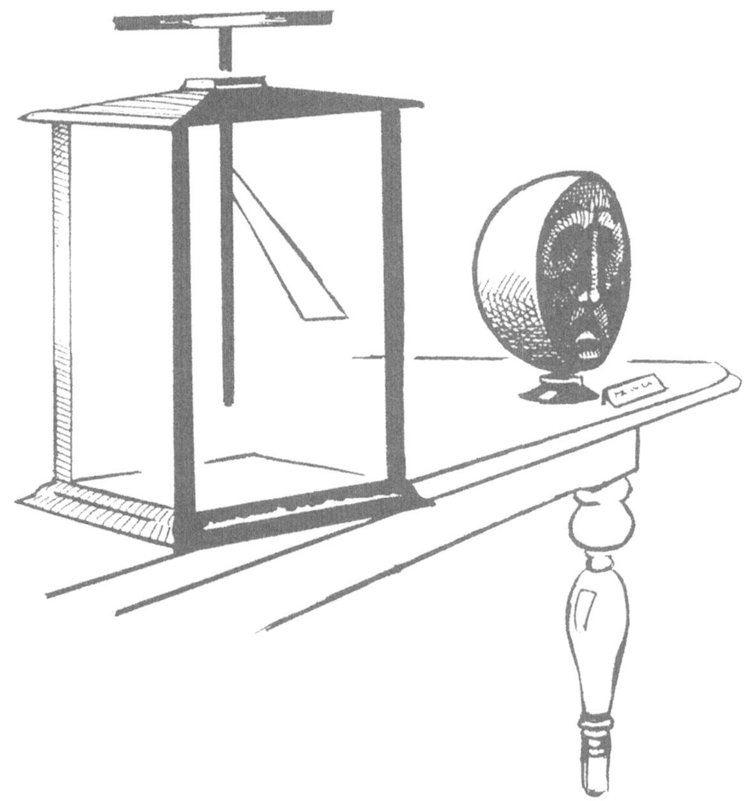

Das Elektroskop und die Götzenstatue

sind, so daß er schon nach Möglichkeiten sucht, seine Zeit totzuschlagen, ebenso die seiner Freunde. Er wird heute abend um neun Uhr hier eintreffen. Bis dahin wünschen wir Ihnen allen noch einen guten Tag!"

Ich fühlte mich nicht sehr wohl in meiner Haut, als ich bei Anbruch der Dämmerung die Museumstreppe hinaufging und am schweren Portal vergebens eine Glockenschnur oder einen Türklopfer suchte. Aber innen war jemand, denn ich hörte ein Geräusch wie beim Aufschließen, und ein vergittertes Fensterchen wurde geöffnet. Illingworth begrüßte mich flüchtig und führte mich durch das jetzt dunkle Erdgeschoß des Gebäudes. Auf seine Bitte hin half ich ihm, eine neue Photoplatte gegenüber der Treppe abzustellen, die zur Kuppel des Observatoriums führte.

„Nun, Doktor Watson, hier ist alles genau so, wie es vorige Nacht war. Ich hatte das Personal vor dem Feierabend gebeten, einen Stuhl für Sie bereitzustellen." Er wies auf einen kleinen Holzstuhl, der sehr unbequem aussah. „Ich nehme an, Sie haben Ihren Revolver mitgebracht. Wer den Fortschritt der Wissenschaften bekämpft, hat keine Gnade verdient, Sir. Zögern Sie nicht, Ihre Pflicht zu tun."

Ich versicherte ihm, daß ich mein Wächteramt aufmerksam und gewissenhaft wahrnehmen wolle. Dabei überlegte ich, daß es ein sehr schlechtes Licht auf ihn warf, wenn er wirklich erwartete, daß ich die schlimmste aller Strafen, die Todesstrafe, gegen einen Scherzbold verhängte oder gar vollstreckte.

Ich habe selten einen Menschen getroffen, dessen Gesellschaft mir weniger angenehm war. Aber als mich Illingworth schließlich verlassen hatte, nicht ohne zuvor seine Instruktionen mehrmals zu wiederholen, lief es mir doch ein wenig kalt den Rücken hinunter. Ich nahm das erbauliche Buch *Martyrium des Menschen* von Winwood Reade zur Hand, das Holmes mir empfohlen hatte. Aber ich sah mich außerstande, ruhig dazusitzen und zu lesen — mit all den geduckten, fast lauernden Skeletten furchterregender Saurier um mich herum, die einst die Erde beherrscht hatten. Ich meinte, öfter im Augenwinkel eine Bewegung wahrzunehmen, doch zweifellos handelte es sich jedesmal nur um die langen Schatten der Urtiere. Ich ging eine Weile herum; dann rieb ich an meinem Ärmel, und es gelang mir, das Elektroskop aufzuladen, das immer noch auf dem Tisch stand. Beim Gedanken an die früher oft gehörten strengen Ermahnungen, niemals Exponate im Museum zu berühren, konnte ich mich eines gewissen kindlichen Nervenkitzels nicht erwehren.

Schließlich vermochte ich meine Unrast zu überwinden. Ich plazierte den Stuhl gegenüber der riesigen Photoplatte, mit der Lehne zur Wand, so daß nichts und niemand sich unbemerkt nähern könnte, und setzte mich. Aber sofort sprang ich erschrokken wieder auf: Ich hatte die Statue ganz vergessen, die auf dem Tisch rund einen halben Meter vor mir stand. Ihre Augen starrten mich intensiv an. Ich hatte diese Illusion ja schon am Tag bemerkt. Ich war schon versucht, aufzustehen und sie mit einem Tuch abzudecken oder gar beiseite zu schieben. Dann tat ich es aber doch nicht, denn ich dachte daran, was man tags darauf wohl sagen würde, wenn ich sie beschädigte.

Eine Zeitlang lenkte ich mich damit ab, durch das hohe Fenster die Sterne zu betrachten und darüber zu spekulieren, worin Doktor Illingworths neue Theorie wohl bestünde. Jedoch wurde ich das Gefühl nicht los, daß sich im Raum etwas bewegte oder irgendwie veränderte, wenn auch unmerklich langsam. Jedesmal, wenn ich meine Augen vom Himmel abwandte und in den Raum blickte, konnte ich feststellen, daß die Szenerie völlig unverändert war – und doch sagte mir mein Unterbewußtsein jedesmal etwas anderes. Dann erkannte ich die Ursache, und mir sträubten sich die Haare. Kaum einen Meter vor mir stand das Elektroskop, das ich aufgeladen hatte, nahe bei der Statue. Nichts und niemand sonst war in der Nähe. Und als ich gerade hinsah, bewegte sich die Goldfolie, allmählich schneller werdend, langsam nach unten, zum Kupferstab hin. Ein paar Minuten später hing sie völlig schlaff herunter.

Ich sagte mir, es müsse eine einfache, rationale Erklärung geben, und Illingworth müsse etwas übersehen haben. Kurz darauf hörte ich jedoch ein Geräusch: ein öfter unterbrochenes Schlurfen. Es klang zwar entfernt, hatte seinen Ursprung aber eindeutig innerhalb des Museums. Ich war sicher, daß es sich nur um Ratten handeln konnte, was mich auch nicht gerade beruhigte. Doch gleich darauf hörte ich ein Huschen, und etwas ziemlich Großes prallte gegen mein Bein.

Ich sprang mit einem unwillkürlichen Schrei auf, schalt mich aber sofort einen Narren: Es war nur eine Katze – nicht einmal eine unheimliche schwarze Katze, sondern eine große, leicht träge wirkende getigerte. Nachdem sie mir erlaubt hatte, sie eine oder zwei Minuten lang zu streicheln, sprang sie auf den Tisch, rollte sich um die Statue herum zusammen und wollte wohl schlafen.

Meine Erleichterung war so groß – keine Götzenstatue wirkt furchterregend, wenn sich eine Katze daran schmiegt –, daß es mir sogar etwas schwerfiel, wach zu bleiben. Das Licht war zu schwach, als daß ich mühelos hätte lesen können, und so saß ich, tief in Gedanken, mit geschlossenen Augen da. Plötzlich wurde ich wieder aufgeschreckt. Diesmal schien es mir, als erschallten die Posaunen des Jüngsten Gerichts. Ich sprang auf und sah verlegen, daß es schon taghell war; ich mußte also ziemlich tief geschlafen haben.

Der Krach konnte eigentlich nicht so laut gewesen sein, wie es mir vorkam, denn die Katze lag immer noch genau so da, wie ich sie zuletzt gesehen hatte. Ich stand auf und lockerte meine Beine ein wenig, als ich das Geklapper von Schrubbern und Eimern hörte. Gleich darauf kamen Illingworth und Adams mit den Reinemachefrauen herein.

„Ich bin sicher, Sie haben aufmerksam Wache gehalten", sagte Illingworth.

Ich vermied es, direkt zu antworten. „Es gab kein Anzeichen irgendeines Anschlags. Ich habe nur einen Eindringling dingfest gemacht." Dabei deutete ich auf die Katze.

„Ah, das Personal füttert den alten Streuner immer noch. Es würde mich nicht wundern, wenn man ihn zuweilen einschließt. Komm runter!" Der Direktor streckte die Hand nach der Katze aus, zog sie aber mit einem Laut des Ekels gleich wieder zurück. Ich trat hinzu und befühlte das Tier. Es war ziemlich kalt und steif; offensichtlich war es schon eine Weile tot.

„Das ist seltsam", bemerkte ich. „Die Statue scheint wirklich viel Unglück zu bringen. Andererseits glaube ich, daß streunende Katzen nicht gerade die gesündesten Tiere sind."

„Es kommt wohl kaum auf eine tote Katze mehr oder weniger an", entgegnete Illingworth bissig. „Dieses Vieh hätte schwerlich die Photoplatte beschädigen können, ohne seine Spuren auf der Verpackung zu hinterlassen. Es ist schade, daß der Übeltäter nicht zurückgekehrt ist. Aber auf jeden Fall werde ich die Photoplatte entwickeln, um nachzuprüfen, ob nach wie vor alles in Ordnung ist." Er trug die Platte in einen kleinen Raum unter der Treppe, der ihm offenbar als Dunkelkammer diente.

Ich unterhielt mich kurz mit dem Direktor, aber wir wurden von Sherlock Holmes unterbrochen.

„Guten Morgen, Watson! Ich gebe zu, daß ich mich ein wenig schuldig daran fühle, daß Sie so einsam wachen mußten. – Gibt es nichts zu berichten? Das dachte ich mir. Ich kam bei Goldstein vorbei und kaufte einige Backwaren. Kann ich Ihnen davon anbieten, Watson? Herr Direktor? Ich meine, irgendwo das Zischen eines Wasserkessels zu hören: Anscheinend wird Tee oder Kaffee bereitet."

Während wir beim improvisierten Frühstück saßen, schreckte uns ein Schrei aus der Dunkelkammer auf. Wir rannten hin: Illingworth war nicht verletzt; aber er deutete zitternd auf die Photoplatte, die in einer flachen Entwicklerschale lag, die den größten Teil der Bodenfläche der Kammer einnahm.

Sein Entsetzen war verständlich. Auf der Platte sah man deutlich den Umriß eines Skeletts! Ich glaubte zunächst, irgendwie sei das Bild eines der Sauriergerippe da draußen auf die Platte gelangt. Aber dann erkannte ich, daß hier – allerdings stark verzerrt und verschwommen – eindeutig ein menschliches Skelett abgebildet war.

Illingworth drehte sich zu mir um. „Wenn das ein Dummejungenstreich ist –" schrie er mit zitternden Händen. Aber Holmes unterbrach ihn.

„Einen Augenblick, Sir." Er starrte auf die Photoplatte und sah mich dann so eindringlich an, daß ich schon meinte, er teile den falschen Verdacht von Illingworth. „Watson, holen Sie doch bitte den Stuhl her und setzen sich darauf. Ein bißchen weiter nach vorne. In welcher Tasche steckt Ihr Revolver? In der Linken? Ja, das dachte ich mir."

Er deutete auf das Bild in der Entwicklerschale. „Meine Herren, Sie haben sicher schon von Röntgens berühmten Aufnahmen gehört, die er mit Hilfe der sogenannten ‚X-Strahlen' verfertigte. Man nennt sie inzwischen Röntgenstrahlen, zu Ehren ihres Entdeckers. Der menschliche Körper läßt diese kurzwellige Strahlung weitgehend durch. Sie wissen bestimmt, Watson, wie sehr diese Möglichkeit die Medizin revolutionieren wird, denn nun kann man Knochenbrüche oder andere krankhafte Erscheinungen im Körper begutachten, ohne operieren zu müssen. Nehmen wir nun an, hier im Museum gäbe es eine starke Quelle dieser unsichtbaren Strahlung. Zwischen der Strahlungsquelle und Ihrer verpackten, sehr empfindlichen Photoplatte sitzt Watson. Dort sehen Sie die Stuhlbeine, und dieser Schatten rührt vom Revolver her, dessen Metall die Strahlung nicht durchläßt. Die Knochen erscheinen zwar etwas verschwommen, aber nicht allzusehr. – Watson, Sie waren ein ziemlich gewissenhafter Wächter, denn Sie haben sich fast die ganze Nacht nicht von der Stelle gerührt."

Nach diesen Hinweisen erkannten wir alle das Bild auf der Photoplatte sehr deutlich.

„Um Röntgenstrahlen zu erzeugen, benötigt man aber eine sehr hohe elektrische Spannung. Woher sollte die hier kommen?" wandte der Direktor ein.

„Das, meine Herren, wird eine einfache Vermessung zeigen", entgegnete Holmes freundlich „Verlassen wir nun die Kammer. Wir können an den Spuren auf dem Fußboden sehen, wo sich die Platte und der Stuhl befunden haben. Stellen Sie den Stuhl bitte wieder dorthin, Watson, und setzen Sie sich wieder darauf, genau wie in der Nacht. Ich nehme jetzt an der Platte ein paar Messungen vor."

Innerhalb von Sekunden zeichnete er mit Kreide zwei Linien auf den Fußboden. Beide verliefen genau dorthin, wo auf dem Tisch die Statue stand.

„Wir waren offensichtlich im Unrecht, als wir die Scheu vor diesem Gegenstand als reinen Aberglauben abtaten", bemerkte er.

Illingworth war skeptisch: „Aber er besteht lediglich aus massivem Metall, enthält keinerlei Mechanismen und sicher auch keine elektrische Schaltung. Wie kann er da Röntgenstrahlen aussenden?"

„Nicht unbedingt Röntgenstrahlen, aber gewiß eine durchdringende Strahlung", entgegnete Holmes. „Ich vermute irgendeine Form von Elektrizität. Wir brauchen etwas, mit dem der eindeutige Nachweis einfacher ist als mit der Photoplatte und mit dessen Hilfe sich Teilchen erfassen lassen, die so winzig wie die Atome sind."

„Dafür benötigt man sicher komplizierte und seltene Apparaturen", warf ich ein.

Der Direktor lächelte. „Wir können es mit Luft und Wasser bewerkstelligen, und zwar nach einem einfachen Verfahren, das ich erfunden habe. Zum Glück habe ich ein wenig Erfahrung im Nachweis unsichtbarer Strahlungen." Wir waren einigermaßen erstaunt, als er eine große Spritze holte, die anstelle der Nadel eine glatte, dünne Glasscheibe hatte. Er öffnete sie und ließ ein wenig Dampf von dem Wasserkessel hinein, in dem kurz zuvor unser Teewasser gesiedet hatte.

„Wenn sich Luft ausdehnt, so kühlt sie ab", erklärte er. „Der vorhandene Wasserdampf bildet dann Tröpfchen. Allerdings kondensieren sie nicht völlig regellos oder zufällig, sondern bevorzugt an elektrischen Ladungen oder Teilchen, wie winzig sie auch sein mögen."

Er hielt die Spritze nahe an die Statue und zog den Kolben schnell ein Stück heraus. Mir stockte der Atem vor Erstaunen. Vielleicht eine Sekunde lang sah man zahlreiche Spuren kleinster Tröpfchen, die sofort wieder verdunsteten.

„Es scheint, als sende die Statue einen Strom von Teilchen aus, fast wie ein Maschinengewehrnest!" entfuhr es mir.

„Nicht unbedingt. Der Nachweis ist so empfindlich, daß jede Spur aus vielen Tröpfchen die Bahn eines einzigen Teilchens anzeigen kann, während dieses auf Moleküle in der Luft trifft und sie beeinflußt."

„Erstaunlich, daß etwas derart Verborgenes und Subtiles so einfach nachzuweisen ist", meinte ich.

Der Direktor belehrte mich: „Es kommt beim Konzipieren von Geräten und Methoden vor allem darauf an, eine Art Hebelgesetz auf geschickte Weise zu nutzen. Sei es in einer Mausefalle oder hier bei diesem Atomnachweis: Der richtige Auslösehebel kann immer einen fast beliebig großen, sichtbaren Effekt bewirken. Lösen Sie sich von dem Irrglauben, daß ein Wissenschaftler stets auf teure und komplizierte Geräte angewiesen ist, um bestimmte Phänomene der Natur zu untersuchen. Der Schlüssel findet sich immer im menschlichen Geist."

„Nun, dann warten wir auf das Teleskop aus Luft und Wasser", höhnte Illingworth.

Der Direktor ließ sich nicht aus der Ruhe bringen. „Wir können meine Vermutung mit Hilfe eines kleinen Taschenmagneten überprüfen." Holmes hielt den Magneten dicht unter die Spritze, während der Versuch wiederholt wurde, und lächelte dann zufrieden.

„Einige Spuren werden ein klein wenig nach rechts gebogen, andere nach links", erklärte er. „Dies zeigt, daß zumindest zwei verschiedene Teilchensorten vorliegen, nämlich positiv bzw. negativ geladene."

„Und die negativen tragen eine viel höhere Ladung, denn ihre Bahnen sind stärker gekrümmt", sagte ich.

Der Direktor nickte. „Es kann aber auch sein, daß – bei ähnlicher Ladung – ihre Masse wesentlich geringer ist als die der positiven Teilchen", fügte er hinzu. „Auf jeden Fall aber, meine Herren, müssen wir Sie um Verzeihung dafür bitten, daß wir Sie belästigt haben. Hier gab es weder Verbrechen noch einen Ulk, sondern die Natur spielte uns sozusagen einen Streich."

„Bitte nehmen Sie Doktor Illingworth seine Art nicht übel", sagte uns Adams entschuldigend, als er uns zum Ausgang geleitete. „Er ist überzeugt, daß alles auf dieser profanen Erde eigentlich viel zu trivial ist, als daß er sich darum kümmern müßte. Ich denke aber, daß dieser Zufallsfund ein Phänomen aufgedeckt hat, das zu untersuchen ich mir als einfacher Chemiker nicht zu schade bin."

Ungefähr einen Monat danach ging ich zum Abendessen hinunter, während Holmes einen längeren Brief las, auf dem deutlich das Wappen des Britischen Museums prangte.

„Guten Abend, Watson. Sie werden sich freuen zu hören, daß Doktor Illingworth uns zwar vergessen hat, daß aber der Direktor sich seiner Verpflichtungen durchaus bewußt ist. Er hat einen Scheck beigelegt, um unsere Nachforschungen zu bezahlen. Nein, ich bestehe darauf, daß Sie ihn annehmen, Watson! Ohne Sie hätte ich mich nie mit diesem Fall befaßt, und es war ganz sicher Ihre Nachtwache, die uns den entscheidenden Hinweis finden ließ.

Der Direktor dankt uns überschwenglich dafür, daß wir seine Aufmerksamkeit auf das seltsame Material der Statue lenkten. Er hat es eingehend untersucht, mit verblüffenden Ergebnissen. Wie Sie sich erinnern, emittiert es zwei Arten geladener Teilchen; schwere positiv geladene Ionen, die er Alphastrahlen nennt, und leichte negative Teilchen, die er als Betastrahlen bezeichnet. Zudem fand er eine dritte Sorte, die vom Magnetfeld nicht abgelenkt wird; diese nennt er –"

„Gammastrahlen?"

„Sehr gut, Watson: Sie haben das griechische Alphabet nicht vergessen. Er erkannte auch die Beschaffenheit der Strahlen. Man vermutet stark, daß die Atome aus positiven und negativen Teilchen bestehen. Und wenn ein elektrischer Strom fließt, bewegen sich die leichten negativen Teilchen, die Elektronen, während die schweren positiven Teilchen an ihrem Platz bleiben und damit quasi eine feste, stützende Grundmasse bilden.

Weiterhin fand er heraus, daß die relativ schweren Alphateilchen im Grunde Atome sind. Genauer gesagt, sind es die zweifach positiv geladenen Atomkerne des Elements Helium. Die leichten Betateilchen sind einfach negativ geladene Elektronen. Und Gammastrahlen schließlich verhalten sich wie Licht mit extrem kurzer Wellenlänge oder auch wie Röntgenstrahlen."

Ich wollte sichergehen. „Und diese sogenannte Strahlung, die von der Statue ausgeht, hat wirklich diese unterschiedlichen drei Komponenten?"

„Ja, und wir können mit einiger Sicherheit noch mehr sagen: Sie sind die vermutlich häufigsten und auch die am leichtesten nachweisbaren Strahlungen."

„Und sie wirken nicht schädlich?"

„Doch, aber unterschiedlich stark. Die Alphastrahlen, die ja aus relativ schweren Teilchen bestehen, schädigen das Körpergewebe sehr stark. Das wäre in einem guten Mikroskop schon nach kurzer Zeit sichtbar."

Mir lief es eiskalt den Rücken herunter. „Und ich war ihnen mehrere Stunden lang ausgesetzt!"

„Zum Glück, nicht, Watson. Durch eine glückliche Fügung der Natur dringen die Alphastrahlen, obwohl sie tödlich wirken können, praktisch nicht ins Gewebe ein. Sie werden sogar schon von einem Blatt Papier zu einem Großteil absorbiert, ebenso durch eine Luftschicht von rund einem halben Meter Dicke. Sie sind hier nur dann wirklich gefährlich, wenn man die Statue intensiv berührt. Daher rühren vermutlich die schon erwähnten seltsamen Brandwunden bei den Expeditionsteilnehmern, und deswegen starb auch die Katze.

Die Betastrahlen sind ungefähr hundertmal durchdringender als die Alphastrahlen, und das Durchdringungsvermögen der Gammastrahlen ist wiederum hundertmal höher. Der Direktor meint, daß diese noch hinter einer dreißig Zentimeter starken Stahlplatte nachzuweisen sind. Aber er schreibt, daß in dem Abstand, den Sie von der Statue hatten, und bei der relativ kurzen Dauer der Einwirkung mit Sicherheit keine gesundheitlichen Beeinträchtigungen eintreten werden.

Übrigens wird die Luft durch den Strom der geladenen Teilchen in der Nähe der Statue elektrisch leitfähig – natürlich nicht so stark wie ein Metall, sondern nur teilweise. Und dadurch hatte sich das Elektroskop entladen, was Sie ja beobachten konnten."

„Es ist gut, daß Adams uns dankbar ist, Holmes. Das alles klingt ja nach einer faszinierenden wissenschaftlichen Entdeckung", bemerkte ich.

„Nein, Watson, das Beste kommt erst noch. Der Direktor rechnet mit zwei weiteren, wirklich dramatischen Entdeckungen, die ihn berühmt machen werden.

Erstens kann man aus den erwähnten Strahlen auf den Aufbau der Materie schließen. Er hat nämlich untersucht, was geschieht, wenn man Alphastrahlen durch eine extrem dünne Folie treten läßt. Er nahm eine Goldfolie, weil Gold sich leicht zu einer dünnen Schicht hämmern läßt. Aus demselben Grund besteht auch der dünne Metallstreifen im Elektroskop aus Gold.

Er erwartete wohl, daß die Alphateilchen die Folie durchdringen und dabei ein bißchen abgebremst werden – ähnlich wie beispielsweise Revolverkugeln, die man durch eine Wolldecke schießt. Er stellte aber etwas recht Seltsames fest: Die allermeisten Alphateilchen gingen durch die Folie hindurch, als sei sie überhaupt nicht da, aber einige wenige wurden um nahezu einhundertachtzig Grad abgelenkt, das heißt, dorthin reflektiert, woher sie kamen."

„Das klingt aber verblüffend."

„Sehr verblüffend, Watson! Es wäre nämlich fast so, als würden Sie mit dem Revolver auf ein Blatt Papier schießen, und die Kugel würde zurückprallen und Sie selbst treffen! Ist Ihnen klar, was das bedeutet?

Lassen Sie es mich an einem Beispiel erklären. Sie haben sicher auf der Anrichte den Pudding gesehen, den Mrs. Hudson zubereitet hat. Ihr Pudding ist gewöhnlich sehr locker, und ich hoffe, daß Sie ihn uns als Dessert servieren wird. Was würden Sie daraus schließen, Watson, wenn ich mir Ihren Revolver borgte und damit aus kürzester Entfernung einen Schuß auf den Pudding abfeuerte –"

„Ich glaube, daß dies bei Mrs. Hudson, die Ihnen gegenüber erstaunlich nachsichtig ist, das Faß endgültig zum Überlaufen brächte und daß –"

„Ich war noch nicht fertig, Watson. Ich wollte noch hinzuzufügen: und die Kugel würde nicht eindringen, sondern in die Richtung zurückgeworfen, aus der sie auftraf?"

„Ich würde folgern, daß irgendein Scherzbold den Pudding durch einen ebenso geformten Stahlklotz ersetzt hätte, den er gelb angestrichen hatte."

„Und wenn Sie nachgewogen und festgestellt hätten, daß der Pudding ein völlig normales Gewicht hat? Und wenn ich sehr oft auf ihn feuerte und die meisten Kugeln ungehindert durchgingen, während einige wenige zurückprallten?"

„Nun, dann müßte ich annehmen, der Pudding enthalte ein paar weit voneinander entfernte kleine, sehr dichte und harte Gegenstände – vielleicht Überraschungen für den Esser. In Schottland ist es ja üblich, daß die Mutter am Nachmittag vor Allerheiligen für die Kinder Pennies im Brei versteckt."

„Sehr gut, Watson! Aber wenn der Pudding kein bißchen schwerer wäre, als er sein sollte, dann müßten Sie folgern, daß die Creme wohl eine Täuschung ist, weil praktisch die gesamte Masse des Puddings in den darin verborgenen Münzen konzentriert sein muß. Aus dem Anteil der zurückgeworfenen Kugeln und aus deren Abprallwinkeln könnten Sie dann darauf schließen, welcher Teil des Puddingsvolumens aus Münzen besteht und wie schwer diese durchschnittlich sind."

„Das leuchtet mir ein. Ich sehe aber den Zusammenhang noch nicht so recht."

„Nun, Watson, zunächst einmal bestätigt es die Atomtheorie: Die harten, im Pudding verteilten Gegenstände ergeben in diesem Modell gerade das erwartete Gewicht, das man für die einzelnen Atome erwartet. Aber es verdeutlicht noch etwas viel Erstaunlicheres: daß nämlich alle Materie weitgehend eine Illusion ist! Denn selbst so etwas Hartes und Dichtes wie Gold ist zu über neunundneunzig Prozent leerer Raum. Adams hat überschlägig berechnet, daß der feste Teil der Atome nur einen Teil von zehn hoch fünfzehn Teilen ausmacht, also einen Bruchteil von einem Tausendstel eines Billionstels."

Ich warf den Kopf zurück und lachte laut auf. „Wirklich, Holmes, es ist bald soweit, daß H. G. Wells Ihnen seine Krone abtritt! Wenn es so wäre, wie Sie sagen, dann könnte ich wohl durch die Wände dieses Hauses gehen, wobei die Gefahr äußerst gering wäre, daß meine Atome auf die der Mauern stießen. *Der Unsichtbare*, wie ihn Wells beschrieb, müßte also dem ‚Körperlosen' weichen. Schauen wir doch mal: Komme ich etwa mit meiner Hand durch die Tischplatte?"

Ich tat, als sei ich überrascht, daß meine Hand auf das Serviertablett stieß, so daß das Geschirr vom Abendessen klapperte.

„Unsinn, Watson! Die elektromagnetischen Kräfte zwischen den Atomen stoppen Ihre Hand. Es ist so, als würden Sie an den Zinken von zwei Harken je einen starken Magneten anbringen und dann versuchen, die Zinken der einen Harke durch die der anderen zu führen. Natürlich ginge das, wenn überhaupt, nicht ohne hohen Kraftaufwand. Bei den Atomen ist es das Zusammenwirken von Abermillionen winzigster atomarer Magnete, die Ihre Hand zurückhält. Und sollten Sie gar versuchen, Ihre Faust gewaltsam durch die Tischplatte zu stoßen, wäre die Folge zumindest ein häßlicher blauer Fleck.

Die praktischen Anwendungen des beschriebenen Sachverhalts wären wohl ein wenig schwerer zu begreifen. Aber trotzdem, Watson, gewinnen wir hier eine sehr bemerkenswerte und vor allem unerwartete Einsicht in die Beschaffenheit der Materie.

Der Direktor hat das Material der Statue chemisch analysiert. Als Hauptbestandteil fand er das Schwermetall Uran, außerdem Spuren anderer Elemente. Eines von diesen scheint für den unverhältnismäßig hohen Anteil an Alpha- und Betastrahlen verantwortlich zu sein. Außerdem bestimmte Adams die mit der Strahlung abgegebene Energie. Ein Gramm dieses Schwermetalls, das er Radium nennt, gibt dabei pro Stunde so viel Energie ab, daß man mit ihr ein Gramm Wasser zum Sieden bringen könnte."

„Sie meinen, es verbrennt allmählich, ohne daß Luftsauerstoff hinzutritt?"

„Nein, es ist keine Verbrennung, denn der Vorgang läuft auch dann in gleicher Weise ab, wenn das Element sich in einem völlig abgeschlossenen Behälter befindet. Die gesamte Energiemenge, die abgegeben wird, ist – auf die gleiche Substanzmenge bezogen – vieltausendfach höher als die mit irgendeiner chemischen Reaktion zu erzeugende. Die einzige Veränderung, die Adams selbst nach mehreren Wochen feststellen konnte, war ein sehr geringfügiger Gewichtsverlust der Probe. Allerdings bemerkte er bei der zweiten Analyse, daß das Radium offenbar mit anderen Elementen verunreinigt war."

Ich konnte mir eine bissige Bemerkung nicht verkneifen. „Gut, ein paar Spinner werden sich über diese Enthüllungen bestimmt sehr freuen, Holmes! Adams hat ja nicht nur eine schier unerschöpfliche Energiequelle aufgetan, sondern sogar den Stein der Weisen gefunden: Die Substanz kann sich in andere Elemente, darunter Heliumgas, umwandeln. Ich glaube, daß dies dem Ansehen des Direktors nicht besonders förderlich ist; vielmehr wird er damit seiner bisher unbestrittenen Reputation schaden. Wenn man derart unwahrscheinliche Dinge behauptet, wird man eher Unglauben und Häme ernten, etwa so, als wenn Seeleute erzählten, sie hätten riesige Wasserschlangen gesehen."

„Keineswegs, Watson. Des Direktors Ausführungen unterscheiden sich von reinen Phantastereien dadurch, daß seine Experimente jederzeit und überall unabhängig von ihm nachvollzogen und bestätigt werden können, und das wird man sicher auch tun, wenn die Statue anderen Wissenschaftlern zugänglich sein wird."

„Das beunruhigt mich aber sehr, Holmes", sagte ich. „Ich meinte, inzwischen verstanden zu haben, wie die Physiker das Universum mit Hilfe bestimmter Größen beschreiben, die stets absolut erhalten bleiben. Und Sie erzählen mir nun, daß – paradoxerweise – Energie aus dem Nichts entsteht und sich manche Elemente von selbst in andere umwandeln."

Holmes rieb sich die Hände.

„Ich habe schon öfter darauf hingewiesen, Watson, wie wichtig eine Ausnahme sein kann, die die Regel widerlegt. Sie zwingt den Forscher nämlich, seine Vorstellungen gründlich zu hinterfragen. Und gerade das Auftreten seltsamer Effekte unter ansonsten völlig normalen Umständen führte zu meinen faszinierendsten Fällen. Das wissen auch all jene, die mein Wirken mit Hilfe Ihrer Erzählungen verfolgen.

Bis jetzt habe ich der Physik kein besonders großes Interesse entgegengebracht, denn alles schien geklärt zu sein. Vor langer Zeit hatte Newton die Gesetzmäßigkeiten gefunden, denen Massen, Kräfte und Bewegungen unterliegen, und noch zu unseren Lebzeiten formulierte Maxwell exakt die Gesetze des Elektromagnetismus. Zuweilen wird heute auch behauptet, die Physiker könnten sich künftig darauf beschränken, die Naturkonstanten noch exakter zu bestimmen.

Unser Wissen über die Natur muß nun einer strengen Prüfung unterzogen werden. Dabei geht es keineswegs nur darum, die physikalischen Gesetze ein wenig zu korrigieren oder anzupassen. Ich würde ziemlich hoch wetten, daß sich in den nächsten Monaten manches Faszinierende ergeben wird. Vielleicht wird das Thema noch sehr interessant werden, wenn auch aus anderen Gründen, als es Doktor Illingworth vermutet."

Er seufzte und breitete die Arme aus.

„Aber kümmern wir uns für heute nicht mehr darum. Ich sehe gerade, daß Mrs. Hudson dabei ist, den Pudding zu servieren. Und auch wenn er im Grunde nur leerer Raum oder gar eine bloße Illusion sein sollte, werde ich ihn trotzdem genießen."

5. Der Fall der fliegenden Geschosse

„Ah, Watson, das verspricht uns einige Abwechslung!" Sherlock Holmes hielt einen kleinen bräunlichen Umschlag hoch.

Ich war ziemlich erleichtert. In den letzten Tagen war mein Freund in der Hoffnung auf weitere interessante Fälle zuweilen ruhelos durch die Wohnung gelaufen. Ich fürchtete schon, sein Hunger nach geistiger Anregung könnte ihn wieder in seine Schwermut verfallen lassen, die er doch anscheinend gerade endgültig überwunden hatte. Ich war nun ein wenig überrascht, denn der Umschlag sah ganz normal aus und trug auch einen durchaus gewöhnlichen Londoner Poststempel.

„Erkennen Sie die Handschrift nicht, Watson? Der Brief ist von meinem Bruder Mycroft. Er bittet mich sehr selten um Hilfe, aber wenn er es tut, dann ist der Fall immer faszinierend. Zudem geht er mit Worten sehr sparsam um. Aber dieser Brief hier fühlt sich an, als umfaßte er etliche Seiten. Es wird also keine ganz einfache Angelegenheit sein. Reichen Sie mir bitte den Brieföffner?"

Er nahm ihn und schlitzte den Umschlag auf. Er überflog den Brief, und ich sah ihm seine Enttäuschung an.

„Nicht die Bitte, auf die Sie gehofft hatten, Holmes?"

„Kaum! Er beklagt sich, daß ihn zwei Herren belästigen, die er – allerdings fälschlicherweise – für meine Freunde hält."

„Und wer ist das?"

„Ausgerechnet unsere Bekannten aus der Wissenschaft, die Professoren Challenger und Summerlee. Es scheint, als hätten sie ihn gebeten, einen wissenschaftlichen Disput zwischen ihnen zu entscheiden."

„Ich wußte noch gar nicht, daß Ihr Bruder Naturwissenschaftler ist."

„Das ist er auch nicht. Doch während seiner Zeit in Cambridge wurde er bekannt dafür, daß er oft Studenten half, die Schwierigkeiten mit problematischen Themen hatten, gleich in welcher Disziplin. Er hat eine bemerkenswerte Fähigkeit, jede Frage mit Hilfe reiner Logik anzugehen, wie diffizil sie auch sei. Die Lösungen, die er dann fand, waren von bestechender Klarheit.

Seine Kommilitonen erinnern sich noch an ihn, und man fragt ihn auch heute noch zuweilen um Rat."

„Sogar in den Naturwissenschaften? Ich dachte, er sei Historiker und Linguist."

„Ganz besonders in den Naturwissenschaften, Watson. Er vertraute mir das Geheimnis seiner Methode an; er sagt, er führe Gedankenexperimente durch."

„Ich kann mir Ihren Bruder kaum im Labor vorstellen."

„Ich auch nicht, Watson. Praktische Betätigung und Experimente sind nicht seine Stärke. Aber seine geistigen Fähigkeiten ermöglichen es ihm, imaginäre Experimente zu ersinnen, deren ebenfalls imaginäre Ergebnisse das Lösen bestimmter Probleme erleichtern."

Er warf den Brief auf den Tisch. Ich sah nun, daß er den Briefkopf des Diogenes-Clubs trug, eines bemerkenswerten Treffpunkts von Eigenbrötlern, die eine normale Konversation für unschicklich halten.

„Er schreibt, die zwei Professoren seien an einer zunehmend schärfer geführten Debatte über die Natur des Lichts beteiligt. Challenger behauptet, Licht sei eine Welle, die sich kontinuierlich von ihrer Quelle durch den Raum ausbreitet, ähnlich wie Wasserwellen auf einem Teich. Dagegen ist Summerlee überzeugt, daß Licht ein Strom winziger Teilchen ist."

„Das erinnert mich ein wenig an die Diskussion über Atome, Holmes. Inzwischen hat sich ja die Auffassung durchgesetzt, daß Materie nicht kontinuierlich, sondern aus Atomen aufgebaut ist, und auch die Miasma-Theorie der Krankheiten ist überwunden, seit man die Bakterien als Krankheitserreger erkannt hat. Daher sollten wir diesem Präzedenzfall folgen und annehmen, daß auch das Licht aus einzelnen Teilchen besteht."

„Analogien zu Rate zu ziehen, ist recht gefährlich, Watson. Sie können zwar gut als Anregung dienen, aber niemals den Beweis liefern."

„Und doch kann ich mir das Licht gut als Strom kleinster Teilchen vorstellen", entgegnete ich. „Wenn sie mit sehr hoher Geschwindigkeit emittiert werden, bewegen sie sich praktisch geradlinig und prallen an einem Spiegel ab wie Gummibälle an einer glatten Wand."

„Diese Ansicht, Watson, wird ja von Summerlee vertreten, der damit durchaus recht haben kann. Aber ich meine, es gibt auch ein überzeugendes Argument für die Wellennatur des Lichts. So weiß man, daß sich Licht in Glas langsamer ausbreitet als in Luft. Zudem wird es nach innen gebrochen, wenn es aus der Luft in Glas übergeht; entsprechend wird es nach außen gebrochen, wenn es aus Glas in die Luft austritt. Haben Sie schon einmal eine Meereswelle gesehen, die über ein tiefer gelegenes Riff hinweggeht? Die Welle wird über dem Riff langsamer. Dadurch wird die Wellenfront abgelenkt. Dieser Effekt erscheint einem sehr natürlich, wenn man ihn betrachtet. Die Wellentheorie erklärt das Funktionieren von optischen Linsen, Prismen und ähnlichen Vorrichtungen.

Mit Hilfe der Wellentheorie kann man ohne weiteres die verschiedenen Farben erklären, nämlich als Wellen mit unterschiedlichen Wellenlängen. So ist rotes Licht längerwellig als grünes, und grünes wiederum längerwellig als blaues. Diese Wellenvorstellung umfaßt auch unsichtbare elektromagnetische Wellen, die entweder kleinere oder größere Wellenlängen als sichtbares Licht haben. Ein erwärmter Gegenstand, der aber noch nicht heiß genug ist, um sichtbar zu glühen, strahlt Wärme in Form infraroter Strahlung aus, die längerwellig als rotes Licht ist. Und die Röntgenstrahlen, die von Ihren Kollegen in der Medizin so nutzbringend eingesetzt werden, haben wesentlich kleinere Wellenlängen als blaues Licht.

Der überzeugendste Beweis dafür, daß Licht Wellennatur hat, geht aus den Arbeiten des bedeutenden Physikers James Clerk Maxwell hervor. Er erkannte, daß eine Strahlung von gleicher Art wie das Licht direkt mit Hilfe des elektrischen Stromes erzeugt werden kann. Diese sogenannten Radiowellen, die Marconi so eindrucksvoll demonstriert hat, sollen noch viel größere Wellenlängen haben als Infrarotlicht. Außerdem –"

„Er hätte dafür den Nobelpreis wirklich verdient!" unterbrach ich meinen Freund. „Erst kürzlich habe ich gelesen, daß viel weniger Tote aufgrund von Schiffbrüchen zu beklagen wären, wenn jedes Schiff mit dem Marconi-Apparat ausgerüstet wäre, denn mit dieser Vorrichtung könnte ein Hilferuf augenblicklich an andere Schiffe gesendet werden – sogar an solche, die sich hinter dem Horizont befinden."

„Glauben Sie nicht alles, was in den populärwissenschaftlichen Zeitschriften steht, Watson! Könnte auch nur ein Zehntel der darin publizierten klugen Ideen verwirklicht werden, dann würde sich die Welt gewaltig verändern. Aber wo war ich stehengeblieben? – Ach ja: Maxwell zeigte, daß die Schwingung einer elektrischen Ladung genau der Mechanismus ist, der Licht- oder Radiowellen hervorruft. Ich kann es Ihnen demonstrieren, wenn Sie bitte nach dem Tee klingeln wollen, Watson."

Dieser so unvermittelt geäußerte Wunsch verblüffte mich ein wenig, aber ich läutete, und nach ein paar Minuten brachte Mrs. Hudsons älteste Tochter – Mrs. Hudson hatte plötzlich einen etwas rätselhaften Urlaub angetreten – ein Tablett mit dem Tee. Ich goß uns beiden ein und gab ein bißchen Milch hinzu, so daß die Flüssigkeit undurchsichtig wurde. Holmes ergriff einen Teelöffel.

„Sehen Sie, Watson: Wenn ich die Unterseite der Löffelschale auf dem Tee schwimmen lasse und dann sachte und rhythmisch auf und ab bewege, so –"

„– entstehen Wellen."

„Genau. Und wenn ich die Frequenz verändere –"

„– ändert sich die Wellenlänge."

„Sehr gut beobachtet, Watson! Analog dazu bewies Maxwell, daß Emission und Absorption des Lichts von Schwingungen elektrischer Ladungen verursacht werden, so wie die Bewegung des Löffels Wellen in der Flüssigkeit hervorruft. Je schneller die Ladungen oszillieren, desto kürzer wird die Wellenlänge. Die elektromagnetischen Wellen kann man mit Hilfe elektrischer Schaltungen nachweisen, in denen dann elektrische und magnetische Felder schwingen."

„Das reicht, Holmes. Ich bin überzeugt: Licht ist eine Welle."

Ich lehnte mich zurück und nippte an meinem Tee. Doch kurz darauf schrak ich auf.

„Holmes, mir fällt da gerade etwas ein. Die Wellentheorie ist *doch* völliger Unsinn!" Ich war ziemlich aufgeregt. Schon öfter haben Ärzte wertvolle wissenschaftliche Beiträge geliefert, aber ich hätte es mir nie träumen lassen, auch zu ihnen gehören zu können.

„Holmes, Licht breitet sich doch innerhalb von durchsichtigen Substanzen aus; die bekanntesten unter ihnen sind ja Glas, Wasser und Luft."

„Aber nicht in Granit oder in Käse. Ansonsten sehr gut beobachtet, mein Freund."

Ich war zu sehr in Fahrt, um mich durch seinen Tonfall provozieren zu lassen. „Aber es gibt noch etwas, durch das das Licht sich ausbreitet, Holmes, nämlich – nichts! Etliche zig Kilometer über uns weicht die Atmosphäre sozusagen dem leeren Raum, und doch können wir die Sterne über uns sehen. Nun erfordern Wasserwellen das Vorhandensein von Wasser, und Schallwellen die Gegenwart von Luft –"

„Nicht unbedingt, Watson. Schallwellen können sich auch durch Festkörper fortpflanzen, zum Beispiel auch durch Ziegelsteine und Mörtel. Unsere Nachbarn haben sich ja, wie Sie mir zuweilen ins Gedächtnis rufen, schon öfter über mein nächtliches Geigenspiel beschwert."

„Ja, aber Wasser, Luft und Ziegelsteine bestehen ja alle aus Materie. Jede Welle ist eine Form von Bewegung und erfordert daher etwas, das sich bewegen kann; andernfalls kann sie nicht existieren. Wir wissen aber, daß sich Licht im Vakuum ausbreiten kann. Daher kann es keine Welle sein."

Ich lehnte mich triumphierend wieder zurück. „Wenn ich einen Brief an die Zeitschrift *Nature* schreibe, Holmes, wären Sie so gut, ihn auch zu unterzeichnen?"

Holmes lächelte und hob eine Hand. „Einen Moment noch, Watson. Sie haben durchaus recht, daß sich Licht im Vakuum fortpflanzen kann. Zum Glück ist das so, denn sonst wären nicht nur die Sterne, sondern sogar auch die Sonne unseren Blicken verborgen.

Doch die Naturwissenschaftler sind nicht ganz dumm, denn sie haben auch diesen Punkt berücksichtigt. Sie lösen das Problem, indem sie postulieren, daß das Universum gleichmäßig vom sogenannten Äther erfüllt ist."

„Vom gleichen Äther, mit dem wir unsere Patienten narkotisieren?"

„Nein, hier ist mit Äther eine immaterielle, nicht faßbare Substanz gemeint, die jeden Winkel des Raumes erfüllt" – Holmes breitete die Arme weit aus – „und die die Ausbreitung der elektromagnetischen Wellen ermöglicht. Sie könnten sagen, der Äther verhält sich zu einem Gas wie ein Gas zu einem Festkörper. Der Äther durchflutet den dichtesten Gegenstand, sogar die Erde, so wie Luft durch ein Schmetterlingsnetz weht. Wir können den Äther mit keinem unserer Sinne wahrnehmen, und er enthüllt uns seine Existenz nur indirekt, nämlich durch seine Fähigkeit, diese Wellen elektrischer und magnetischer Kräfte zu transportieren, die wir als Licht wahrzunehmen vermögen."

Ich protestierte: „Es scheint mir eine recht gewagte Annahme zu sein, Holmes, das Universum sei von einem unsichtbaren, immateriellen Äther erfüllt, der nur dazu dient, daß sich Lichtwellen ausbreiten können."

„Es gibt viele Dinge, die unbestreitbar real sind, obwohl wir sie mit unseren beschränkten Sinnen nicht erfassen können. Der Äther könnte sich als ebenso real herausstellen wie das Magnetfeld der Erde."

Ich nahm einen Schluck Tee, um mich von all den tiefschürfenden Gedanken über Wellen in Tee oder gar in Äther zu lösen.

„Nun gut, ich verstehe das alles nicht so ganz, Holmes. Und Mycroft erwartet nun, daß Sie das Problem lösen?"

„Nein, Watson. Er schreibt, daß die Indizien widersprüchlich und verwirrend sind. Außerdem glaubt er nicht, daß die Frage bald geklärt werden kann. Er hat für mich eine bescheidenere Art der Mitwirkung im Auge. Es scheint so, als hätten Challenger und Summerlee sich bereit erklärt oder – von Mycrofts Standpunkt aus gesehen – angedroht, ihn aufzusuchen und ihre Argumente vor ihm als Schiedsrichter zu debattieren."

„O Gott! Das ist wohl kaum im Sinne von Mycroft."

„Nein, wirklich nicht. Wie Sie ja auch wissen, sucht er seine Mitmenschen nach Möglichkeit zu meiden und lehnt praktisch alle Einladungen ab. Aber keine Sorge: Er hat mit seinem scharfen Intellekt auch diese Klippe umschifft und hofft, seinem langmütigen jüngeren Bruder diese unangenehme Aufgabe aufhalsen zu können. Er stellt es natürlich ein bißchen taktvoller an."

Holmes erhob sich von seinem Stuhl und lief unruhig umher.

„Das ist frustrierend, Watson. Ich werde mir etwas einfallen lassen, um eine einleuchtende Entschuldigung zu haben. Es wird Mycroft nicht weh tun, wenn ich ihm eröffne, daß sogar sein scharfer Verstand erfolglos gegen dieses Problem anrennt.

Oh, ich brauche jetzt unbedingt einen wirklich anspruchsvollen Fall. – Einen Klienten, Watson, ein Königreich für einen Klienten!"

Genau in diesem Augenblick hörten wir die Türklingel. Sherlock Holmes ging ans Fenster.

„Es sieht so aus, als sei mein Flehen erhört worden. – Oh, verwünscht!" Er sprang vom Fenster weg, steckte schnell seine Tabakdose in die Tasche seines Hausmantels und ging zur Schlafzimmertür.

„Denken Sie daran, Watson, ich bin nicht zu Hause. Und es ist auch ganz unsicher, wann ich zurückkehre."

Ich sah ihn verwirrt an.

„Aber Sie wollten doch gerade sagen –"

„Ich sprach von bedeutsamen Fragen, Watson. Weiß der Himmel, was er heute will. Vielleicht ist ein Reagenzglas verlorengegangen, oder es wurde ein Lehrbuch verlegt, und er erwartet nun eine gründliche Untersuchung des Falles."

Schon hörten wir Schritte auf dem Treppenabsatz. Sherlock Holmes legte einen Finger über seine Lippen und schloß leise die Tür hinter sich.

Ich stand auf, um den Besucher zu begrüßen, und sofort wurde mir klar, warum sich Holmes so merkwürdig benahm: Der Besucher war kein anderer als der überspannte Gelehrte Doktor Illingworth, den wir kürzlich kennengelernt hatten. In seinem Gesichtsausdruck erkannte ich eine Mischung von Triumph und Zorn.

„Guten Morgen, Doktor. Ich suche Ihren Freund, Sherlock Holmes. Es ist etwas ganz Furchtbares vorgefallen. Dies wird ihm eine Lehre sein, meine berechtigte Furcht vor wissenschaftlicher Sabotage nicht mehr als banale Phantasien abzutun."

Ich versuchte, ihn zu beruhigen. „Bitte, nehmen Sie doch Platz, Sir. Was auch immer Ihnen widerfahren ist, es ist sicherlich äußerst bestürzend. Bereitete man Ihnen bei Ihrer Arbeit ernsthafte Unannehmlichkeiten?"

Illingworth seufzte tief. „Das sind keine bloßen Unannehmlichkeiten, Doktor. Ein junges Leben wurde zerstört – tragisch zerstört. Wenn mir wenigstens Ihr Freund zugehört hätte, könnte der arme Mann noch leben."

Ich schloß daraus, daß sich ein tödlicher Laborunfall ereignet hatte, den Doktor Illingworth in seiner paranoiden Art irgendeinem Feind zuschrieb. Ich wollte nun demonstrieren, daß auch ich die Fähigkeit der Deduktion hatte.

„Jeder tödliche Unfall ist tragisch", sagte ich so besänftigend wie möglich. „Aber auch ein hervorragend geführtes Labor ist zwangsläufig ein gefährlicher Ort, und wir alle sind fehlbar –"

Illingworth schnaufte. „Unfall? Labor? Was reden Sie da, Doktor? Ich spreche nicht von einem Unfall im chemischen Laboratorium, sondern von einem Erschossenen – erschossen aus der Ferne, und zwar draußen, offenbar mit einem Präzisionsgewehr."

Ich sah ein, daß ich voreilige Schlüsse gezogen hatte.

„Ich bitte um Verzeihung, Sir. Sherlock Holmes ist im Augenblick leider außer Haus. Ich weiß nicht einmal, ob er heute noch zurückkommt. Ich werde ihm natürlich gern eine dringende Nachricht zukommen lassen. Ich fürchte aber, es wird wenig Sinn haben, hier zu warten."

In diesem Moment öffnete sich die Schlafzimmertür, und Sherlock Holmes trat ins Zimmer.

„Wie bitte? Nicht hier? – Wirklich, Watson, Sie müssen besser aufpassen. Kaum anzunehmen, daß Sie meine Rückkehr nicht wahrgenommen haben! Nun, Doktor Illingworth, ich bin niemals zu beschäftigt, um einen Mord zu untersuchen. Geben Sie Watson bitte Ihren Mantel – Besten Dank, Watson! – und erzählen Sie mir genau, was vorgefallen ist."

Einigermaßen verstimmt erledigte ich diese anspruchsvolle Aufgabe, während Illingworth seinen Bericht begann.

„Eines meiner wichtigsten Forschungsprojekte – mit dem ich übrigens auch befaßt war, als wir uns das letzte Mal trafen – wurde in *Runnymede Hall* durchgeführt. Kennen Sie sie?"

„Das ist der angestammte Familienwohnsitz, der vom letzten Lord Runnymede bei seinem Tod vor acht Jahren der Universität Cambridge hinterlassen wurde, und zwar zur Förderung der astronomischen Forschung."

Illingworth war offenbar überrascht. „Wie ich sehe, verfolgen Sie, was hier in der Wissenschaft vor sich geht. Wie Sie schon andeuteten, beherbergt dieses Anwesen jetzt ein Observatorium; es schien für mein Projekt wirklich ideal zu sein. Meine Zeit ist natürlich zu kostbar, als daß ich selbst astronomische Beobachtungen anstellen könnte. Daher suchte ich Doktoranden für diese Tätigkeit.

Eine Zeitlang hatte ich Schwierigkeiten, Freiwillige zu finden, obwohl die jungen Leute im Rahmen dieses Projekts den unschätzbaren Vorteil des direkten Kontakts mit mir haben. Dann meldete sich überraschend eine junge Dame.

Sie hat keinen akademischen Abschluß, doch die Fakultät gestattete ihr – das war eine große Ausnahme –, eine Promotionsarbeit zu beginnen. Sie war schon als Amateurastronomin hervorgetreten, denn ihr waren mehrere bedeutende Entdeckungen gelungen, natürlich durch reines Glück." – Er seufzte kurz auf. „Es ist meine feste Überzeugung, daß Leute ohne akademische

Qualifikation nur wenig zur Wissenschaft beitragen können und daß der angestammte Platz der Frau die Küche ist. Weil ich aber keine anderen Freiwilligen fand, mußte ich sie akzeptieren. Aber seltsam: Kaum war dies bekanntgegeben, da meldeten sich auch zwei junge Männer."

„Wirklich seltsam! Ist die junge Dame eigentlich attraktiv?" fragte Holmes.

„Ich würde sagen, ja. Aber ich glaube nicht, daß das eine Rolle spielt. Um das Observatorium möglichst intensiv zu nutzen, wurde festgelegt, daß die drei Personen im Wechsel je eine ganze Nacht lang Beobachtungen durchführten. Anders gesagt: Jeder war eine von drei Nächten im Dienst. Nun bemerkte ich bald, daß einer der beiden Herren – Tom Phipps und Martin Hennings – oder gar beide Herren Miss Latham in deren Nächten assistierten. Sie wollten damit natürlich nur vermeiden, daß Miss Lathams Mangel an professioneller Ausbildung zu Fehlern führte."

„Natürlich", meinte Holmes trocken.

„Die drei Doktoranden behielten ihre Wohnungen in Cambridge bei. Die beiden jungen Männer wohnten also in ihren Colleges, wie es die Statuten der Universität bestimmen. Glücklicherweise ist *Runnymede Hall* nicht weit vom Dorf Shelford entfernt, das an der Bahnlinie London–Fenland liegt. Tagsüber halten Züge im Dorf, aber nachts verkehren nur Schnellzüge ohne Halt zwischen London und Cambridge. So konnten die drei problemlos zu ihrer Arbeit und zurück fahren.

Die ersten Wochen ging alles gut. Hennings und Miss Latham erfüllten ihre Pflichten hervorragend. Auch Phipps war gut, verdarb aber den Eindruck, weil er zweimal nicht zum Dienst erschien. In beiden Fällen behauptete er, den Sechs-Uhr-Zug von Cambridge knapp verpaßt zu haben. Die später fahrenden Schnellzüge halten nicht zwischen Cambridge und London, und Runnymede ist von Cambridge zu weit entfernt, als daß man es mit anderen Verkehrsmitteln erreichen könnte. So mußte ich die Entschuldigung akzeptieren."

Holmes nickte nachdenklich. „Was können Sie mir über diesen Phipps noch sagen?"

„Nun, er ist ein paar Jahre älter als seine beiden Kollegen. Im Internat hatte er offenbar ernste Problem gehabt. Er war an einem Duell beteiligt, das aber für die Beteiligten glücklicherweise glimpflich ausging. Seine Familie schickte ihn daraufhin zu Verwandten in Indien. Dort tat er sich leichter. Er setzte seine Treffsicherheit beim Schießen nützlich ein, nämlich bei der Tigerjagd; aus Sicherheitsgründen werden Tiger gewöhnlich vom Rücken eines Elefanten aus gejagt. Der junge Mann wurde bei diesen Jagden bald zum Meisterschützen, der die Bevölkerung von manchem gefährlichen Raubtier erlöste.

Nach einem Jahr, in dem nur gute Nachrichten aus Indien gekommen waren, erlaubte ihm seine Familie zurückzukehren. Und weil er zur Zeit des erwähnten Duells wirklich noch sehr jung gewesen war, gestattete ihm die Universität, ein Studium aufzunehmen.

Ich denke, die Entscheidung war gerade noch vertretbar. Er ist ein intelligenter junger Mann, geriet aber mehrfach mit den Bulldoggen aneinander. Die Vorkommnisse waren allerdings nicht so gravierend, daß man ihn von der Universität hätte verweisen müssen."

Man muß mir mein Erstaunen wohl angesehen haben, denn Holmes erklärte: „Die Bulldoggen, Watson, sind die der Universität eigene Polizei. Man erkennt sie an den Bowler-Hüten, und man sagt ihnen nach, daß sie niemanden so schnell loslassen, den sie einmal ergriffen haben. Daher rührt der Spitzname ‚Bulldoggen‘. Aber –" er wandte sich wieder unserem Besucher zu „– bitte fahren Sie doch in Ihrem aufschlußreichen Bericht fort."

Illingworth schüttelte den Kopf. „Ganz offen gesagt, Sir, aufschlußreich ist er gerade nicht. Phipps ist sicherlich ein junger Mann, der sich leicht Feinde machte; aber er war vorige Nacht überhaupt nicht da, als sich die Tragödie ereignete. Miss Latham war im Dienst, von Hennings unterstützt. Nach Miss Lathams Aussage hatten sie die Photoplatten in das Teleskop des Observatoriums eingesetzt und waren dann nach draußen gegangen. Die Kuppel des Observatoriums befindet sich auf einem protzigen Anbau, und man hat von der Balustrade, die um die Kuppel herumführt, eine hervorragende Aussicht auf die Landschaft."

„Aber mitten in der Nacht wird man von der Landschaft kaum etwas sehen."

„Nun, ich wiederhole nur die Aussage von Miss Latham. Als die beiden zufällig dicht beieinander standen, schien es, als würden mehrere Schüsse abgefeuert. Jedoch meint Inspektor Lestrade, die Aussage müsse unvollständig sein, weil der Schock ihr Gedächtnis getrübt habe."

„Ah, der gute Inspektor Lestrade tritt auf. Ich nehme an, Sie sind mehr als unzufrieden mit dem Fortschritt seiner Untersuchung und kommen deshalb zu mir."

„So ist es. Er hat sich eine etwas romantische Vorstellung von Liebe und Dreiecksverhältnissen zurechtgelegt und scheint von ihr förmlich besessen zu sein. Deshalb ist er unfähig einzusehen, daß dieser Fall tiefgründiger und bösartiger ist, denn es geht um wissenschaftliche Rivalität und Sabotage."

Zu meiner Verblüffung nickte Holmes. „Ich bin auch der Meinung, daß man hier gründlich nachforschen muß. Haben Sie Zeit, uns zu begleiten, Watson? – Wunderbar! Wenn Sie bitte schon einmal hinuntergehen wollen, Doktor Illingworth? Wir kommen sofort nach."

Als sich die Tür hinter Illingworth geschlossen hatte, sah ich Holmes erstaunt an.

„Wirklich, Holmes, dieser Fall ist Ihrer nicht würdig! Sogar ich erkenne die Lösung, genau wie Lestrade. Messen Sie Ihrer Zeit keinen höheren Wert bei?"

Holmes lächelte. „Sie haben allerdings recht, Watson! Aber Sie sollten keine Schlüsse ziehen, bevor Sie die Tatsachen kennen. Meine Gründe sind eher strategischer Art. Mycroft deutete in seinem Brief an, daß er mich aufsuchen wolle, während sich Challenger und Summerlee bereithalten sollten. Wir haben also die Wahl, ob wir einen Tag lang zwei übellaunigen Wissenschaftlern zuhören, die in einem stickigen Zimmer über irgendeinen unbedeutenden Aspekt der Physik streiten, oder ob wir in freier Natur einen Fall untersuchen und dabei ganz unter uns sind. Da ist es wohl klar, wie die Entscheidung ausfällt. Und wenn alles genauso unkompliziert ist, wie es klingt, würde ich diesmal Lestrade zustimmen; das wäre übrigens meinen Beziehungen zu Scotland Yard durchaus förderlich. Kommen Sie, Watson, stellen wir uns der Herausforderung von *Runnymede Hall*!"

Wir stiegen in Shelford aus dem Zug und mieteten einen Einspänner, mit dem wir die zwei Meilen nach *Runnymede Hall* fuhren. Wir hatten keine Eile und ließen das Pferd gemächlich durch die flache Landschaft gehen. Illingworth wirkte gereizt, während mein Freund gelassen in die Gegend sah. Ich war ein wenig besorgt, denn vom Horizont her zogen Gewitterwolken schnell näher. Wenn wir nicht bald einen Unterschlupf fänden, würden wir unweigerlich durchgeweicht werden. Prompt sahen wir in der Ferne den ersten Blitz, und rund zehn Sekunden darauf hörten wir den Donnerschlag.

Ich wollte meine Begleiter mit einer wissenschaftlichen Bemerkung beeindrucken: „Man kann aus dem Zeitunterschied zwischen Blitz und Donner berechnen, wie weit das Gewitter entfernt ist. Der Schall legt dreihundertdreißig Meter pro Sekunde zurück. Also war dieser Blitz dreieindrittel Kilometer von uns entfernt. Wir sollten das Pferd ein wenig antreiben."

Illingworth sah mich mißbilligend an, wie einen Studenten, der etwas so Banales beobachtet hatte, daß sich jede Bemerkung darüber erübrigte.

„Natürlich wird dabei vorausgesetzt, daß sich das Licht des Blitzes unmeßbar schnell ausbreitet", fügte ich hinzu. „Wäre das Licht beispielsweise nur zehnmal schneller als der Schall, dann wäre die so errechnete Entfernung um ein Zehntel zu gering."

Illingworth schnaufte. „Im Prinzip haben Sie selbstverständlich recht, Doktor. In der Tat ist die Lichtgeschwindigkeit mit dreihunderttausend Kilometern pro Sekunde etwa eine Million Mal so groß wie die Schallgeschwindigkeit, so daß keinerlei derartige Korrektur nötig ist."

„Oh, das ist aber erstaunlich schnell", bemerkte ich, fest entschlossen, den Frieden zu wahren. „Da wundere ich mich, daß überhaupt jemand diese Geschwindigkeit messen konnte. Normalerweise hat man ja sogar den Eindruck, der Schall pflanze sich mit unbeschränkter Geschwindigkeit fort."

Illingworth runzelte die Stirn, antwortete aber nicht. Wir schwiegen nun, bis wir unser Ziel erreichten. Wir stiegen vom Wagen, als gerade der Regen einsetzte, und wurden von einer Haushälterin in eine große Diele geleitet. Hier stand Lestrade in Hut und Mantel. Er befand sich in Gesellschaft einer jungen Dame mit langem, dunklem Haar und ansprechenden Gesichtszügen. Lestrade war offenbar nicht überrascht, uns zu sehen.

„Guten Tag, Mr. Holmes. Und auch Ihnen, Doktor Watson. Doktor Illingworth hatte angekündigt, auch eine zweite Meinung einzuholen. Aber ich fürchte, es gibt kein Rätsel mehr aufzuklären. Ich habe gerade die Beweise überprüft, und der Fall ist erledigt."

Er streckte die Hand aus und zeigte uns zwei Pistolenkugeln. Ihre Form unterschied sich leicht von derjenigen, die ich kannte.

Mein Freund sah sie sich genau an. „Aus deutscher Fabrikation, zweifellos Munition für ein Macher-Gewehr", erklärte er. „Etwas für Spezialisten, aus derselben Produktionsserie und abgefeuert mit derselben Waffe."

„Und Phipps war so etwas wie ein professioneller Schütze, ich weiß", sagte der Inspektor zufrieden. „Nun muß ich Sie aber leider verlassen. Ich habe in Cambridge das Alibi zu überprüfen, das er angegeben hat. Ich bin sicher, daß ich es widerlegen kann, denn die übrigen Umstände weisen eindeutig auf ihn als Täter hin."

Er ging mit uns zur Tür, wobei er etwas leiser sagte: „Sie können gern mit Miss Latham sprechen. Ich weise Sie aber darauf hin, daß ihr Gedächtnis durch den Schock wohl ein wenig beeinträchtigt ist." Er lüftete zum Gruß den Hut und ging.

Illingworth deutete auf die junge Dame. „Mary Latham, erlauben Sie mir, Ihnen Sherlock Holmes und Doktor Watson vorzustellen. Bitte schildern Sie doch die Ereignisse der Nacht. Ich werde derweil das Teleskop sichern, bevor es in die Kuppel hineinregnet."

Er eilte hinaus. Die junge Dame, die sehr ruhig und gefaßt wirkte, führte uns in einen kleinen Nebenraum und bat uns, Platz zu nehmen.

„Es gibt eigentlich nicht viel zu berichten, Mr. Holmes. Sie wissen, daß Martin, Tom und ich hier mit astronomischen Beobachtungen betraut sind", begann sie.

Holmes nickte. „Sie duzen sich also, wie ich Ihren Worten entnehme."

„Dagegen ist mit Doktor Illingworth weniger leicht auszukommen", warf ich ein. „Ich versuchte, ihm in einer wissenschaftlichen Unterhaltung etwas über die Lichtgeschwindigkeit zu entlocken. Ich gewann dabei den Eindruck, daß er kein besonders angenehmer Lehrer ist."

Miss Latham lächelte. „Da hatten Sie nun gerade das unglücklichste Thema gewählt. Vor einiger Zeit begann er nämlich damit, die Jupitermonde zu beobachten, insbesondere die Bedeckung eines der in jüngster Zeit entdeckten kleineren Monde. Das heißt, er wollte den Zeitpunkt bestimmen, zu dem der Mond in den Schatten des Planeten eintritt. Damit sollte überprüft werden, ob die publizierten Parameter der Umlaufbahn korrekt und exakt sind. Man kann die Bedeckungszeit auf etwa eine Sekunde genau bestimmen, so daß die Messung eine Überprüfung der bisherigen Daten erlaubt.

Zu seiner Befriedigung stellte er einen Fehler von über zehn Minuten gegenüber dem berechneten Zeitpunkt fest. Er schrieb sofort an die angesehene Zeitschrift *Nature* und stellte in seinem Brief die beobachtenden Astronomen als unfähige Narren hin.

Leider hatte er dabei übersehen, daß die Erde während seiner Messungen rund zweihundert Millionen Kilometer weiter vom Jupiter entfernt war als zur Zeit der anderen Beobachtungen, auf die er sich bezog. Das Licht benötigt ungefähr zehn Minuten, um diese Entfernung zurückzulegen, so daß die Verzögerung erklärlich war. Die anderen Messungen waren also in der Tat sehr genau gewesen.

Besonders unangenehm für ihn war nun die Tatsache, daß viele Jahre zuvor gerade eine solche Diskrepanz – unter ganz ähnlichen Umständen – die Wissenschaftler überhaupt erst darauf brachte, daß die Lichtgeschwindigkeit nicht unendlich hoch ist; sie konnte seinerzeit anhand dieses Effekts erstmals abgeschätzt werden."

Holmes lächelte. „Ich danke Ihnen. Sie haben ein kleines Rätsel gelöst, das sich meinem Kollegen gestellt hatte. – Kann man übrigens sagen, daß Sie drei freundschaftlich miteinander umgingen?"

„Ja. Ich will Ihnen auch nicht verheimlichen, Mr. Holmes, daß beide Männer erkennen ließen, daß sie gern eine engere als nur freundschaftliche Beziehung mit mir eingegangen wären."

Holmes lächelte. „Das glaube ich Ihnen gern. Ergaben sich daraus keine Probleme bei Ihrer Arbeit?"

„Nicht wirklich. Ich machte von Beginn an klar, daß ich beide als Kollegen schätzte, aber keine Avancen wünschte. Nun war mir Martin sympathischer als Tom, ich gab mir jedoch Mühe, mir das im Interesse einer guten Zusammenarbeit nicht anmerken zu lassen. Das heißt, bis kürzlich –" sie brach ab.

Holmes nickte ihr freundlich zu. „Würden Sie bitte erzählen, was gestern abend geschah?"

Ihre Miene wurde verschlossen. „Ich hoffe wirklich, daß Sie aufmerksam zuhören, Mr. Holmes. Der Inspektor denkt ganz offensichtlich, daß mein Gedächtnis getrübt ist. Das ärgert mich ziemlich, denn ich bin im Beobachten geübt, und ich sehe die Geschehnisse in geradezu erschreckender Lebendigkeit vor mir.

Martin und ich hatten die Photoplatten für die erste Beobachtung dieser Nacht eingesetzt. Aber es herrschte noch Dämmerung, und wir gingen nach draußen, um auf dem Dach des Anbaus die Dunkelheit abzuwarten. Wir waren am Geländer sicherlich von weitem zu sehen und standen nahe beieinander – sehr nahe."

„Sie umarmten sich?"

Sie errötete. „Ja. Das muß ich Ihnen sagen, weil es eine Rolle spielt. Ich spürte plötzlich, daß ein Ruck durch seinen Körper ging. Unmittelbar darauf hörte ich einen Gewehrschuß.

Wir wurden durch den Aufprall halb herumgeschleudert. Eine oder zwei Sekunden später hörte ich einen zweiten Schuß, unmittelbar gefolgt vom Stoß einer zweiten Kugel."

„Sie können nicht sagen, von wo die Schüsse kamen?"

„Nein. Sie konnten von irgendwo am Boden abgefeuert worden sein. Wir waren, wie gesagt, auf dem Anbau sicher gut zu sehen."

Sie schien etwas verwirrt zu sein. „Ich vergesse wirklich meine guten Manieren, meine Herren. Ich nehme an, daß ich hier die Gastgeberin bin. Darf ich Ihnen einen Tee anbieten? Bitte, bleiben Sie doch sitzen, ich bin gleich zurück."

Als sie die Tür hinter sich geschlossen hatte, lächelte Holmes sarkastisch.

„Was fangen Sie mit dieser Erzählung an, Watson?"

„Nun, ich halte sie für schlüssig."

Holmes schüttelte den Kopf. „Mich stört die Reihenfolge der Ereignisse, Watson. Zuerst spürt sie die Wirkung einer Kugel und hört erst danach den Schuß."

„Das ist leicht zu erklären, Holmes." Ich erschauderte innerlich; denn auch lange nach meiner Zeit in Afghanistan quälte mich zuweilen noch die Erinnerung an das Feuer von Heckenschützen. „Es gibt Gewehre, aus denen das Geschoß mit Überschallgeschwindigkeit austritt. Daher trifft die Kugel auf das Ziel, bevor dort der Schuß zu hören ist. Das ist teuflisch, Holmes: Man hat nicht einmal mehr – wie früher, als man zuerst den Schuß hörte – den Bruchteil einer Sekunde Zeit, sich vielleicht noch zu ducken. Daher sind diese neuen Waffen gefährlicher."

„Ich habe schon von diesen Gewehren gelesen, Watson. Aber was sagte Miss Latham über den zweiten Schuß?"

Ich dachte einen Moment lang nach. „Hier hörte sie zuerst den Schuß und spürte danach den Einschlag."

„Ausgezeichnet, Watson. Die Geschoßgeschwindigkeiten waren also unterschiedlich. Die erste Kugel mußte um wenigstens zehn Prozent schneller als der Schall sein und die zweite um wenigstens zehn Prozent langsamer. Andernfalls wären die Verzögerungen nicht wahrnehmbar gewesen."

Ich riskierte eine Erklärung: „Vielleicht war die Munition von sehr schlechter bzw. unterschiedlicher Qualität?"

„Unwahrscheinlich, Watson. Mit dem Macher-Gewehr kann man keine gewöhnlichen Patronen abfeuern, sondern nur Spezialmunition. Diese ist aber für ihre hohe Qualität bekannt. Und in der Tat wird sie so angefertigt, daß die Kugel genau mit Schallgeschwindigkeit die Mündung verläßt. Daher wird man nicht durch den Knall gewarnt. Zudem wird dabei die Energie der Detonation bestmöglich ausgenutzt, und das Projektil wird während des Fluges kaum langsamer. Das stimmt nicht mit dem überein, was uns die junge Dame erzählte. Trotzdem glaube ich ihr, obwohl ich mir gut vorstellen kann, warum der Inspektor das nicht will."

„Ah, Sie haben den Aspekt erkannt, der ihm verborgen blieb!" Doktor Illingworth stand plötzlich in der Tür. „Und Sie wissen, was daraus folgt?"

„Ich denke schon", entgegnete ich. „Die Schüsse sind offenbar aus verschiedenen Waffen, mit unterschiedlichen Mündungsgeschwindigkeiten, abgegeben worden. Vielleicht liegen draußen weitere Kugeln, die man noch nicht fand. Ein eifersüchtiger Geliebter würde sicherlich allein handeln. Aber zwei oder gar mehrere Täter, mit verschiedenen Waffen, deuten auf ein Attentat hin."

Illingworth nickte und verschwand hinten im Korridor, als Miss Latham mit einem Tablett zurückkehrte.

„Das könnte bedeuten, daß Illingworths Theorie über wissenschaftliche Sabotage – so phantastisch sie auch klingt – zutreffen kann", meinte ich. „Angenommen, er steht wirklich kurz vor einer extrem wichtigen Entdeckung, wer weiß, zu welchen Mitteln mancher Rivale da greifen kann."

„Oh, das hoffe ich!" rief Miss Latham aus. „Ich sähe es gern, wenn Tom unschuldig wäre. Er ist zwar ungestüm, doch im Grunde sicher kein schlechter Kerl." Sie schüttelte den Kopf. „Aber was rede ich da? Es ist doch klar bewiesen, daß er gestern bei Einbruch der Dunkelheit gar nicht hiergewesen sein kann."

Holmes sah sie nachdenklich an. „Sie beziehen sich auf das Alibi, das Lestrade gerade überprüft?"

„Ja, und er wird es ohne weiteres bestätigt finden. Sie wissen, daß die Studenten der Universität Cambridge zur Nacht in ihre Unterkünfte zurückkehren müssen, es sei denn, es lägen besondere Umstände vor?

Gestern Abend, ungefähr um zehn Uhr, wurde der Pförtner am Hauptportal des *Old College* durch Klopfen am Tor aufgeschreckt. Er öffnete, und eine Gestalt, deren Gesicht von einem Schal fast ganz verdeckt wurde, rannte an ihm vorbei auf das Gelände. Der Pförtner nahm die Verfolgung auf, unterstützt von zwei ‚Bulldoggen', die gerade bei ihm waren. Sie fingen den Mann schnell ein und demaskierten ihn: Es war Tom Phipps."

„Der sozusagen in sein eigenes College einbrach?" fragte ich.

„Ja. Das ist eine häufige Taktik der jungen Männer, wenn sie in den Kneipen der Stadt getrunken haben und vermeiden wollen, daß ihre Namen notiert und dem Dekan wegen verspäteter Heimkehr gemeldet werden", erklärte Miss Latham. „Sein Atem roch nach Bier. Das Trinken allein gilt nicht als schwerwiegender Verstoß; so notierte man nur seinen Namen, und er konnte in sein Zimmer gehen.

Die Geschichte ist nicht besonders schön, aber sie gibt Tom ein hieb- und stichfestes Alibi. Das College-Personal kennt ihn gut, so daß seine Identifizierung sicher ist; andererseits steht Tom mit den Angestellten sicher nicht auf so gutem Fuß, daß sie für ihn lügen würden. Weil die Züge aus London hier in Shelford abends nach sechs Uhr nicht mehr halten, besteht keine Möglichkeit, daß Tom das Verbrechen begehen und so kurz danach in Cambridge sein konnte."

Sherlock Holmes runzelte nachdenklich die Stirn. Ich bemerkte, daß er Miss Lathams Blick auswich.

„Das kompliziert die Angelegenheit natürlich", sagte er. „Gibt es hier ein Rauchzimmer, in dem ich eine Weile meine Pfeife genießen kann? Amüsieren Sie sich für eine Stunde allein, Watson! Wir sehen uns dann zu gegebener Zeit wieder."

Ich bummelte den Weg entlang, der um das Haus herumführte. Das Gewitter hatte sich inzwischen ebenso schnell wieder verzogen, wie es hereingebrochen war. Das Haus ließ architektonisch einiges zu wünschen übrig: Der Anbau paßte überhaupt nicht zum Hauptgebäude, und die metallene Kuppel des Observatoriums kontrastierte absonderlich mit dem Gestein der Mauern. Bevor ich mich damit weiter befassen konnte, traf ich Miss Latham, und wir unterhielten uns angeregt.

Als wir gerade an der imposanten Verandatür vorbeikamen, wurde sie aufgestoßen, und Sherlock Holmes kam heraus. „Miss Latham! Bitte, sagen Sie mir, wo genau liegt die Eisenbahnlinie, die hier vorbeiführt?"

Ich sah ihn erstaunt an. Die Gegend war hier völlig eben, und selbst die Spur eines Dachses hätte man kilometerweit gesehen, erst recht also eine Eisenbahnlinie. Aber die junge Dame nickte nur und führte uns rund fünfzig Schritte zur Seite, an eine Stelle nahe beim Anbau. Nur aus der Nähe – vielleicht knapp zehn Meter entfernt – war ein tiefer Einschnitt im Gelände zu erkennen, in dem sich die Gleise befanden.

„Daß die Bahnlinie hier verläuft, vermuten nur wenige, Mr. Holmes. Die Bahn durfte nur unter der Bedingung über das Gelände geführt werden, daß man die Züge vom Haus aus weder sehen noch hören kann. Sogar wenn man auf der Spitze des Anbaus steht, sieht man kaum noch die Waggondächer der vorbeifahrenden Züge. Man muß es Ihnen gesagt haben, daß sich die Bahnlinie hier befindet."

„Keineswegs. Ich habe es aus den Tatsachen gefolgert, weil sie auf andere Weise nicht zusammenpassen", meinte Holmes selbstbewußt. „Nun denn: Aus der Gewehrmündung traten die Kugeln mit genau dreihundertdreißig Metern pro Sekunde aus, das heißt, sie hatten gerade Schallgeschwindigkeit.

Es wurden zwei Schüsse abgefeuert, und die beiden Kugeln waren natürlich gleich schnell. Die erste war jedoch schneller als der Schall, die zweite dagegen langsamer. Wo kann sich das Gewehr also nur befunden haben?"

Miss Latham und ich starrten Holmes verblüfft an.

„Kommen Sie nicht darauf? Die einzige Möglichkeit ist die, daß *das Gewehr selbst in Bewegung war, während die Schüsse abgegeben wurden*. Ich werde Ihnen jetzt schildern, wie das Verbrechen ausgeführt wurde.

Gestern nachmittag fuhr Phipps nach London. Bei einem guten Büchsenmacher kaufte er das Macher-Gewehr, wobei er höchstwahrscheinlich einen gefälschten Waffenschein vorlegte.

Er löste für den Sechs-Uhr-Zug eine Fahrkarte für die direkte Strecke vom Londoner Bahnhof Liverpool Street nach Cambridge und setzte sich in ein leeres Abteil. Irgendwann kletterte er aus dem Fenster auf das Dach des Zuges. Das ist für einen gut trainierten jungen Mann kein Problem.

Er ließ sich auf dem Dach nieder. Sobald der Zug diesen Einschnitt erreichte, bekäme er freien Blick auf die Spitze des Anbaus. Er wußte auch, daß Sie sich wahrscheinlich außerhalb der Observatoriumskuppel aufhalten würden. Er wählte die Zeit nämlich so, daß es für Sie noch zu hell für die Aufnahmen war, daß er aber noch genug Licht zum Zielen hatte.

Und schließlich war ihm klar, daß der beste Zeitpunkt für einen Schuß nicht der ist, zu dem sich der Zug genau vor dem Anbau befindet, denn dabei ändert sich der Winkel zu schnell, so daß selbst der beste Schütze kaum zuverlässig treffen könnte. Der geeignetste Moment liegt vielmehr eine oder zwei Sekunden zuvor, wenn sich das Ziel ungefähr voraus befindet.

Nun schoß er. Die Kugel verließ die Mündung mit dreihundertdreißig Meter pro Sekunde *plus der Geschwindigkeit des Zuges*, die etwa dreißig Meter pro Sekunde betrug. So erreichte die Kugel das Ziel merklich früher als der Knall des Schusses."

„Einen Augenblick, Holmes", unterbrach ich. „Der Schall wäre dann aber auch schneller als gewöhnlich, weil er ja ebenfalls vom fahrenden Zug ausgeht."

„Nein, Watson. Die Geschwindigkeit des Schalls oder jeder anderen Welle ist nicht die Geschwindigkeit relativ zur *Quelle*, von der sie ausgeht, sondern relativ zum *Medium*, in dem sie sich fortpflanzt. Daher kann Rückenwind den Schall relativ zum Erdboden beschleunigen; doch die Geschwindigkeit des Senders – sei es ein Gewehr oder eine Posaune – spielt dabei keine Rolle."

„Ich verstehe. Und der zweite Schuß?"

„Nun, der zweite Schuß wurde abgefeuert, als sich der Zug schon wieder vom Gebäude entfernte; dadurch war die Kugel entsprechend langsamer als der Schall.

Sehen wir uns nun das Alibi an. Phipps mußte nur ins College zurückkehren und dabei ein bißchen Aufruhr provozieren, damit seine Ankunftszeit notiert wurde. Sie sollte ja beweisen, daß er von *Runnymede Hall* unmöglich so schnell hätte zurückkehren können."

„Das Schöne daran ist", sagte Holmes, als wir am nächsten Morgen mit dem Schnellzug von Cambridge nach London zurückfuhren, „daß mir dieser Fall auch die Lösung von Mycrofts kleinem Problem eingegeben hat, Watson."

Er rieb seine Hände. Ich wußte, daß er selten Gelegenheit hatte, seinem fast übernatürlich befähigten Bruder zu helfen, und war entsprechend beeindruckt.

„Sehen Sie, Watson, wenn ein Lichtstrahl ein Teilchen ist, dann wird er sich mit einer Geschwindigkeit fortbewegen, die von derjenigen der Lichtquelle bestimmt wird. Wenn er dagegen eine Welle im Äther ist, dann –"

„– wird seine Geschwindigkeit nur von der Bewegung des Äthers abhängen."

„Ganz genau. Machen wir ein einfaches Beispiel mit einem Eisenbahnzug." Er zeichnete eine Skizze, ähnlich der auf dieser Seite wiedergegebenen. „Nehmen wir an, der Zug hat ausschließlich flache Waggons. Höher sind nur die Lokomotive und ein Waggon für die Wachmannschaft am Ende des Zuges. Jetzt will ein Wächter aus irgendeinem Grunde den Lokführer erschießen.

Nehmen wir erstens an, daß er feuert, während der Zug steht, und zweitens, daß die Kugel vom Revolver zum Lokführer exakt eine Sekunde lang unterwegs ist. Also hat der Lokführer noch genau eine Sekunde lang zu leben, wenn der Revolver abgefeuert wird."

„Sehr gut."

„Nun nehmen wir an, der Lokführer möchte die Katastrophe hinauszögern und setzt den Zug in Bewegung. Wieder feuert der Wächter. Tritt jetzt gegenüber der vorherigen Situation eine Verzögerung ein? Keineswegs. Der Lokführer flieht zwar, aber der Revolver und daher auch die Kugel bewegen sich mit ihm, gleich schnell und in derselben Richtung. Die Kugel hat relativ zum Zug dieselbe Geschwindigkeit wie zuvor, und der Lokführer stirbt auch hier genau eine Sekunde nach dem Schuß."

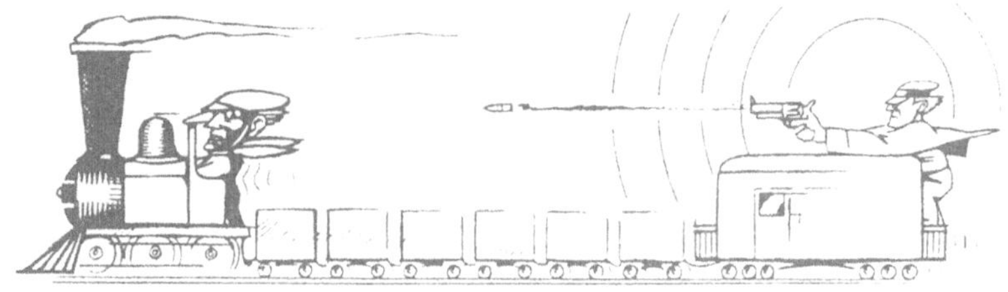

Der Schuß auf den Lokführer

„Nicht ganz ungefährlich für den Wächter: ein toter Lokführer im Leitstand."

Sherlock Holmes ignorierte meine geistreiche Bemerkung.

„Jetzt betrachten wir einen anderen Fall: Der Wächter will den Lokführer nur erschrecken, indem er eine Platzpatrone abfeuert. Der Zug, dreihundertdreißig Meter lang, soll stehen. Wie lange nach dem Schuß erschrickt der Lokführer durch den Knall?"

„Nun, nach genau einer Sekunde, die der Schall für die dreihundertdreißig Meter braucht."

„Und wenn der Zug sehr schnell fährt; wie lange dauert es dann?"

„Lassen Sie mich überlegen. Der Zug fährt rasch durch die Atmosphäre, die ja den Schall leitet; sie ruht aber nach wie vor. Daher dauert es ein wenig länger als eine Sekunde, bis der Lokführer erschrickt."

„Sehr gut, Watson! Wir haben also den Unterschied zwischen dem Schall und der Kugel herausgearbeitet. Jetzt nehmen wir den gleichen Zug, aber anstelle des Revolvers habe der Wächter ein Blitzlicht in der Hand. Uns interessiert nun die Zeit, die der Blitz braucht, um den Lokführer zu erreichen.

Der Versuch soll zweimal ausgeführt werden: einmal im ruhenden und einmal im sehr schnell fahrenden Zug. Wenn die Zeitspanne zwischen Blitz und Erschrecken in beiden Fällen die gleiche ist, so folgern wir, daß das Licht aus Teilchen besteht, die vom Blitzlicht sozusagen abgeschossen werden wie die Kugel aus dem Revolver. Wenn die Zeitspanne im zweiten Fall auch nur ein bißchen länger ist, dann müßte das Licht sich wie eine Welle im Äther verhalten."

„Oh, das ist wirklich brillant, Holmes!"

Sherlock Holmes lächelte boshaft. „Wenigstens dieses eine Mal kann ich Mycroft ein bißchen überraschen", sagte er, während unser Zug langsam in den Bahnhof einfuhr. „Ich werde auf dem Weg zurück in die Baker Street kurz bei ihm vorbeischauen. Wir treffen uns danach wieder."

Als ich eine halbe Stunde später nach Hause kam, traf ich zu meinem großen Erstaunen Mycroft an, der es sich in einem Sessel bequem gemacht hatte.

„Guten Morgen, Doktor! Ihre Wirtin war so liebenswürdig, mich hereinzulassen, damit ich hier auf meinen Bruder warten kann. Er ist nicht mit Ihnen mitgekommen?"

„Nein – es entbehrt nicht einer gewissen Ironie, aber ich nehme an, er hat Ihren Club aufgesucht."

„Ah! Das ist auch gut. Im Grunde bin ich zum Teil deswegen hierher gekommen, weil mir angedeutet wurde, daß sich die Professoren Challenger und Summerlee im Diogenes-Club einfinden könnten; ich möchte ihnen nämlich nicht begegnen."

„Das ist vermutlich gut so. Ihr Bruder erwähnte mir gegenüber, er könne die Welle-Teilchen-Kontroverse leicht beilegen. So wird er sich freuen, Sie hier zu anzutreffen."

Mycroft hob die Augenbrauen.

„Wirklich, Doktor? Da wäre ich äußerst dankbar. Vielleicht könnten Sie mir sogar schon erklären, worin die Lösung des Problems besteht?"

Ich nahm Bleistift und Papier vom Schreibtisch, zeichnete – ebenso wie Sherlock Holmes während unserer Heimfahrt – den Zug und erläuterte die Zusammenhänge, so gut ich es vermochte. Ich wunderte mich sehr, daß sich Mycroft daraufhin in seinem Sessel zurücklehnte und vor sich hin lachte. Als er mein Erstaunen bemerkte, hob er eine Hand.

„Nein, bitte seien Sie nicht beleidigt, Doktor! Sie haben es bewundernswert erklärt. Aber es ist sehr amüsant, daß Sherlock diese Lösung erarbeitete und dabei annahm, sie sei neu. Man hat es jedoch leider schon mit ihr versucht."

„Etwa mit realen Zügen?"

„Nicht im wörtlichen Sinne. Züge sind um so vieles langsamer als das Licht – sie haben nur rund ein Zehnmillionstel von dessen Geschwindigkeit! –, daß man mit keinem der heute verfügbaren Instrumente die winzigen Zeitdifferenzen nachweisen könnte. Aber man konnte gleichartige Experimente durchführen, indem man bestimmte Aspekte der Natur geschickt ausnutzte. Würden Sie mir bitte den Bleistift geben?"

Er nahm ein leeres Blatt Papier und skizzierte die auf der folgenden Seite wiedergegebene Zeichnung.

„Am Himmel sehen wir sehr viele Sterne, Doktor, die in Wahrheit Doppelsterne sind. Normalerweise ist der eine der beiden viel größer als der andere, so daß man sagen kann, der Kleinere umrundet den Größeren, so wie die Erde die Sonne umkreist. Mit modernen Teleskopen können wir diese Bewegungen gut erfassen, auch wenn derartige Sternsysteme so weit entfernt sind, daß sogar das Licht einige Jahre benötigt, um von dort zu uns zu gelangen. Wir können inzwischen nachweisen, daß die Bewegungen dieser Doppelsterne die wohlbekannten Newtonschen Gesetze erfüllen.

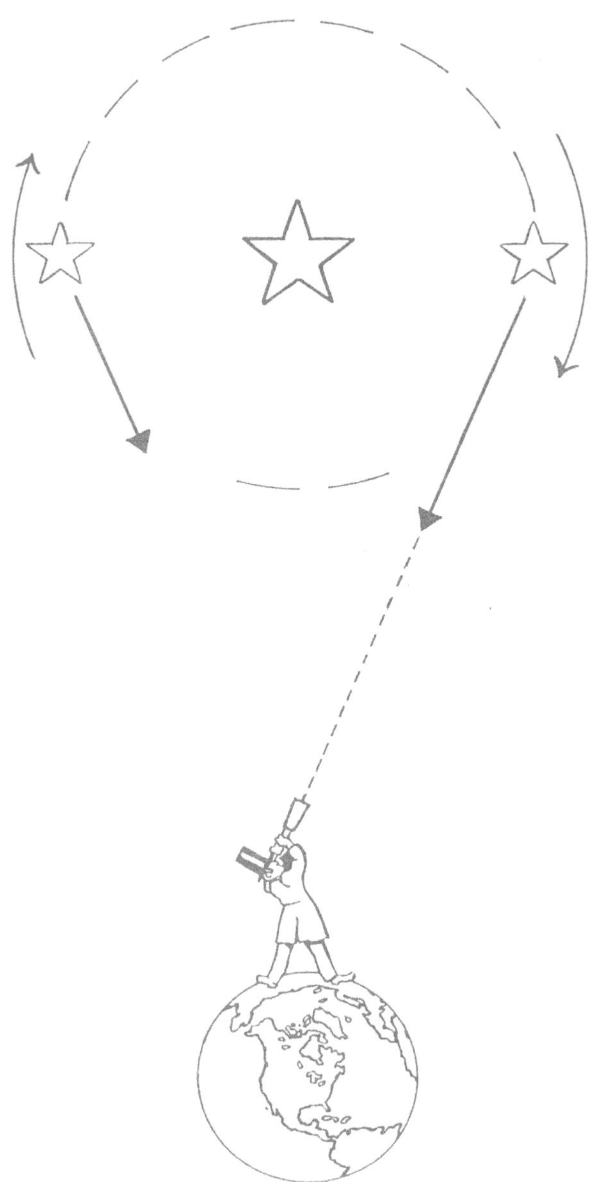

Lichtblitze von einem umlaufenden Stern

Der kleinere Stern umrundet den größeren gewöhnlich mit einer Geschwindigkeit von einigen zig Kilometern pro Sekunde. Nehmen wir nun an, das Licht habe Teilchencharakter. Aus dem Teil seiner Umlaufbahn, in dem sich der Stern von uns entfernt, müßte sich sein Licht dann (allerdings nur um ein Zehntausendstel) langsamer auf uns zu bewegen. Entsprechend müßte sein Licht aus dem Teil seiner Bahn, in dem er sich zu uns her bewegt, etwas schneller auf uns zukommen.

Je mehr Jahre das Licht bis zu uns unterwegs ist, desto größer müßte der Unterschied der in derselben Zeit zurückgelegten Strecken werden, der auf die geringe Geschwindigkeitsdifferenz zurückzuführen ist. Also müßte das Licht von der ‚Her'-Seite früher bei uns eintreffen und das von der ‚Weg'-Seite später. Die *scheinbare* Bewegung, die wir dann sähen, entspräche nicht den Newtonschen Umlaufbahnen."

Ich resümierte: „Aha! So konnte man die Teilchenhypothese eindeutig widerlegen, und das Licht muß Wellencharakter aufweisen."

Mycroft nickte. „Diese Folgerung wurde allgemein akzeptiert, bis die Ergebnisse eines neuen Versuchs auch ihr widersprachen. Man weiß, daß die Erde mit ungefähr dreißig Kilometern pro Sekunde die Sonne umrundet. Nehmen wir nun an, man mißt die Lichtgeschwindigkeit in einer bestimmten Richtung an irgendeinem Punkt der Umlaufbahn, sagen wir, im Frühjahr. Dann wiederholt man den Versuch sechs Monate später, im Herbst."

Er erstellte eine weitere Skizze, ähnlich dieser:

Das Äthermeer: mit der Strömung und gegen sie

„Wir wissen nicht, wie schnell sich die Sonne – wenn überhaupt – durch den Äther bewegt. Aber wir wissen, daß sich die Geschwindigkeit der Erde durch den Äther um bis zu sechzig Kilometer je Sekunde verändern muß, während sie die Sonne umrundet. Diese Änderung ist keinesfalls vernachlässigbar.

Man erwartete nun, daß sich die Lichtgeschwindigkeit in der Apparatur änderte, während sich die Geschwindigkeit der Erde relativ zum Äther änderte. So hoffte man aus den geringen Unterschieden der Lichtgeschwindigkeit die Existenz und auch die Bewegungsrichtung des Äthers ermitteln zu können."

Ich muß ihn wohl etwas verdutzt angesehen haben, denn er fuhr fort:

„Wirklich, Doktor, es ist genau derselbe Versuch wie der von Sherlock mit dem Zug. Er ist nur ein bißchen schwieriger, weil wir unseren Planeten weder beschleunigen noch abbremsen können wie einen Eisenbahnzug."

„Und was fand man heraus?" fragte ich.

„Die Lichtgeschwindigkeit war bei allen Messungen tatsächlich dieselbe."

So langsam schwirrte mir der Kopf. „Also gibt es keinen Effekt, der auf eine Ätherströmung zurückzuführen wäre. Eben sagten Sie noch, daß sich Licht nicht wie Teilchen verhält, und nun erklären Sie, es sei auch keine Welle im Äther. – Was ist es denn nun?"

Mycroft lächelte. „So langsam erkennen Sie das Problem, Doktor. Bisher konnte man sich nur eine Lösung des Dilemmas denken: Es ist eine Ätherwelle, aber der Äther, der im Grunde substanzlos ist, wird mit jeder Bewegung der Materie, die er durchdringt, mitgerissen, beispielsweise von der Erde und ihrer Atmosphäre. Deshalb können wir keine Effekte einer Ätherströmung wahrnehmen. Aber es erscheint nicht plausibel, daß der Äther sich bewegt. Dadurch würden die Lichtwellen abgelenkt, und die Sternbilder erschienen uns in unterschiedlicher Weise verzerrt, je nach der Stellung der Erde auf ihrer Bahn um die Sonne – ähnlich wie sich die Landschaft ständig zu verändern scheint, wenn die Fensterscheiben eines fahrenden Zuges nicht ganz eben sind. Man beobachtet aber keine derartigen Anomalien."

Mycroft schien sich in eine fast komische Ernsthaftigkeit hineinzusteigern. Ich konnte die ganze Angelegenheit allerdings nicht so ernst nehmen.

„Ich bin sicher, daß man das Problem lösen wird, sobald man noch raffiniertere Experimente durchführen kann", meinte ich.

Mycroft schüttelte den Kopf. „Nein, Doktor, das Problem besteht nicht in unzulänglichen Daten, sondern im mangelhaften Verständnis: Wir sind derzeit unfähig, die bereits vorhandenen Daten schlüssig zu interpretieren."

Ich versuchte, mir irgendeine intelligente Bemerkung dazu einfallen zu lassen, doch ich war geradezu erschlagen. Daher wollte ich das Gespräch auf ein anderes Thema bringen, aber selbst dazu war ich zu gehemmt: Angesichts seiner geistigen Größe würde Mycroft jegliche höfliche Konversation mit mir sicher als sehr banal empfinden. Dann fiel mein Blick auf die aktuelle Ausgabe der Morgenzeitung. Sie enthielt auf der letzten Seite, unter dem Kreuzworträtsel, einige Denksportaufgaben: logische Rätsel, mit denen ich mir während der Zugfahrt die Zeit vertrieben hatte. Ich fand sie völlig verwirrend, aber vielleicht würde Mycroft sich ein Weilchen damit unterhalten können, sie zu lösen. Wenn auch er Schwierigkeiten damit hätte, wäre mir das kein geringer Trost.

Ich nahm die Zeitung zur Hand. „Was sagen Sie dazu? Ein Junge wurde von einem Brauereipferd niedergerannt und schwer verletzt. Man schaffte ihn umgehend ins Hospital, wo er sogleich in den Operationssaal gebracht wurde.

Der leitende Chirurg nahm das Skalpell, blickte kurz auf den Patienten und erschrak: ‚Ich kann ihn nicht operieren; das ist mein Sohn!' Und nun kommt das Rätsel: *Der Chirurg ist nicht der Vater des Jungen*."

Mycroft lächelte überlegen, was mich ziemlich kränkte. Ich hatte eine Stunde lang über diese Frage nachgedacht, hatte alle möglichen, auch ausgefallenen Möglichkeiten erwogen – Scheidung, Adoption und so weiter –, konnte aber keine mit den gegebenen Tatsachen vereinbaren.

„Ich nehme an, daß hier irgendein Wortspiel vorliegt", sagte ich leicht gereizt.

Mycroft schüttelte den Kopf, noch immer ganz amüsiert. „Nein, es ist ganz bestimmt kein Wortspiel, mein lieber Doktor. Die Geschichte ist im Gegenteil völlig plausibel. Übrigens wundert es mich, daß nicht noch viel mehr Leute umgefahren werden, wenn man bedenkt, daß die Bierkutscher jedesmal zwei oder drei Glas Bier für die Anlieferung bekommen."

Als er in mein Gesicht sah, wurde er wieder sachlich. „Ich versichere Ihnen, Doktor, die Lösung des Rätsels ist einleuchtend. Was Sie hindert, sie zu finden, ist eine einfache Annahme. Aber Sie werden nicht die leichteste Schwierigkeit dabei haben, die Antwort zu akzeptieren, und zwar nur, weil Ihnen die Annahme als so selbstverständlich erscheint, daß sie Ihnen nicht bewußt war und daß Sie auch nicht darüber nachgedacht haben.

Ich will Ihnen einen Tip geben. Fünfzig Jahre später oder in einem fortschrittlicheren Land wie den Vereinigten Staaten mag die Antwort so trivial sein, daß man kaum verstehen wird, worin das Rätsel bestehen soll."

Er hielt einige Sekunden inne und sagte dann einfach: „Der Chirurg ist nicht der Vater des Jungen, sondern –"

„– seine Mutter!"

„Genau. Wegen Ihrer medizinischen Erfahrung setzten Sie implizit voraus, daß ein Chirurg männlich ist – obwohl Sie sich die Alternative durchaus vorstellen können. Es sind immer die *impliziten* Annahmen, die uns straucheln lassen."

Ich griff erneut zur Zeitung. Sie enthielt jeden Tag zwei Rätsel, und Mycroft hatte nur das einfachere der beiden heutigen gelöst; das andere war noch viel schwieriger.

„Versuchen Sie einmal dieses. Ein exzentrischer Graf hatte es niemals lernen müssen oder wollen, die Uhrzeit abzulesen. Wenn er wissen will, wie spät es ist, fragt er immer seinen Butler. Und wenn er unterwegs ist, ruft er ihn deswegen an, anstatt andere seine Unkenntnis merken zu lassen.

Er fragte also wieder einmal: ,Fanshaw, wie spät ist es? – Genau sechs Uhr? Danke sehr', und legte den Hörer auf. Aber sein Gastgeber hatte mitgehört und sagte: ,Nein, es ist sieben Uhr'."

Ich machte zur besseren Wirkung eine Kunstpause. „Das Rätsel besteht darin, daß *sowohl der Gastgeber als auch der Butler recht hatten.* Wie, in aller Welt, kann das sein?"

Mycroft nickte. „Wieder liegt eine Annahme zugrunde, Doktor, und auch hier wird die Antwort vielleicht in fünfzig Jahren jedem einigermaßen intelligenten Menschen sofort klar sein. Aber heute ist sie nicht so offensichtlich.

Sie wissen natürlich, daß England und Australien auf der Erdkugel einander fast gegenüber liegen. Haben wir Mittag, dann ist es dort etwa Mitternacht. Die Sonne geht an verschiedenen Längengraden natürlich zu unterschiedlichen Zeiten auf, aber man stellt die Uhren in jedem Land so ein, daß es Mittag ist, wenn die Sonne – zumindest ungefähr – ihren Zenit erreicht.

Wissen Sie auch, daß schon seit einiger Zeit etliche Telegraphenkabel unter dem Kanal uns mit dem europäischen Kontinent verbinden und daß vor kurzem ein Telephonkabel hinzukam? Nein? Aber es ist so.

Weiterhin ist Ihnen sicher geläufig, daß während einer Schiffsreise beispielsweise nach Frankreich die Stewards herumgehen und die Passagiere daran erinnern, ihre Uhren um eine Stunde vorzustellen."

„Ah, jetzt weiß ich! Der Graf war in Frankreich und telephonierte mit dem Butler, der in England geblieben war."

„So ist es." Mycroft fragte dann recht selbstgefällig: „Stehen in Ihrer Zeitung keine raffinierteren Rätsel, Doktor? Nun gut. Es gibt kaum einen Rätselerfinder, der mich wirklich fordern kann."

Ich erkannte jedoch eine Schwachstelle in seinem Panzer.

„Aber ich kann mir einen vorstellen!"

„Wer sollte das sein?"

„Nun, der Schöpfer unseres Universums. Sein kleines Rätsel hinsichtlich der Lichtgeschwindigkeit hat Sie ja doch verwirrt. Auch hier waren es einfache Annahmen, die Sie leider zu hinterfragen versäumten."

„Touché, Doktor!"

Mycroft wirkte auf einmal sehr nachdenklich. Sein Mund stand halb offen, und er trommelte mit den Fingern auf die Armlehne. Dann erstarrte er, und seine Augen blickten ausdruckslos in die Ferne.

Als er einige Minuten lang so verharrt hatte, wurde mir immer unbehaglicher. Würde man mich dafür verantwortlich machen, daß einer der klügsten Männer Londons in Trance verfallen war? Ich war sehr erleichtert, als ich den vertrauten Schritt von Sherlock Holmes im Treppenhaus hörte. Als er hereinkam, schien Mycroft wieder ins Leben zurückzukehren.

„Mein lieber Sherlock! Doktor Watson erzählte mir von deiner Idee eines Experiments im fahrenden Zug. Ich kann dir dafür kaum genug danken."

„Wirklich? Ich dachte, ähnliche Versuche seien schon vor längerer Zeit durchgeführt worden; alles schien geklärt."

„O ja, sie wurden ausgeführt. Der Geniestreich liegt darin, sie in den vertrauteren Zusammenhang mit einem Eisenbahnzug zu

bringen. Und ich bin dem lieben Doktor sehr dankbar. Er vermag
das Gespräch so zu führen, daß die Gedanken in neue und viel-
versprechende Richtungen gelenkt werden, selbst wenn man zu
Beginn nicht richtig liegt. Ich glaube wirklich, daß er mich gerade
in die Lage versetzte, eines der bedeutendsten wissenschaftlichen
Rätsel zu lösen, denen ich mich je gegenübersah."

Er fertigte folgende Skizze an:

Lichtsignale an die Lokführer

„Hier ist das Wesentliche herausgestellt. Die beiden Eisen-
bahnzüge sind identisch. Wir stellen sie zunächst nebeneinander,
um zu überprüfen, daß sie genau die gleiche Länge haben. Dann
geben wir jeweils dem Wächter am Ende des Zuges eine Signal-
lampe und dem Lokführer – oder besser Beobachter – vorn im
Zug eine Stoppuhr. Mit ihr kann er sehr genau den Zeitpunkt
bestimmen, zu dem ihn ein Signal oder Blitz erreicht. Der Einfachheit halber soll jeder Zug genau eine sogenannte Lichtsekunde lang sein, also so lang wie die Strecke, die das Licht in einer
Sekunde zurücklegt."

„Das sind wahrlich lange Züge – dreihunderttausend Kilometer lang!" entfuhr es mir.

Mycroft lächelte. „Das ist der Vorteil von Gedankenexperi-
menten, Doktor: Man muß sich bei der Ausstattung in keiner Weise einschränken. Nun, wir stellen unsere zwei Züge auf parallele
Gleise nebeneinander. Der eine bleibt stehen, und der andere wird
ein Stück zurückgefahren. Er fährt dann los und zischt am anderen vorbei – sagen wir, mit halber Lichtgeschwindigkeit."

„Da werden die Eisenbahner aber neidisch sein", bemerkte Sherlock trocken.

Mycroft ignorierte den Einwurf. „Zu einem bestimmten Zeitpunkt wird die Lampe im fahrenden Zug gerade exakt neben der des stehenden Zuges sein, so wie es hier aufgezeichnet ist. Genau in diesem Moment wird von einer der beiden Lampen ein Lichtsignal abgegeben –"

Ich meinte zu bemerken, wie sich hier eine Unklarheit in die Argumentation einschlich. „Wird es von der Lampe im ruhenden oder von der im fahrenden Zug ausgesandt?" fragte ich nach.

„Das spielt keine Rolle, Doktor. Aber wenn es Ihnen lieber ist, verwenden wir eine blaue Lampe im fahrenden Zug und eine rote im stehenden; außerdem lassen wir beide Lampen gleichzeitig aufleuchten. Ungeachtet der Bewegung des einen Zuges werden sich die beiden Lichtsignale gemeinsam mit derselben Geschwindigkeit fortbewegen. Ein Beobachter – gleichgültig, wo er steht und wie schnell er sich bewegt – wird das blaue und das rote Signal gleichzeitig wahrnehmen. Das ist experimentell gesichert.

Nun fragen wir unsere beiden Beobachter mit den Stoppuhren, wieviel Zeit die beiden Lichtsignale benötigten, um zu ihnen zu gelangen. Der Beobachter im stehenden Zug sagt: ‚Genau eine Sekunde.' Und der im fahrenden Zug berichtet ebenfalls: ‚Genau eine Sekunde.'"

Vor Staunen stand mir der Mund offen. „Aber das ist völlig unmöglich!" rief ich aus.

Mycroft nickte zufrieden. „Sie erkennen zumindest den Schrecken des Paradoxons, Doktor. Aber genau so sind die Meßergebnisse. Allerdings beinhalten meine Ausführungen einige implizite und unbewiesene Annahmen. Den entscheidenden Fingerzeig, Sherlock, gaben mir die Rätsel, die Doktor Watson gelesen hatte.

Hier liegen zumindest zwei derartige Annahmen vor. Erstens: Die Zeit vergeht für alle Beobachter gleich schnell; zweitens: Der Abstand ist für alle Beobachter gleich lang.

Versuchen wir einmal, unsere gewohnten Vorurteile beiseite zu lassen. Wie kann dann das gerade beschriebene Ergebnis zustande kommen? – Nun, sehr einfach: indem der fahrende Zug kürzer geworden ist, oder, andersherum betrachtet, indem die Zeit im fahrenden Zug langsamer vergeht. Es könnten auch beide Möglichkeiten zugleich eintreten."

„Aber das ist absurd; es widerspricht jeglicher Erfahrung!" entfuhr es mir. Mycroft schüttelte den Kopf. „Lediglich Ihrer eigenen, sehr beschränkten und örtlich stark begrenzten Erfahrung, Doktor", entgegnete er. „Wenn Sie sich Ihr ganzes Leben lang an einem einzigen Ort auf der Welt aufhalten, dann leben Sie in einer flachen Welt, in der die Tageszeit für alle Einwohner dieselbe ist, in der die Schwerkraft stets denselben Betrag und dieselbe Richtung hat und in der schließlich der Boden unter Ihren Füßen fest ist und ruht.

Wenn Sie aber weite Reisen unternehmen, werden Sie feststellen, daß nichts davon zutrifft. Die Erde ist rund, die Tageszeit hängt davon ab, wo Sie sich auf der Erdkugel befinden, und die Schwerkraft ist im Hochgebirge geringer als auf Meereshöhe. Die Erde dreht sich um ihre Achse und umrundet außerdem die Sonne. Das vollständigere Bild enthüllt sich Ihnen nur, wenn Sie weit herumkommen und wenn Sie lernen, Ihre Umgebung auf genauere Weise zu beobachten, als es Ihnen Ihre fünf Sinne gewöhnlich erlauben.

Diese erweiterte Perspektive ist erst wenige Jahrhunderte alt. Und auch heute noch sind unsere Meßinstrumente zu grob und unsere Reisen zu begrenzt. Wie viele ‚universelle Konstanten' werden sich wohl noch als Variablen herausstellen, wenn unsere Reisen nur weit und schnell genug sind?

Die Kontraktion des Raumes und die Dilatation der Zeit, die ich hier behaupte, ist bei den Geschwindigkeiten, die der Mensch heutzutage realisieren kann, stets äußerst geringfügig, so daß wir sie mit unseren Sinnen nicht wahrnehmen können. Aber lassen Sie mich mit meinem imaginären Experiment fortfahren. Vielleicht können wir noch Genaueres sagen.

Wir haben unterstellt, daß im fahrenden Zug entweder die Zeit langsamer vergeht oder daß seine Länge kleiner ist oder daß beides eintritt. Ob wir wohl entscheiden können, welche der drei Möglichkeiten die richtige ist?

Wir müssen auch annehmen, daß aus der Sicht des Beobachters im fahrenden Zug die Länge des stehenden Zuges geschrumpft ist und daß die Uhr des stehenden Beobachters langsamer geht. Wenn es keinen Äther gibt, kann es auch keinen absoluten Stillstand geben, so daß die Perspektiven beider Beobachter auf den Zügen jeweils ihre Berechtigung haben. Das ist ein entscheidender Aspekt! Nennen wir ihn das Relativitätsprinzip.

Zudem müssen wir beachten, daß sich die Breiten der beiden Züge nicht verändern. Wäre der fahrende Zug nämlich auch seitlich geschrumpft, dann hätte er im stehenden Zug Platz, wie in einem Tunnel. Und vom Standpunkt des fahrenden Beobachters aus würde der stehende Zug in seinen Zug hineinpassen. Dann läge eindeutig ein Widerspruch vor."

Mycroft nahm ein neues Blatt Papier und fertigte eine weitere Skizze an; sie ist auf der nächsten Seite wiedergegeben.

Dann nahm er den Faden wieder auf: „Nehmen wir an, an einer Seitenwand im fahrenden Zug hänge ein Spiegel, genau gegenüber von einem Fenster."

„Ich glaube", warf ich ein, „daß es so etwas im Zug der Königsfamilie gibt." Vor kurzem waren nämlich einige derartige Photos veröffentlicht worden. Im zugehörigen Artikel hieß es, ein berühmter Innenarchitekt habe die Gestaltung des Salonwagens übernommen.

Mycroft ging darüber hinweg. „Stellen Sie sich vor, wir stehen mit einem Blitzlicht auf dem Bahnsteig und haben folgendes vor: Wir wollen einen Lichtblitz so durch das Fenster schicken, daß er trotz der Bewegung des Zuges den Spiegel an der gegenüberliegenden Wand trifft, von ihm so reflektiert wird, daß er durch dasselbe Fenster wieder den Waggon verläßt und ein Stückchen weiter auf dem Bahnsteig zu sehen ist."

„Oh, ein vergleichbares Spiel kenne ich aus meiner Jugend!" unterbrach ich wieder. „Wir warfen kurz nach dem Aussteigen einen Gummiball schräg durch das Fenster des Schülerzuges, gleich nachdem er wieder angefahren war. Dabei mußten wir so zielen, daß der Ball auch wieder heraussprang. Wer schlecht zielte, verlor seinen Ball – es sei denn, ein toleranter Passagier hatte Mitleid und –"

Mycroft ließ sich nicht ablenken: „Es fehlen nur noch ein paar Maßangaben in unserer Skizze."

„Ich fürchte, die Mathematik ist mir zu hoch", beschwerte ich mich und stand auf. „Ich bin sicher, Sie werden mich entschuldigen. Mir fiel gerade ein –"

„Ich hatte Watson versprochen, ihn niemals mit Mathematik zu behelligen, wie anspruchsvoll das Sujet auch sein mag", erklärte Sherlock Holmes lächelnd.

Mycroft blickt mich streng an. „Hatten Sie auch den Satz des Pythagoras über rechtwinklige Dreiecke nicht verstanden?"

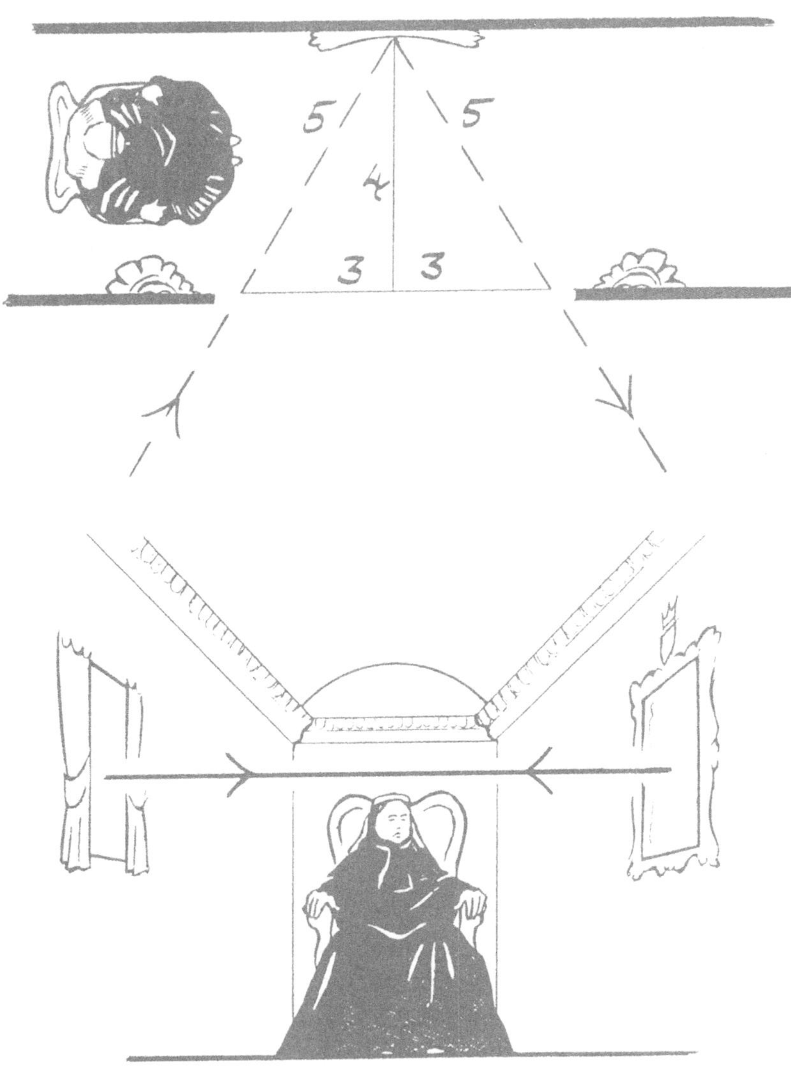

Der Weg einer Lichtwelle, von verschiedenen Standpunkten aus gesehen

„Das ist nun gerade der einzige Lehrsatz, den ich aus der Schulmathematik noch behalten habe und den ich sogar verstanden hatte", gab ich zu.

„Nun, mehr an Mathematik brauchen wir hier nicht. Angenommen, der Zug ist vier Meter breit. Wir lenken den Lichtblitz in einem solchen Winkel in den Waggon, daß sein Weg vom Fenster bis zum Spiegel an der anderen Wand genau fünf Meter lang ist. Dann hat er, bis er durch das Fenster wieder austritt, zehn Meter zurückgelegt.

Weiter nehmen wir an, der Zug fahre mit sechs Zehnteln der Lichtgeschwindigkeit. Also wird er, solange sich unser Lichtblitz im Waggon befindet, sich um sechs Meter weiterbewegen: um drei Meter, während der Blitz vom Fenster zum Spiegel unterwegs ist, und um weitere drei Meter während dessen Rückweg."

Er vermerkte die entsprechenden Zahlen in der Skizze.

„Oh, das ist ja gerade ein Dreieck mit den Seitenlängen drei, vier und fünf Meter", sagte ich. „Und drei im Quadrat plus vier im Quadrat macht neun plus sechzehn, also fünfundzwanzig, und das ist gleich fünf im Quadrat. So muß es beim rechtwinkligen Dreieck auch sein. Wie schön, daß die Zahlen so glücklich herauskommen."

„Bemerkenswert günstig für dich, Mycroft", meinte Sherlock Holmes lächelnd. „Ich denke, du wirst uns jetzt verraten, wie Ihre Majestät im Salonwagen den Streich unseres jungen Watson mit seinem Gummiball wahrnimmt."

„Es wäre mir nicht einmal im Traum eingefallen –", protestierte ich.

„So ist es, Sherlock", antwortete Mycroft. „Sie sieht einen Lichtstrahl hereinkommen, der den Waggon rechtwinklig kreuzt, ebenso vom Spiegel reflektiert wird und den Waggon genau am gleichen Punkt wieder verläßt, an dem er eintraf. Der Lichtstrahl hat den Waggon auf dem jeweils kürzestmöglichen Weg zweimal durchquert, also insgesamt acht Meter zurückgelegt."

„In der Zeit, in der das Licht für uns zehn Meter zurückgelegt hat, sah Ihre Majestät einen Gesamtweg von acht Metern", resümierte Sherlock, wobei er nachdenklich die Stirn runzelte. „Und weil die Lichtgeschwindigkeit für alle Beobachter stets dieselbe ist, müssen wir folgern, daß die Zeit bei einem Reisetempo von sechzig Prozent der Lichtgeschwindigkeit um zwanzig Prozent langsamer vergeht als gewöhnlich!"

„Sehr gut, Sherlock. Für diejenigen, die sich vor Pythagoras nicht fürchten, kann ich auch die allgemeine Formel dafür aufschreiben. Werden die Notizen auf der Tafel noch gebraucht?"

Er stand auf und ging zu der kleinen Tafel, die an der Schmalseite des Zimmers hing. Auf ihr hinterließ Sherlock zuweilen Mitteilungen für mich oder für Mrs. Hudson.

Sherlock Holmes zögerte. „Einen Moment bitte – der Palmerson-Giftmord – ja, der Fall ist nicht mehr aktuell. Bitte mach weiter, Mycroft."

Mycroft putzte die Tafel und schrieb eine Formelzeile darauf; das war die erste Zeile der Formel, die hier auf Seite 169 wiedergegeben ist.

„Diese Gleichung gibt an, wie schnell die Zeit in Abhängigkeit von der Bewegungsgeschwindigkeit vergeht", erläuterte er.

Dann überlegte er einen Moment. „Wenn die Lichtgeschwindigkeit allen Beobachtern gleich erscheint, dann muß die Länge im selben Verhältnis kontrahiert erscheinen." Er schrieb die zweite Formelzeile auf die Tafel.

Ich bemühte mich, den Sinn der Gleichungen zu ergründen. „Sie meinen, wenn ich auf dem Bahnsteig stehe und einen dermaßen schnellen Zug an mir vorbeifahren sähe, dann erschiene er mir verkürzt, und die Reisenden darin bewegten sich nur sehr gemächlich?"

Mycroft nickte. „Genau so ist es, Doktor. Derselbe Effekt tritt auch bei allen normalen Zügen auf; doch ist er hier so geringfügig, daß wir ihn weder mit unseren Sinnen noch mit den empfindlichsten Meßgeräten erfassen können. Sie könnten tatsächlich –"

In diesem Moment klopfte jemand energisch an die Tür. Sherlock Holmes lächelte.

„Ich glaube zu wissen, wer das ist", sagte er. „Als ich im Club eintraf, Mycroft, sagte man mir, die Professoren Challenger und Summerlee würden dort in Kürze erwartet. Ich nahm an, du würdest dich hierher verdrücken. So erlaubte ich mir, ihnen ausrichten zu lassen, daß sie uns hier aufsuchen könnten. Ich meine, wenn du ihr Problem schon nicht lösen konntest, dann gebietet es die Höflichkeit, ihnen das persönlich zu sagen.

Zwar ist der Welle-Teilchen-Disput noch nicht entschieden, aber du hast immerhin bewiesen, daß sich Licht weder wie eine normale Welle noch wie irgendein gewöhnliches Teilchen verhält. Ich überlasse es dir, ob du den Professoren sagst, sie hätten beide unrecht, oder ob du sagst, sie hätten beide recht. Ersteres käme der Wahrheit näher, letzteres wäre vielleicht angebrachter – wenn ich daran denke, daß deine Trommelfelle oder meine Möbel dann eher geschont würden.

Watson und ich, wir wären natürlich gern bereit, dir zu assistieren, aber wir haben leider eine Verabredung, die wir kaum ausschlagen können – kein Wort, Watson! –, und wir sind auch schon ein wenig spät dran. Ah, willkommen, Professor – Professor! Sie kennen meinen Bruder Mycroft? Ich werde Mrs. Hudson bitten, Tee und Kekse zu bringen. Und nun wünsche ich Ihnen einen recht guten Tag."

„Ist Ihr Bruder nicht ein wenig überspannt?" fragte ich, als ich mit Holmes zu *Simpson's* ging. „Man stelle sich vor: Raum und Zeit grob zu verzerren, um etwas zu erklären, das in Wirklichkeit eine winzige Abweichung ist, die nur bei extrem genauen Messungen wahrnehmbar sein kann!"

Sherlock Holmes lächelte. „Mein guter Watson, Sie hätten die Beweise gern direkt und unverkennbar. Um Ihnen zu beweisen, daß hier ein Elefant sein Unwesen treibt, müßte ich nicht nur seine Fußspuren zeigen, sondern Ihnen einen grauen Koloß mit Rüssel und Schlappohren vorführen, am besten in unmittelbarer Nähe, zum Anfassen. Zuweilen ist es wirklich schwieriger, Sie zu täuschen als die scharfsinnigsten Menschen.

Ich glaube aber, wir werden zur rechten Zeit eindeutige Beweise finden. In den nächsten hundert Jahren werden die kühnen Träume von Jules Verne und H. G. Wells wahr werden, und phantastische, von Menschenhand erbaute Flugkörper werden den Himmel bevölkern. Wenn sie sehr exakte Uhren an Bord haben, wird man die Verzerrung von Raum und Zeit direkt und unwiderlegbar beweisen können.

Bis dahin, Watson – glauben Sie eigentlich, daß es Australien wirklich gibt? Ja? Aber Sie waren doch noch gar nicht da! Und wie ist es mit dem magnetischen Nordpol? Und mit der Rückseite des Mondes? Sie dürfen noch hoffen. Aber achten Sie auf die Kutsche hinter Ihnen, sonst wird Ihnen deren Existenz nicht nur unwiderlegbar, sondern auch schmerzhaft bewiesen!"

6. Drei Fälle von familiärer Eifersucht

Nachdem sie höflich angeklopft hatte, brachte Mrs. Hudsons Tochter Angela die Zeitungen herein, die wir morgens zu lesen pflegten, und legte sie neben unser Frühstück auf den Tisch. Dann zog sie sich mit einem Knicks zurück.

Sherlock Holmes blätterte die Zeitungen mit einer Hand durch, während er weiter sein Toastbrot mit Marmelade aß.

„Eine recht magere Ausbeute, Watson. Normalerweise kehrt der Chefredakteur um diese Zeit gut erholt von seinem Urlaub an den Schreibtisch zurück. Damit hat die Sauregurkenzeit normalerweise ihr Ende. Ich hatte wirklich einige etwas aufschlußreichere Artikel erwartet.

,Ungewöhnlich große Hitze bringt in Devon eine frühe Ernte', ,Wal in Brighton gestrandet', ,Prinz Wilhelm trifft die Königin in Balmoral' – alles belanglos! Aber was haben wir denn da?"

Er hielt die Titelseite der *Times* hoch. Normalerweise war sie makellos gestaltet, zeigte diesmal aber Anzeichen dafür, daß sie hektisch überarbeitet worden war. Mehrere Spalten mit Nachrichten, die gewöhnlich über dem Impressum standen, waren offenbar entfernt worden, und in dem so entstandenen Freiraum stand ein schiefer Textblock unter einer schlecht plazierten Überschrift.

„Die Nachrichtenredaktion war ganz offensichtlich in Hektik, Watson. Der Alptraum eines jeden Chefs vom Dienst: eine Nachricht, die zu lang und zu wichtig für den Platz ist, der für allerletzte Meldungen üblicherweise freigehalten wird, und die außerdem so spät eintrifft, daß die Druckmaschine wieder angehalten werden muß. Dann muß ein Artikel entfernt und in fliegender Hast der neue eingesetzt werden. Das erkennt man hier an den ungewöhnlich vielen Rechtschreibfehlern. Was mag wohl geschehen sein, daß bei einer so renommierten Zeitung derartige Fehler vorkommen?"

Er las den Artikel, und sein Gesicht wurde dabei immer ernster. Dann reichte er mir die Zeitung.

„Das ist ja noch schlimmer, als ich dachte, Watson! Es ist keine Eintagsfliege wie bei den meisten Schlagzeilen, sondern es könnten sich schwerwiegende Probleme für ganz Europa ergeben. Mein Bruder Mycroft wird heute schon früh in seinem Büro im Außenministerium erschienen sein, um die Aufgeregtheit zu dämpfen. Und wenn mich nicht alles täuscht, wird er bald nachfragen, ob wir ihn aufsuchen könnten. Sehen Sie doch bitte mal, wie Sie den Artikel verstehen, Watson."

Ich las den Artikel laut vor, wobei ich einige kleinere Fehler in Grammatik und Interpunktion berichtigte.

„Thronfolgeproblem auf dem Kontinent. Ullman der Zweite, seit dreißig Jahren Monarch von Crolgarien, starb gestern infolge eines Reitunfalls auf der Jagd. Sein Pferd warf ihn ab, und er erlitt einen unmittelbar tödlichen Genickbruch. Man kennt den Grund für das Verhalten des Pferdes nicht, doch wird eine gezielte Einflußnahme Dritter nicht vermutet.

Der Kronprinz und seine Gattin kehrten zur selben Zeit mit dem königlichen Zug aus der Sommerfrische am Schwarzen Meer zurück. Ranghohe Höflinge warteten in der Hauptstadt auf das Eintreffen des Zuges. Rund eine Stunde vor der geplanten Ankunft ereignete sich im Zug eine zweifache Explosion, wobei der Kronprinz und seine Gemahlin sofort getötet wurden. Sie befanden sich ganz vorn bzw. ganz hinten im Zug, so daß ein Unfall praktisch auszuschließen ist.

Es ist unklar, wessen Anspruch auf den vakanten Thron nun vorrangig ist. Die Thronfolge ist in Crolgarien eindeutig geregelt; aber es kommt jetzt darauf an, wer zuerst starb: der Kronprinz oder seine Gemahlin. Starb der Prinz zuerst, dann wird der Bruder seiner Gattin zum Thronfolger. Ging dem Kronprinzen aber seine Gattin im Tode voraus, so besteigt sein jüngerer Bruder den Thron. Solange diese Frage nicht geklärt ist, muß mit erheblichen Spannungen in der Region gerechnet werden."

Ich reichte Holmes die Zeitung zurück.

„Ich kann mir gut vorstellen, daß dies im Außenministerium einige Aufregung verursacht. Aber wie könnte man Sie hier einbeziehen?"

„Der beste Weg, die Krise einzudämmen, ist sicher, sofort und mit Gewißheit den oder die Attentäter zu finden, die den Prinzen und seine Gattin töteten", entgegnete Holmes. „Und natürlich muß man ermitteln, ob der Tod des Königs wirklich ein Unfall war. Die Polizei von Crolgarien ist für derartige Untersuchungen kaum angemessen ausgerüstet. Sie könnte bei Scotland Yard um

Unterstützung ersuchen, aber das brächte diplomatische Peinlichkeiten mit sich. Weit besser wäre es also, eine sozusagen inoffizielle Person zu entsenden, die weitgehend unbemerkt eintreffen und nachforschen kann, während sie in der Botschaft wohnt. Ich möchte Mycrofts Aufforderung nicht abwarten, Watson, sondern selbst das Außenministerium aufsuchen. Würden Sie Mrs. Hudson bitten, eine Mietdroschke zu rufen, die auf uns warten soll? Wir beide müssen uns umziehen, denn die Kleiderordnung im Ministerium ist streng. Ich kann wohl schwerlich im Morgenmantel dort erscheinen, und obwohl Sie korrekt gekleidet sind, sollten Sie Frack und Zylinder nehmen, damit wir einen guten Eindruck machen."

Die Mietkutsche fuhr schaukelnd und rumpelnd durch die Baker Street nach Süden und kam dann an der Underground-Station Marble Arch vorbei. Als wir anschließend durch die großartige Park Lane kamen, genoß ich den schönen Ausblick auf den neugestalteten Teich The Serpentine. Mein Begleiter hatte keinen Blick für die Aussicht und starrte mit finsterer Miene ins Leere. Als wir auf dem Constitution Hill am Buckingham-Palast vorbeikamen, sah ich auf ihm die Flagge auf halbmast wehen, als Zeichen der Trauer um einen europäischen Monarchen. Nun kamen wir in eine weniger eindrucksvolle Gegend, fuhren durch den Birdcage Walk, vorbei an den Wellington Barracks. Hier erst rührte sich Holmes und bat den Kutscher, anzuhalten.

„Sehen Sie den Zeitungsverkäufer, Watson? Er hat gerade die neueste Ausgabe erhalten. Die Fleet Street ist nicht weit von hier, so daß die Druckerschwärze wohl noch feucht ist. Mycroft verfügt sicherlich über neueste Meldungen; zeigen wir ihm also, daß auch wir nicht schlafen."

Es war schwierig, beim Schaukeln der Kutsche in der Zeitung zu lesen, die Holmes in Händen hielt. Doch erkannte ich auf der Titelseite eine Zeichnung des Zuges, in dem der Thronfolger und seine Gattin gereist waren.

„Hier erfahren wir Näheres", berichtete Holmes. „Es steht fest, daß sich der Kronprinz im ersten der sieben Waggons aufgehalten hatte, seine Gattin dagegen im letzten. Im mittleren Waggon waren die Räume für die Bediensteten. Offensichtlich waren lange zuvor zwei Bomben mit einem Kabel verbunden worden, über das die Klingeln für das Personal betätigt wurden. Das Kabel verband also den mittleren mit dem letzten und mit dem vordersten Waggon. Der Attentäter hatte die Anschlüsse der Klingeln entfernt und statt dessen einen Schalter mit den beiden Sprengladungen verbunden, die in Ballen aus Schießbaumwolle eingepackt waren.

Es wird sehr schwierig werden, Watson, die Reihenfolge zu bestimmen, in der der Prinz und seine Gattin starben. Es scheint, als hätte man genau dies beabsichtigt! Während der elektrische Impuls vom mittleren Waggon in die beiden anderen gesandt wurde, ergab sich in beiden Richtungen eine äußerst winzige, aber identische Zeitverzögerung vor den Detonationen. Die Schießbaumwolle zündete jeweils augenblicklich, so daß der Kronprinz und seine Gattin im gleichen Moment gestorben sein müssen, also innerhalb derselben Tausendstelsekunde. Damit waren sie sozusagen im Tode so vereinigt, wie sie es im Leben kaum noch gewesen waren."

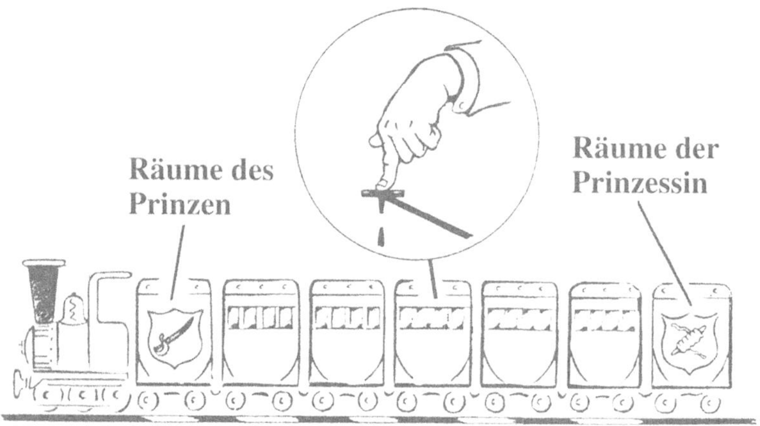

Der Zug mit dem Thronfolger und seiner Gattin

„Ich hatte mich schon darüber gewundert, Holmes, daß das Paar so weit voneinander entfernte Räume im Zug benutzt hatte. Die einzige Möglichkeit, zueinander zu kommen, führte zudem durch den Waggon der Bediensteten. Dadurch wurden diskrete Besuche der Eheleute ja geradezu verhindert."

Holmes seufzte. „Es ist ein offenes Geheimnis, daß die Ehe zu einer reinen Fassade geworden war, Watson. Ich erfuhr zufällig einmal von den Hintergründen. Solche Geschichten haben sich schon oft zugetragen, und sie werden immer wieder vorkommen, solange es Monarchien gibt.

Der Kronprinz erreichte ein mittleres Alter, ohne zu heiraten. Wie zu erwarten, hatte er im Laufe der Zeit zwar Beziehungen zu einigen Frauen gehabt, aber keine von ihnen fand die Billigung des Hofes als Gemahlin des künftigen Königs. Einige seiner Verhältnisse waren sicher nur Tändeleien, aber für eine der Damen scheint er tiefere Gefühle gehegt zu haben. Eine Heirat mit ihr kam jedoch nicht in Frage, und der Prinz wurde recht verbittert.

Schließlich entschied man bei Hofe, daß eine genehme Partnerin für ihn gefunden werden mußte. Das wichtigste Kriterium dabei war sozusagen ein negatives: Sie durfte keine ‚Vergangenheit‘ haben, also zu Männern keine Beziehungen gehabt haben, die man nicht als absolut ‚unschuldig‘ bezeichnen konnte.

Das war am einfachsten dadurch sicherzustellen, daß man eine sehr junge Dame von unter zwanzig wählte. Also arrangierte man ein Zusammentreffen. Das Mädchen war attraktiv, und schon bald wurde die Hochzeit angekündigt.

Die beiden harmonierten sicher nicht besonders gut. Aber wie die Geschichte ihrer Ehe klingt, hängt davon ab, ob man den Freunden des Prinzen oder denen seiner Gattin glaubt. Seine Anhänger behaupten, sie sei stets etwas labil gewesen. Unfähig, ihrem Gatten eine reife, mündige Partnerin zu sein, habe sie sich in rasende Eifersucht hineingesteigert. Schließlich habe sie ihrem Gatten mit Rachsucht und Gehässigkeiten immer mehr zugesetzt. Ihre Freunde dagegen sagen, er sei von Anfang an kühl gewesen und habe sie in keiner Weise unterstützt. Und ohne ihr im mindesten die Achtung entgegenzubringen, die der Gemahlin des künftigen Königs zukommt, habe er sich bald einer anderen Frau zugewandt.“

„Und welcher der beiden ‚Parteien‘ glauben Sie, Holmes?“

„Ich meine, man darf keine Schlußfolgerungen ziehen, wenn man keinerlei Beweise hat. Es ist auf jeden Fall sehr schwierig, die Schuld am Scheitern einer Ehe einem der Partner allein zuzuschreiben, auch wenn man beide gut kennt.

Zumindest wissen Sie nun, warum das Ehepaar auf der Reise getrennt wohnte. Die beiden mußten in den Augen der Öffentlichkeit zusammenbleiben, obwohl sie sich von Herzen verabscheuten. Das war der Grund für die getrennten Räume auch auf einer so kurzen Zugfahrt über Nacht.“

Ich war etwas überrascht: „Ich hatte von dieser Entfremdung noch nichts gehört.“

„Zum Glück für die Würde all derer, die im öffentlichen Leben stehen, halten sich unsere Zeitungen – sogar die Sensationspresse – an die Konvention, über derartige Dinge nicht direkt zu berichten. Ich wollte nicht in einer Welt leben, in der solche Details allzu unbesorgt herumerzählt werden. Erfolg und Ruhm wären dann keine Belohnung, sondern eher eine Art Strafe."

Während Holmes sprach, erreichte der Einspänner die Auffahrt zum Außenministerium. Wir wurden in einen pompösen Empfangssaal geführt, dann in einen kleineren, aber ebenfalls elegant eingerichteten Raum. Schließlich gelangten wir in ein recht bescheidenes Büro, dessen einziger Luxus in bequemen Sesseln bestand. Der riesige Schreibtisch bog sich fast unter der Last der Akten.

Mycroft wies etwas brüsk auf die Sessel, ohne uns Getränke oder Zigarren anzubieten. „Ich freue mich immer, euch beide zu sehen, Sherlock. Aber leider habe ich heute vormittag sehr viel zu tun. Was verschafft mir die Ehre eures Besuches?"

Sherlock Holmes hob die Augenbrauen. „Ich hatte damit eine Vorladung von dir vorweggenommen, Mycroft", entgegnete er.

„Ah, du beziehst dich sicher auf die Geschehnisse in Crolgarien. Ich verstehe. Aber glücklicherweise benötige ich deine Hilfe nicht. Ich konnte das Problem innerhalb von Sekunden lösen."

Sherlock Holmes zweifelte sichtlich. „Wirklich, Mycroft, ich habe größten Respekt vor deinen Fähigkeiten. Aber die politischen Verhältnisse auf dem Balkan sind sehr verwickelt; es gibt dort Dutzende von Splittergruppen, die ein Attentat auf einen der drei Verblichenen geplant haben könnten. Du kannst hier von deinem Schreibtisch in London aus die Details kaum mit der nötigen Sicherheit klären."

Nun war die Reihe an Mycroft, überrascht zu sein. „Du meinst, ich hätte die Mörder überführt? Ich habe keine Ahnung, wer sie sind, und das ist mir – offen gesagt – auch völlig gleichgültig. Ich bezog mich auf das Problem der Thronfolge, also auf die Frage, ob der Kronprinz oder seine Gemahlin zuerst starb."

„Dann mußt du bessere Informationen haben als ich, Mycroft. Der Zeitungsartikel hier, ganz frisch aus der Druckpresse, besagt, daß beide tatsächlich gleichzeitig starben."

Mycroft hob die gleiche Zeitung von seinem Schreibtisch hoch. „Ich arbeite mit denselben Informationen wie du. Danach ist ganz klar, wer zuerst starb."

Mein Freund konnte für einen Augenblick seine Verblüffung nicht überspielen.

„Wirklich, Sherlock, du solltest etwas genauer nachdenken. Die Lösung findet man in genau dem Zweig der Physik, den ich bei unserem letzten Treffen erläutert habe." Mycroft warf sich in die Brust.

„Das Relativitätsprinzip besagt, daß alle Bezugssysteme gleichwertig sind, so daß es keinen Zustand absoluter Ruhe bzw. Unbeweglichkeit geben kann. Deswegen hat es natürlich keinen Sinn zu sagen, zwei Körper befänden sich am selben Ort – außer sie befinden sich gleichzeitig dort."

Ich glaubte, Sherlock bei diesem Streit der beiden Brüder beistehen zu müssen. „Was für ein Unsinn", warf ich hitzig ein, „kürzlich stand ich an dem Gedenkstein, der in der Kathedrale von Canterbury an die Ermordung von Thomas Becket erinnert. Dieses Verbrechen geschah vor gut siebenhundert Jahren, und doch stand ich genau an dem Ort, wo Becket gestorben war. Ich schwöre: Ich spürte, daß sich meine Haare leicht sträubten, wie bei einer gespenstischen Erscheinung."

Mycroft lächelte. „Es kann durchaus sein, daß dieser selbe Ort für andere Beobachter keineswegs derselbe ist", meinte er. „Lassen Sie mich zeigen, was ich meine."

Er zog ein Blatt Papier zu sich heran. Es schien sich um ein Telegramm zu handeln, das mit dem königlichen Wappen verziert war. Er drehte es um und zeichnete auf dem Rücken die Skizze, die hier auf der nächsten Seite wiedergegeben ist.

„Nehmen wir an, zwei Planeten, die um die Sonne rasen, begegnen sich im Weltraum, haben also einen geringeren Abstand voneinander als zu allen anderen Zeitpunkten. Dabei möge der Punkt zehntausend Kilometer über dem Nordpol des einen Planeten – wir bezeichnen ihn einfach als Erde – mit einem Punkt zusammenfallen, der zehntausend Kilometer über dem Südpol des anderen Planeten liegt. Diesen nennen wir Mars. Natürlich kommen sich diese beiden Planeten in Wirklichkeit niemals so nahe; es geht hier nur um die Illustration des Prinzips.

Ein Jahr später bitten wir einen Erdbewohner, uns diesen Punkt zu zeigen. Er weist also auf einen Punkt zehntausend Kilometer über dem Nordpol; aber der Planet Mars ist nun Millionen von Kilometern weit entfernt. Zur selben Zeit bitten wir einen Marsbewohner, uns denselben Punkt zu zeigen. Er zeigt entspre-

chend auf einen Punkt zehntausend Kilometer über seinem Südpol, jedoch Millionen Kilometer von der Erde entfernt. Die beiden
angeblich gleichen Orte liegen somit – je nach der Perspektive des
Beobachters – ganz woanders."

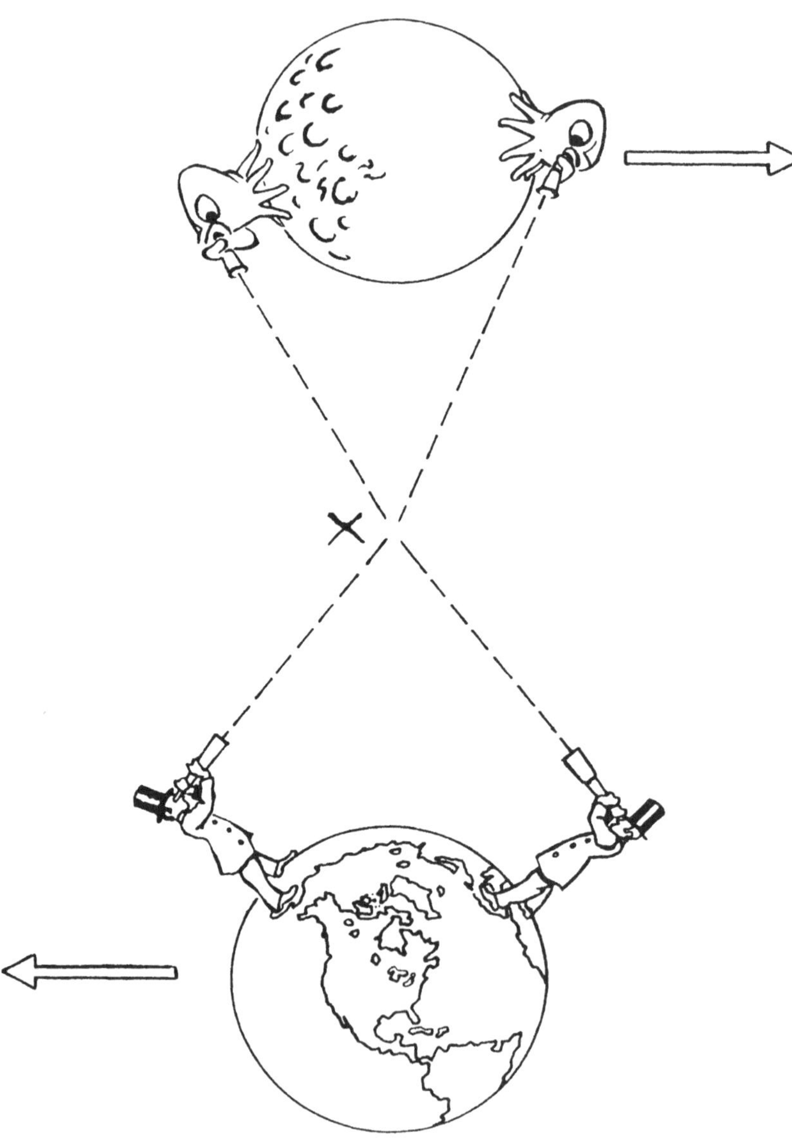

Zwei Planeten begegnen sich

„Das ist ziemlich trivial", meinte ich.

„So ist es! Aber das Relativitätsprinzip besagt, daß wir hier nicht eindeutig einen ‚gleichen Ort' angeben und daher auch nicht allgemein von ‚gleichzeitig' sprechen können.

Betrachten wir den Bediensteten, der den Schalter betätigte und damit – wissentlich oder unwissentlich – das Prinzenpaar tötete.

´Nehmen wir an, er sende mit einer Fackel ein Lichtsignal aus. Dieses Signal bewegt sich dann mit gleicher Geschwindigkeit nach vorn und nach hinten; es erreicht, vom Standpunkt des Bediensteten im Zug aus gesehen, den Prinzen und seine Gemahlin im gleichen Augenblick.

Nun stehe neben den Gleisen ein Mann, der das Signal genau in dem Moment sieht, in dem der Bedienstete an ihm vorbeikommt. Aus der Sicht dieses ruhenden Beobachters wird das Signal, indem es sich von ihm entfernt, den vorderen Waggon einholen. Währenddessen nähert sich ihm der hintere Waggon. Also wird er zweifellos beobachten, daß das Signal zuerst den hinteren Waggon erreicht."

Ein Signal wird an beide Enden des Zuges gesandt

Ich nickte, denn dies erschien mir einleuchtend. Sherlock Holmes war offenbar tief in Gedanken.

„Die Situation wäre übrigens exakt dieselbe, wenn der Beobachter am Bahnsteig und nicht der Bedienstete das Signal aussendete", fuhr Mycroft fort. „Zwei Ereignisse, die dem Bediensteten als gleichzeitig erscheinen, werden vom ruhenden Beobachter neben den Gleisen in einer bestimmten Abfolge wahrgenommen. Nun erfolgten beide Explosionen für die Beobachter im Zug gleichzeitig; also detonierte für uns, sozusagen neben den Gleisen, die Bombe im hinteren Waggon zuerst.

Selbstverständlich hängt die Reihenfolge der Ereignisse vom Bezugssystem des Beobachters ab. Stellen wir uns vor, ein weiterer Beobachter säße in einem Zug, der den des königlichen Paares auf einem Parallelgleis überholt. Von ihm aus gesehen, explodierte der vordere Waggon zuerst."

Mycroft lächelte boshaft. „Dagegen befinden wir uns, mein lieber Sherlock – und jedes Gericht, das hier zu entscheiden hätte –, auf der Erdoberfläche in Ruhe. Und von hier aus betrachtet, starb die Prinzessin vor ihrem Gemahl. Das ist eindeutig so, obwohl die Zeitspanne zwischen den beiden Explosionen nur einen extrem winzigen Bruchteil einer Sekunde ausmacht."

Ich war ein wenig verblüfft, aber Holmes nickte nachdenklich. Er schien zu rechnen, denn seine Lippen bewegten sich stumm. „Aber es geht um eine unvorstellbar kurze Zeitspanne, weil der Zug ja mit normaler Geschwindigkeit fuhr", sagte er schließlich. „Einen Augenblick – es müßte ungefähr ein Zehnbillionstel einer Sekunde sein, oder, wissenschaftlich ausgedrückt, zehn hoch minus dreizehn Sekunden."

Mycroft faltete gütig die Hände.

„Hatte ich erwähnt, daß der Bruder der Prinzessin ein recht schlimmer Mensch ist? Er hat sogar einen Butler umgebracht, weil dieser irgendeinen unbedeutenden Auftrag nicht zur absoluten Zufriedenheit erfüllte. Er kam nur dank seiner Zugehörigkeit zum Königshaus ungeschoren davon. Einige halten ihn gar für wahnsinnig. Er ist als Monarch wirklich ungeeignet. Dagegen ist der Bruder des Prinzen zwar nicht gerade ein Genie, aber er nimmt seine königlichen Pflichten ernst, handelt gewissenhaft und wird sicher nicht mehr Unsinn machen als irgendein zufällig ausgesuchter Normalsterblicher.

Man hat mich gebeten, in dieser Sache zu entscheiden. Es kommt hier überhaupt nicht auf die Zeitspanne zwischen den beiden Todesfällen an, sondern nur darauf, daß ich – angesichts der mir verfügbaren Informationen – nach sorgfältiger Erwägung besten Gewissens sagen kann, daß die Prinzessin zuerst starb."

Er blickte selbstgefällig auf seinen Bruder. Sherlock Holmes nickte; doch ich meinte, es sei wiederum Zeit, ihm zu Hilfe zu kommen und vielleicht auch die Überheblichkeit Mycrofts ein bißchen zu erschüttern.

„Gut, es geht vielleicht um eine unbedeutende Zeitspanne, und zudem war eine im Grunde unwichtige Angelegenheit zu klären", bemerkte ich. „Der Thronfolgestreit erscheint mir als Sturm im Wasserglas. Hier in London ist es kaum von großer Bedeutung, wer da hinten auf dem Balkan den Thron besteigt. Die Ermordung eines Königs hier oder eines Erzherzogs dort haben sicher nicht dieselben Konsequenzen für das Weltgeschehen."

Mit Erstaunen sah ich, wie Mycroft blaß wurde. Er murmelte etwas über den Segen der Blindheit in seinen Bart. Dann schien er sich wieder zu fassen.

„Oh, ich bin heute kein sehr guter Gastgeber. Ich habe ganz vergessen, euch eine Erfrischung anzubieten." Er streckte einen pummeligen Finger zu einem Klingelknopf auf dem Schreibtisch aus, hielt dann aber inne und sah auf seine Uhr.

„Gerade fällt es mir ein, Sherlock, daß ich eine Verabredung zum Lunch habe. Ihr werdet sicher beide gern mitkommen. Inzwischen scheinen die Professoren Challenger und Summerlee meine Fähigkeiten offenbar ein bißchen anzuerkennen, und Summerlee bat um ein Treffen. Wahrscheinlich will er aber keine wissenschaftliche Frage erörtern, sondern irgendein Problem von juristischer Tragweite, das einer seiner Studenten hat. Das fällt bestimmt eher in dein Ressort als in meines. Hast du Zeit? Und Sie, Doktor? – Wunderbar! Wenn wir gemütlich gehen, kommen wir gerade richtig."

Obwohl wir recht gemächlich durch den St.-James-Park schlenderten – Mycroft schätzte körperliche Betätigung offenbar nicht –, erreichten wir das Restaurant im Queen's Walk sogar etwas zu früh. Wir studierten gerade die Speisekarte, als Summerlee eilig hereinkam. Er zog sich einen Stuhl heran und setzte sich, wobei er einen Ober ignorierte, der ihm den Mantel abnehmen wollte.

„Guten Morgen, Mr. Holmes." Er sprach zu Mycroft und nahm von Sherlock und mir keine Notiz.

„Ich bin froh, daß Sie gekommen sind. Sie wissen ja, daß ich außer meinen Lehrverpflichtungen auch meine pädagogischen und zuweilen gar seelsorgerischen Aufgaben gegenüber meinen Studenten sehr ernst nehme – übrigens im Gegensatz zu einigen meiner Kollegen, wie ich hinzufügen möchte."

Ich hörte eine gewisse Gehässigkeit heraus und konnte mich des Eindrucks nicht erwehren, daß er damit Professor Challenger meinte.

„Der junge Mann, um den es geht, ist ein gewisser Alfred Smith. Er studiert bei mir Physik. Er hat einen Zwillingsbruder Arthur, der auch an dieser Universität studiert, allerdings Musik. Bis vor kurzem wußte ich gar nichts von seiner Existenz.

Obwohl die beiden eineiige Zwillinge sind, haben sie recht unterschiedliche Temperamente. Alfred ist der viel abenteuerlustigere und übermütigere der beiden. Er hatte in der Tat einige Schwierigkeiten, sich auf das Studium zu konzentrieren, bei all den Ablenkungen, denen die Jugend ausgesetzt ist. Im vorigen Jahr beantragte er mit meiner Zustimmung ein akademisches Urlaubsjahr. Man sagte mir, daß er es für eine Kreuzfahrt um die Welt nutzen wollte. Diese Reise bescherte ihm vermutlich finanzielle Engpässe, denn seine Eltern waren einige Jahre zuvor verstorben. Zudem ist die Familie nicht wohlhabend, obwohl sie weitläufig mit Lord Uxbridge verwandt ist.

Auf jeden Fall schien ihm die Pause gutgetan zu haben, denn in den letzten Kursen bei mir war er deutlich aufmerksamer, wenn ihm auch merkwürdige Fehler unterliefen.“ Er runzelte kurz die Stirn. „Zweifellos rührten seine Fehler daher, daß er über die mißliche Situation nachgrübelte, in die er geraten war.

Ein paar Wochen zuvor – und zwar gerade, nachdem Alfred nach London zurückgekehrt war – starb Lord Uxbridge völlig unerwartet. Offenbar wurde er in seinem Herrenhaus von Einbrechern ermordet, die aber keine Beute machen konnten.“

„Eine bemerkenswerte Gleichzeitigkeit“, bemerkte Sherlock.

Summerlee zögerte. „Nun, ich wußte natürlich, daß die Polizei Alfred in Verdacht hatte; schließlich ist er wegen eines Überfalls vorbestraft. Er hat ein heftiges Temperament, ganz im Gegensatz zur Sanftmut seines Bruders. Aber mit dem Verbrechen an Lord Uxbridge konnte er nichts zu tun haben, da ich selbst sein Alibi bestätigen konnte. Viele Meilen vom Tatort entfernt, war er bei mir – exakt zur Tatzeit – im Tutorium. Indem ich Sie um Rat bat, habe ich Sie wohl etwas zu mißtrauisch gemacht, Sir.

Bald sickerte durch, daß Lord Uxbridge ein sehr seltsames Testament aufgestellt hatte. Da er keine direkten Nachkommen hat, war er darauf bedacht, daß irgendeiner seiner entfernteren jungen Verwandten das Anwesen erben würde.

Ich sage ‚irgendeiner', weil er vor dem Gedanken zurückschreckte, sein Anwesen könnte aufgeteilt werden. Damit die Möglichkeit bestand, die Familientradition zu bewahren, sollte also ein einzelner erben. Anscheinend hatte der Lord aber unter seinen Großneffen und Großnichten keinen Favoriten dafür, zumindest unter denen, die er gut kannte. Also verfügte er, daß die oder der Älteste dieser Verwandten als Erbe eingesetzt werden sollte. Nun gibt es mehrere Zwillinge in der Familie, und das Testament besagte hierfür ausdrücklich, daß das Anwesen auch in einem solchen Fall nicht aufgeteilt werden dürfte. Vielmehr sollte ermittelt werden, welcher der Zwillinge älter ist, wenn auch nur um eine ganz kurze Zeitspanne. Dieser sollte dann das ganze Anwesen allein erhalten."

Ich war zuversichtlich. „Das sollte sich doch leicht klären lassen", warf ich ein. „Ich habe in meiner Praxis schon bei mehreren Zwillingsgeburten assistiert. Die beiden Zwillinge erblicken natürlich stets nacheinander das Licht der Welt, und manchmal verläßt der zweite erst Stunden später den Mutterleib. Da sollte die Entscheidung hier doch wirklich leicht sein."

„Leider trifft das im Falle von Alfred und Arthur nicht zu, und zwar aus einem außergewöhnlichen Grund –" Summerlee brach ab und blickte aus dem nächstgelegenen Fenster. „Ah, da kommen sie ja gerade. Zumindest gehen sie Seite an Seite spazieren und scheinen sich auch einigermaßen freundlich zu unterhalten."

Er sprach nun schneller. „Die beiden müssen Ihnen den Rest der Geschichte selbst erzählen. Wie Sie sich vorstellen können, belastet das Testament das Verhältnis der beiden ziemlich stark. Jeder von ihnen hat ein kurioses Argument, nachdem er, und nur er, allein erben sollte.

Meine Sorge ist, daß sie schließlich vor Gericht gehen werden. Dieser Fall wird für die Zeitungen ein gefundenes Fressen sein, aber das Ansehen einer Familie von Adel dauerhaft beschädigen. Zu guter Letzt wird der Obsiegende – welcher der beiden auch immer – einen guten Teil des Anwesens verkaufen müssen, um die Honorare der Anwälte aufbringen zu können.

Nun hoffe ich, meine Herren, daß Sie ein solches Unheil abwenden können, indem Sie zwischen den Ansprüchen entscheiden. Ich muß Sie jetzt leider verlassen, weil eine andere dringende Angelegenheit meine Anwesenheit erfordert."

Er stand auf und wimmelte dabei einen Ober ab, der ihm eine Speisekarte reichen wollte. „Alfred – Arthur, darf ich Ihnen Mr. Mycroft Holmes, Mr. Sherlock Holmes und Doktor Watson vorstellen? Ich hoffe sehr, daß Ihnen diese klugen Männer helfen werden, Ihre Kontroverse freundschaftlich zu lösen."

Die jungen Männer setzten sich, und wir unterhielten uns zwanglos, während die Vorspeisen serviert wurden.

„Seltsam," flüsterte ich Sherlock Holmes zu, „daß man Alfred nicht daran erkennt, daß er der Braungebranntere ist; schließlich ist er doch um die Welt gesegelt, während sein Bruder in der ‚kalten Heimat' blieb."

Obwohl Zwillinge niemals ganz gleich aussehen, wenn sie erwachsen sind, ähnelten sich diese beiden einander viel stärker als alle anderen, die mir je begegnet waren. Beide waren schlank und hatten ein schmales Gesicht. Ihr glattes, dunkles Haar war kurz geschnitten. Holmes entgegnete leise: „Nun, wenn man Glück hat oder reich genug ist, dann wohnt man auf dem Schiff in einer Kabine, die so liegt, daß man in den Tropen der Sonneneinstrahlung häufig entgehen kann."

Er neigte sich ein wenig vor und sprach nun lauter. „Ich habe erfahren, daß Ihr Großonkel in seinem Testament bestimmte, daß auch bei Zwillingen der ältere allein erben soll. Ferner sagte man mir, daß dies in Ihrem Fall nicht zu entscheiden sei. Wie ist das möglich?"

Beide Männer setzten zum Sprechen an, doch Alfred setzte sich über seinen Bruder hinweg.

„Wir waren etwas, was sehr selten vorkommt, nämlich siamesische Zwillinge. Nun waren wir glücklicherweise nur über einen Hautlappen miteinander verbunden, den man bald nach der Geburt abtrennen konnte.

Im Krankenhaus war man schon auf einen Kaiserschnitt vorbereitet, da man eine schwierige Geburt erwartete. Da wir ja in der Gebärmutter zusammenhingen, holte man uns auch gemeinsam ans Licht, so daß wir tatsächlich exakt gleichzeitig geboren wurden, und zwar als Einheit, wie ein einzelnes Baby."

„Also kann man auf keine Weise entscheiden, wer der Ältere ist", sagte ich in väterlichem Ton. „Aber Sie müssen doch eine brüderliche Einigung erzielen, oder Sie müssen versuchen, die seltsamen Bestimmungen dieses Testaments vom Gericht modifizieren zu lassen."

„Überhaupt nicht!" ereiferte sich Alfred. „Zugegeben, wir wurden gleichzeitig geboren. Aber es steht keineswegs fest, daß wir seitdem auch in gleichem Maße gealtert sind."

Es kam mir vor, als rede er im Delirium; doch Mycroft nickte ihm zu und ermunterte ihn, fortzufahren.

„Wie Sie wissen, unternahm ich unlängst eine Weltreise. Abgesehen von etlichen Landgängen hielt ich mich sechs Monate an Bord eines Kreuzfahrtschiffes auf, das im wesentlichen östlichen Kurs hielt: nach Kapstadt, dann über Madagaskar nach Indien, schließlich nach Australien und Panama.

Der Weg über diese Landenge war recht beschwerlich. Ein Kanal brächte hier sicher allergrößten Nutzen! Die letzte Etappe führte per Schiff von Panama nach London."

„Ah, ich verstehe!" entfuhr es mir plötzlich.

Sherlock Holmes lächelte. „Doktor Watson liebt die neue Art wissenschaftlicher Erzählungen", sagte er. „In jüngster Zeit arbeitete er sich von Jules Verne zu H. G. Wells vor, hat aber ganz bestimmt auch den berühmten Roman *In achtzig Tagen um die Welt* gelesen.

Sie wollen sicher darauf hinaus, daß Sie zwar ungefähr zweihundert Tage benötigten, um die Erde zu umrunden, dies jedoch einmal mehr taten als wir Daheimgebliebenen.

Im Verlauf Ihrer Reise drehte sich die Erde also zweihundertmal um ihre Achse, und die meisten Menschen auf ihrer Oberfläche erlebten zweihundert Sonnenaufgänge und ebenso viele Sonnenuntergänge.

Sie reisten ja von West nach Ost und gelangten dabei immer wieder in eine andere Zeitzone, so daß alle Ihre Tage ein wenig kürzer waren als gewöhnlich. Daher haben Sie die Erdachse insgesamt zweihundertundeinmal umrundet. Die zusätzliche Umrundung resultiert dabei aus Ihrer eigenen Bewegung. Also erlebten Sie einen Sonnenaufgang und einen Sonnenuntergang mehr als Ihr Bruder."

„Ganz genau", rief Alfred aus. „Deshalb bin ich nun eindeutig der Ältere und beanspruche daher das ganze Anwesen unseres verstorbenen Großonkels."

Sherlock Holmes schüttelte entschieden den Kopf. „Ihre Argumentation überzeugt mich nicht. Die seit Ihrer Geburt vergangene Anzahl von Sekunden ist ja für beide dieselbe. Sie können den Sonnenaufgängen und Sonnenuntergängen sozusagen entgehen, vielleicht in einem Kohlebergwerk oder indem Sie sich an einem der Pole aufhalten, wo Tage und Nächte jeweils sechs Monate dauern. Doch die Zeitspanne seit Ihrer Geburt bleibt davon völlig unbeeinflußt."

Alfred wollte weiter streiten, aber Sherlock Holmes erhob eine Hand. „Ich denke, wir sollten dazu auch die Meinung Ihres Bruders hören."

Arthur sprach sanfter, wenn auch recht entschlossen.

„Ich bin bloß Musikstudent", sagte er, „habe aber die neueren Entdeckungen über die Natur von Raum und Zeit mit Interesse verfolgt. Professor Summerlee war von Ihren kürzlich dargelegten Schlußfolgerungen so beeindruckt," – er wandte sich an Mycroft – „daß er vor ein paar Tagen bei einem Vortrag vom vorbereiteten Text abwich, um diesen Sachverhalt näher zu erläutern. Die Studenten, darunter natürlich auch mein Bruder, diskutierten lebhaft darüber. So hörte auch ich nähere Einzelheiten über diese Dinge.

Nun ist mir die Mathematik zwar zu hoch, aber mir ist im Prinzip klar, daß die Zeit für einen bewegten Körper langsamer vergeht als für einen ruhenden.

Ich blieb während der letzten Monate im wesentlichen am selben Ort – zumindest relativ zur Erdoberfläche –, während mein Bruder sich die meiste Zeit bewegte, und zwar mit einer Geschwindigkeit von rund zehn Knoten; das sind etwa fünf Meter pro Sekunde.

Diese Geschwindigkeit ist gegenüber der des Lichts äußerst gering. Dennoch war er in Bewegung und ich in Ruhe. Also muß er ein bißchen weniger gealtert sein, so daß ich der Ältere bin und daher das Erbe antreten darf."

Alfred schüttelte verächtlich den Kopf. „Mein Bruder ist wirklich Musiker und versteht nichts von Physik", sagte er herablassend. „Natürlich ist jegliche Bewegung relativ. Aus seiner Sicht war ich in Bewegung. Doch aus meiner ebenso berechtigten Sicht war er es, und mit ihm haben sich die gesamten Britischen Inseln bewegt, während ich an einem Ort verharrte. Ich mag im Vergleich zu ihm langsamer gealtert sein, aber er wurde – relativ zu mir – ebenfalls weniger schnell alt. Die Situation ist absolut symmetrisch."

Mycroft runzelte nachdenklich die Stirn. „Da kann etwas nicht stimmen", sagte er. „Angenommen, Sie seien zu einem fernen Stern unterwegs gewesen, und zwar mit einem merklichen

Bruchteil der Lichtgeschwindigkeit, in einem phantastischen Raumschiff, wie es sich Jules Verne ausgedacht hatte. Sie wären bei Ihrer Rückkehr nicht nur um Sekundenbruchteile jünger als Ihr Bruder, sondern um Jahre. Er wäre alt und gebrechlich, Sie aber noch jung und kräftig. Das Umgekehrte könnte dagegen nicht eintreten. Die Situation muß irgendeine verborgene Asymmetrie aufweisen."

Er blieb ruhig sitzen und dachte angestrengt nach, während die Ober das Geschirr des Hauptgangs abräumten. Dann wurden Desserts und Kaffee serviert. Davon trank er reichlich. Koffein ist zwar ein Gift, regt aber zuweilen das Gehirn an, wie sich jetzt wieder einmal zeigen sollte. Mycrofts Gesicht hellte sich auf.

„Oh, was bin ich für ein Narr!" rief er aus. „Ihre Uhren gehen nur dann gleichermaßen richtig, wenn Sie sich beide jeweils in einem Inertialsystem befinden, also in einem nicht beschleunigten Bezugssystem. Während sich das Raumschiff mit konstanter Geschwindigkeit dem fernen Stern nähert, gilt das für den Reisenden ebenso wie für den auf der Erde Zurückgebliebenen.

Sobald sich der Raumfahrer dem Stern nähert, ist kein direkter Vergleich der beiden Uhren mehr möglich, da beide voneinander entfernt sind. Mit anderen Worten: Man kann nicht mehr von ‚gleichzeitig' für beide Beobachter sprechen, wenn man den Augenblick meint, in dem das Raumschiff auf dem Stern landet.

Doch nun bemerkt der Raumfahrer, daß die Zeit auf der Erde langsamer vergeht. Entsprechend nehmen die auf der Erde Verbliebenen wahr, daß die Zeit für den Raumfahrer langsamer verging.

Damit man beide Uhren unmittelbar vergleichen kann, muß der Reisende zurückkehren. Aber das kann er nicht, während er im gleichen Inertialsystem bleibt, denn er muß Richtung und Geschwindigkeit seiner Bewegung ändern. Führe er einfach geradlinig weiter, dann gelangte er bis zum Ende des Universums – falls es so etwas überhaupt gibt, was ich nicht annehme.

Wenn der Raumfahrer nun zur Erde zurückkommt, muß er seine Bewegungsrichtung verändert haben. Also hat er sich in zwei wirklich verschiedenen Bezugssystemen aufgehalten. Somit war in Wirklichkeit er derjenige, der reiste, so daß er langsamer alterte als sein auf der Erde zurückgebliebener Zwilling."

Sherlock nickte, und auch die Zwillinge schienen beeindruckt zu sein. Aber ich war noch nicht zufrieden.

Mycroft wurde ungeduldig: „Wenn Sie es bis zu Ende durchdenken wollen, Doktor, dann nehmen Sie an, der Zwilling auf der Erde sende während der gesamten Zeit regelmäßig – sagen wir, einmal pro Sekunde – ein Lichtsignal aus, solange sein Bruder fort ist. In welchen Intervallen wird dieser dann die Signale wahrnehmen, und zwar auf dem Hinweg zum Stern sowie auf dem Rückweg?

Nun, die Brüder werden nach der Rückkehr genau dieselbe Anzahl aller Signale angeben. Doch der Reisende wird sie während einer insgesamt kürzeren Zeitspanne beobachtet haben."

Er sah die Zwillinge nachdenklich an.

„Es kommt nicht auf die Bewegung von Alfred an, sondern auf seine Position. Nehmen wir der Einfachheit halber einmal an, der Erdmittelpunkt sei im Weltraum in Ruhe, so daß er sich in einem Inertialsystem befindet.

Somit sind die einzigen ruhenden Punkte auf der Erdoberfläche die beiden Pole, da sich die Erde um ihre Achse dreht. Ein Punkt am Äquator bewegt sich dann mit einer Geschwindigkeit von ungefähr vierhundertachtzig Metern pro Sekunde; das sind rund eintausend Knoten. Dagegen können wir die Geschwindigkeit des Schiffes von zehn Knoten vernachlässigen. Nun ändert sich bei einer Drehbewegung aber ständig die Richtung, so daß kein Inertialsystem vorliegt, das wir sozusagen ignorieren dürften."

Ich erinnerte mich an das Foucaultsche Pendel, das Lord Forleigh im Planetarium getötet hatte. „Die Rotation ist eine absolute, die lineare aber eine relative Bewegung", erläuterte ich.

„Sehr richtig. Arthur blieb hier in London, auf einer geographischen Breite von ungefähr fünfzig Grad. Infolge der Erdrotation bewegte er sich daher mit circa dreihundertzwanzig Metern pro Sekunde. Während des Halbjahres, das rund fünfzehn Millionen Sekunden hat, befand sich sein Bruder dichter am Äquator, wo die Bewegung anderthalb mal so schnell ist.

Bei Geschwindigkeiten, die wesentlich geringer als die Lichtgeschwindigkeit sind, ist die Verzögerung des Zeitablaufs proportional zum Quadrat der Geschwindigkeit. Das ergibt –"

Er nahm einen Bleistift zur Hand und kritzelte einige Zahlen auf die Leinenserviette, zum Entsetzen des Obers.

„Ja, Arthur, nach meiner Berechnung sind Sie ungefähr eine zehnmillionstel Sekunde älter als Ihr Bruder.

Wenn wir auch noch die Bewegung der Erde um die Sonne mit rund dreißig Kilometern pro Sekunde berücksichtigen, wird die Rechnung komplizierter, aber das Ergebnis bleibt im Prinzip dasselbe: Alfred ist weiter gereist und hat daher sozusagen mehr Zeit verloren."

Alfred sprang erregt auf. „Das ist völlig absurd! Kein Richter im ganzen Land wird auf solchen Quatsch hören", rief er und verließ den Raum.

Auch Arthur erhob sich. „Ich werde ihm folgen und versuchen, ihn zu beruhigen. Er war schon immer sehr impulsiv. Nun, meine Herren, es sieht so aus, als erbte ich das Anwesen. In diesem Falle werde ich natürlich für meinen Bruder sorgen. Ich fürchte aber, es wird nicht ohne Rechtsstreit und einigen Groll abgehen."

Sherlock Holmes wurde auf einmal sehr aufmerksam. „Einen Augenblick noch, Sir", sagte er. „Ich denke, mein Bruder Mycroft hat einen wichtigen Aspekt übersehen."

Mycroft überlegte. „Ich glaube nicht", meinte er dann entschieden. „Ich bin mir sehr sicher."

„Allerdings. Aber trotzdem ist dir etwas entgangen." Sherlock Holmes wandte sich an Arthur. „Für einen Musikstudenten haben Sie recht ordentliche Kenntnisse der Physik. Nun, ich kenne einige Zwillingspaare. Gehe ich recht in der Annahme, daß Alfred Sie ab und zu bat, an seiner Stelle die Physikvorlesungen zu besuchen und sich dabei für ihn einzutragen, indem Sie sich für ihn ausgaben?"

Der junge Mann wurde rot. „Alfred kann manchen Ablenkungen in London nicht widerstehen", meinte er. „Ja, ich habe das, was Sie andeuteten, schon einige Male getan. Es entstand aber kein Schaden, denn ich gab ihm jeweils meine ausführliche Mitschrift."

Sherlock insistierte ungerührt: „Ich denke, Sie konnten es sich gelegentlich sogar erlauben, das erwähnte Tutorium an seiner Statt zu besuchen. Ich kann mir nicht vorstellen, daß Professor Summerlee der Aufmerksamste ist, wenn es um Merkmale und Verhaltensweisen seiner Studenten geht."

„Ich versichere Ihnen, daß ich das nur einmal gemacht habe. Alfred hatte einen bösen Kater, und –"

„Könnte das vielleicht gar am Todestag von Lord Uxbridge gewesen sein?" fragte Sherlock schnell.

„Oh – ja. Wie kommen Sie denn darauf?"

„Das wird Ihnen bald klar werden. Jetzt sollten Sie wohl besser Ihrem Bruder folgen."

Der junge Mann verließ uns. Mycroft wurde etwas rot, und Sherlock lächelte uns zu, während der Ober den Tisch abräumte.

„Verstehen Sie, Watson? Alfred wurde des Mordes an seinem Großonkel verdächtigt. Und nun ergibt sich, daß sein Alibi – in aller Unschuld – von seinem Zwillingsbruder geliefert wird! Zudem ein ausgezeichnetes Alibi: Niemand würde die Aussage des geschätzten Professors Summerlee in Frage stellen. Um den Fall endgültig zu klären, müssen wir jetzt eine eher konventionelle Untersuchung anstellen. Ich habe aber kaum einen Zweifel daran, was wir aufdecken werden."

„Mein lieber Sherlock", rang sich Mycroft ab, „ich hätte die Bedeutung des Alibis natürlich sofort erkannt, war aber so sehr mit dem Paradoxon beschäftigt, daß ich –"

Sherlock Holmes lächelte schelmisch. „Du mußt dich überhaupt nicht rechtfertigen, Mycroft", entgegnete er. „Die Wissenschaft ist ja wirklich faszinierend. Aber wenn wir hieraus eine Lehre ziehen können, dann die, daß man niemals die menschlichen Aspekte wie Motive oder Moral außer acht lassen sollte."

Ich ging mit Sherlock nach draußen, und wir schlenderten im Sonnenschein nach Hause.

„Es schadet niemandem, gelegentlich daran erinnert zu werden, daß wir alle nur fehlbare Menschen sind, Watson", sagte er freundlich. „Man darf niemals vom Erlös eines Verbrechens profitieren. In diesem Fall hat sich der arme Alfred selbst aus dem Spiel gebracht, auch wenn ihm der Galgen erspart bleibt.

Ihre treffende Beobachtung, daß er nicht braungebrannt war, hätte Mycroft einen Hinweis geben müssen, sofern überhaupt einer nötig war. Ich sagte zwar, es sei aufgrund der Lage der Schiffskabinen *möglich*, die Tropen zu durchqueren, ohne ziemlich braun zu werden. Aber es ist doch bemerkenswert, wenn ein aktiver junger Mann sich so verhält; schließlich mußte er sich dazu wie ein Kranker ständig im Schatten aufhalten. Die Idee für sein Alibi muß ihm also schon mindestens einige Wochen vor dem Ende seiner Reise gekommen sein. Wir haben hier das Musterbeispiel eines vorsätzlichen Verbrechens vor uns, Watson! Verfolgen wir also die Spuren weiter. – Sind Sie so gut und helfen mir, die Aufmerksamkeit jenes Kutschers zu erlangen?"

7. Der Fall des schnelleren Kaufmanns

Gegen Ende eines schwülen Augusttages quälte ich mich durch die Marylebone Road heimwärts. Zwischen dem vornehmen Viertel Notting Hill, in dem viele meiner Patienten wohnten, und der Baker Street liegen weniger wohnliche Teile Londons. So führte mich mein Weg vorbei an streunenden Hunden, die die Zunge hängen ließen, und stinkenden Abfallhaufen. Ich bereute meine Entscheidung, die Patienten zu Fuß aufzusuchen. Aber als ich das vertraute Haus in der Baker Street sah, freute ich mich schon auf den Soda-Siphon und den bequemen Sessel.

Angesichts dieser Erwartungen war meine Begegung im Korridor sehr ernüchternd. Mrs. Hudson versperrte, die Arme in die Hüften gestemmt, einem großen, teuer gekleideten Mann den Weg ins Treppenhaus. Er war mittleren Alters und wirkte einigermaßen cholerisch. Mrs. Hudson hatte sich offensichtlich mit ihm gestritten und sah mich nun bittend an.

„Doktor, ich habe die Karte dieses Herrn gerade Mr. Holmes gegeben, der sich oben aufhält. Er ließ ausrichten, er sei sehr beschäftigt und habe auf keinen Fall Zeit, den Besucher zu empfangen. Dieser Herr wollte das nicht akzeptieren, sondern sogar an mir vorbei nach oben gehen. Könnten Sie vielleicht mit ihm sprechen?"

Ich wandte mich zu ihm, wobei ich versuchte, trotz der enormen Hitze und meiner Müdigkeit möglichst entschlossen zu wirken. „Mr. Holmes ist ein vielbeschäftigter Mann und hat zahlreiche Klienten", erklärte ich ruhig. „Ich bin sein Partner, Doktor Watson. Vielleicht sind Sie so freundlich, mir Ihren Fall vorzutragen. Möglicherweise kann ich dann später in dieser Woche einen Termin für Sie vereinbaren, eventuell aber auch erst nächste Woche. Mit wem habe ich die Ehre zu sprechen?"

Das Gesicht des Mannes wurde vor Zorn bleich und bildete einen unangenehmen Kontrast zu seinem fast roten Hals.

„Nächste Woche!" schrie er auf, und sein starker Akzent deutete auf die New Yorker Bronx hin. „Du lieber Himmel! Kein Wunder, daß ihr Briten auf keinen grünen Zweig kommt und wir auf der anderen Seite des Atlantiks euch immer weiter voraus sind. Haben Sie keinen Sinn für den Wert der Zeit? Mein Name ist Barnum Rolleman, und ich bin einer der reichsten Männer Amerikas. Sagen Sie Ihrem Herrn jetzt, daß es ihm noch sehr leid tun wird, wenn er mich nicht sofort empfängt!"

Ich wurde noch förmlicher: „Als Mediziner rate ich Ihnen, sich nicht so zu erregen; das belastet Ihren Kreislauf zu stark. Außerdem kann ich Ihnen versichern, daß Sie mit Drohungen gar nichts erreichen werden. Wenn Sie uns unbedingt konsultieren wollen, dann empfehle ich Ihnen –"

Rolleman hatte vor Wut gezittert; nun brachte er sich aber sichtlich unter Kontrolle und schlug einen gemäßigteren Ton an.

„Ich wollte Ihnen nicht drohen, Sir, sondern bezog mich auf die Tatsache, daß ich ein wohlhabender Mann bin und daß es sich für mich bislang stets ausgezahlt hat, den besten Rat zu suchen. Ich werde erpreßt, und zwar auf eine solche Weise, daß mir die Polizei nicht helfen kann. Anstatt an die Erpresser zu zahlen, möchte ich demjenigen Privatdetektiv, der den Fall aufklären kann, eine beträchtliche Summe zukommen lassen – eine sehr beträchtliche Summe sogar. Ich bin sicher, Mr. Holmes würde es bedauern, sich eine solche Gelegenheit entgehen zu lassen."

„Ich weiß, daß Sherlock Holmes Erpressungen ganz besonders mißbilligt", sagte ich. „Ich werde mein Bestes versuchen, daß er Sie doch empfängt. Aber wenn er nur bereit ist, Ihnen einen späteren oder vielleicht gar keinen Termin zu geben, dann müssen Sie das akzeptieren."

Er nickte fast unmerklich, und ich ging nach oben in unsere Räume. Sherlock Holmes rekelte sich im Morgenrock gemütlich auf dem Sofa und kritzelte etwas auf ein Blatt Papier.

„Holmes", sagte ich streng, „Sie wirken nicht gerade wie ein vielbeschäftigter Mann. Ich verstehe, daß Mrs. Hudson ein bißchen ungehalten ist, wenn Sie von Ihnen als Pförtnerin eingesetzt wird. Ist es für Sie denn überhaupt nicht der Mühe wert, sich diesen wohlhabenden Klienten wenigstens anzuhören?"

Er winkte lustlos ab. „Reiche Geschäftsleute bringen mir selten interessante Fälle, Watson. Normalerweise geht es dabei um irgendwelche Unterschlagungen oder um finanzielle Auffälligkeiten, die eher die Sache von Steuerberatern als von Detektiven sind. Ich weiß, daß mein Bruder Mycroft zuweilen solche Angelegenheiten untersucht, aber nur im Namen der Regierung. Er vergeudet seine Talente nicht. Und ich kann mich wirklich nicht für Zahlenkolonnen begeistern, womöglich noch im Dienste von Leuten, die über soviel Reichtum verfügen, daß sie kaum noch wissen, was sie damit anfangen sollen."

„In diesem Fall liegen Sie mit Ihrer Vermutung nicht ganz richtig, Holmes", entgegnete ich. „Rolleman wird erpreßt. Gerade Sie dürfen keine Schlüsse ziehen, ohne sich bemüht zu haben, die Angelegenheit zur Kenntnis zu nehmen. Es ist selbstverständlich Ihr gutes Recht, den Fall abzulehnen. Ich meine aber, das können Sie auch persönlich tun, anstatt die Bediensteten vorzuschicken."

Ich hatte ziemlich entschlossen gesprochen. Holmes sah mich an und seufzte. „Sehr gut, Doktor. Wenn es denn anschließend Ruhe und Frieden gibt, so werde ich wohl ein paar Minuten opfern müssen. Bitte, lassen Sie Mr. Rolleman herein."

Ich ging auf den Treppenabsatz hinaus, bevor er es sich womöglich noch anders überlegte, und winkte Rolleman herauf, der unten im Korridor umherging. Er rannte fast die Treppe hinauf und hielt oben kaum inne, obwohl er offensichtlich schon außer Atem war. Wir gingen ins Zimmer, und ich bemerkte, daß Holmes gar nicht daran dachte, sich aufrecht hinzusetzen. Er wies lässig auf einen Stuhl.

„Ich fühle mich geehrt, Mr. Rolleman", sagte er in leicht ironischem Tonfall. „Es ist kaum zu glauben, daß ein so reicher Mann unser bescheidenes Haus besucht. Bitte, wie könnte ich Ihnen helfen?"

Unser Besucher sah ihn entrüstet an. „Nun, es ist leicht einzusehen, warum ich reich bin, während Sie trotz Ihrer Klugheit immer noch in recht gewöhnlichen Umständen leben", sagte er. „Nicht Klugheit erobert die Welt, Mr. Holmes, sondern Tatkraft. Genauer gesagt: Tatkraft und vor allem Schnelligkeit sind das Geheimnis von Reichtum und Erfolg. Tu es schneller anstatt besser, und du wirst dich durchsetzen."

Sherlock Holmes hob die Augenbrauen. „Ich persönlich glaube, daß der menschliche Fortschritt eher auf Faulheit beruht", entgegnete er. „Nehmen Sie als Beispiel den Erfinder des Rades. Ich würde wetten, daß er kein strebsamer Tatmensch war, sondern daß er einfach keine Lust mehr hatte, das erlegte Wild zu seiner Höhle zu schleppen. ‚Ohne diese Plackerei könnte ich mich viel öfter ausruhen', wird er sich gesagt haben. Und nun haben wir unsere bequemen Kutschen.

Dann gab es einen, der war zu faul, dem Wild hinterherzurennen. ‚Wenn ich meinen Speer schneller schleudern könnte, als die Tiere rennen‘, dachte er ganz logisch, ‚dann könnte ich mich hinlegen, während die anderen immer noch rennen müssen.‘ So kamen wir zu Pfeil und Bogen. Ein weiterer –“

Ich gab Mr. Rolleman insgeheim recht, als er Holmes unterbrach. Dieser war anscheinend drauf und dran, seine seltsame Interpretation der jahrtausendelangen Menschheitsgeschichte vorzutragen. Er war wirklich nur mit Gewalt zu stoppen.

„Ihr Beispiel von der Überlegenheit des Pfeils über den Speer trifft für mich durchaus zu, Mr. Holmes, denn mein ganzes Imperium gründet eben auf dem Geschwindigkeitsvorteil. Ich erkannte, daß der Raddampfer das Segelschiff überholen würde, so daß meine Waren schneller zu den Kunden kamen als die der anderen. So machte ich meine ersten Gewinne. Ich konsultierte die besten Wissenschaftler und Ingenieure, die mir erklärten, die Schiffsschraube werde bald höhere Geschwindigkeiten als das Schaufelrad ermöglichen; so kam ich zu weiteren Erlösen. Ich nutzte die Dampflokomotiven, um meine Waren im Landesinneren zu verteilen, als andere noch mit Pferd und Wagen arbeiteten. So konnte ich meine Unternehmungen über ganz Nordamerika ausdehnen.

Kürzlich erkannte ich, welche Möglichkeiten der Telegraph eröffnet, mit dem man in Sekundenschnelle Nachrichten senden kann. Damit konnte ich meinen Konkurrenten wiederum zuvorkommen. Ich überzeugte die großen Händler, ihre Abschlüsse per Telegraph zu machen, und steigerte meine Erlöse erneut. Allerdings brachte dies auch eine Bedrohung mit sich, und deswegen suche ich Sie auf.“

Sherlock Holmes war nun doch etwas neugierig. „Ja, es war die Rede von einer Erpressung“, sagte er. „Bitte fahren Sie fort.“

„Die profitabelsten Spekulationsgeschäfte kann man heute an der Börse von Chicago tätigen. Hier können auch Makler von der Londoner Börse aus Gebote auf Güter abgeben, ähnlich wie in einem Auktionshaus.

Für die Korrektheit der Geschäfte ist es unabdingbar, daß alle potentiellen Bieter die Informationen genau gleichzeitig erhalten, so daß es gerecht zugeht. Dann werden die Gebote in der Weise akzeptiert, daß bei zwei gleichen Beträgen – und das kommt häufig vor – das erste zum Zuge kommt.

Für diese Zwecke erwies sich das Telegraphensystem als unbrauchbar. Damit alle europäischen Käufer die Informationen exakt zur selben Zeit erhalten, verwenden wir eine spezielle Ausführung des unlängst vervollkommneten Apparats eines gewissen Mr. Marconi. Von Chicago aus wird damit ein Signal in den Äther gesendet, das besagt, daß bei diesem Betrag Gebote angenommen werden. Es breitet sich mit Lichtgeschwindigkeit aus, erreicht London also eine sechzigstel Sekunde später. Die Makler, die nun bieten wollen, senden ihre Antwort sofort auf gleichem Wege zurück. Jedem Bieter ist eine eigene Radiofrequenz zugeteilt.

Natürlich sind alle Londoner Maklerhäuser wegen der Konkurrenz bemüht, ihre Gebote so umgehend wie möglich abzusenden. Bis vor einigen Monaten wurden die Geräte von Menschen bedient. Wenn man nun bei einem bestimmten Betrag bieten will, muß man nur eine Taste drücken, so daß automatisch und augenblicklich ein entsprechender Impuls gesendet wird. Eine elektrische Apparatur in Chicago identifiziert das erste Antwortsignal, auch wenn zwischen den Signalen nur eine Tausendstelsekunde oder gar noch weniger Zeit verstreicht. Dann leuchtet eine Glühlampe auf, die die Identität des erfolgreichen Bewerbers anzeigt."

Sherlock Holmes schüttelte den Kopf. „So viel Erfindungsreichtum – nur damit reiche Leute noch schneller eine besonders exklusive Art von Poker spielen können!" bemerkte er.

Rolleman ignorierte ihn. „Ich hatte von Anfang an die Sorge, es könnte in diesem System ein Schlupfloch geben", fuhr er fort. „Angenommen, ein Makler könnte dem Funksignal aus Chicago zuvorkommen und so einen Fehlstart produzieren. Zum Beispiel könnte er einen Komplizen nahe bei Chicago haben, dessen Rundfunkempfänger mit einem Überseekabel verbunden ist, durch das Telegramme übertragen werden. Er könnte dann eine Telegraphentaste betätigen und ein Signal nach London senden, das dort vor der Rundfunkwelle ankäme – wie ich meinte.

Die meisten amerikanischen Wissenschaftler, die sich in solchen Dingen auskennen, versicherten mir jedoch, daß dies ein Ding der Unmöglichkeit sei. Kein elektrisches Signal, ob durch ein Kabel oder durch den Äther, vermag sich schneller auszubreiten als das Licht. So sei kein Betrug möglich, nicht einmal theoretisch.

Bis vor einigen Wochen vertraute ich der Gerechtigkeit des Systems völlig. Dann aber erhielt ich diesen Brief, der einen Londoner Poststempel trug und mich in Chicago erreichte."

Er reichte ihn Sherlock Holmes herüber, der laut vorlas:

Sehr geehrter Herr,
Ich freue mich, Ihnen mitteilen zu können, daß ich eine ein-
fache Methode gefunden habe, mit der man Nachrichten
schneller als das Licht übertragen kann. Da ich sehr verant-
wortungsbewußt bin, möchte ich vermeiden, daß das Vertrau-
en – insbesondere in Ihr Maklergeschäft – erschüttert wird;
dies wäre jedoch unweigerlich der Fall, wenn die Methode
bekannt würde.
Ich würde allerdings eine angemessene Entschädigung als
Ausgleich für die Erlöse erwarten, die mir meine Erfindung
ansonsten einbrächte. Ich wäre Ihnen dankbar, wenn wir uns
über die Einzelheiten einigen könnten. Bitte signalisieren Sie
Ihre Bereitschaft dazu durch eine Kleinanzeige in der Times
mit dem Wortlaut „Mandrake wird gesucht".
Mit freundlichen Grüßen
Mandrake

Sherlock Holmes blickte auf. „Das ist der Brief, den Sie als Erpressung werten?" – „Ja."

„Nun, ich würde dies im rechtlichen Sinne kaum als Erpressung bezeichnen. Der Verkauf einer Erfindung, und ebenso deren Zurückhalten, ist gleichermaßen zulässig wie Ihre geschäftlichen Aktivitäten. Warum erklären Sie nicht einfach, Mandrakes Gerät kaufen zu wollen?"

Rolleman schüttelte den Kopf. „Ich hatte schon Kontakt aufgenommen, und wir tauschten auch einige Mitteilungen aus. Er lehnt den Verkauf der Erfindung ab und will sich nur das Zurückhalten bezahlen lassen. Dabei gibt er keinerlei Einzelheiten über sie preis, abgesehen von einigen für mich unverständlichen Andeutungen."

„Sie sollten auch erwägen, daß er nur blufft; dann wäre es jetzt an der Zeit, ihn aus der Reserve zu locken", sagte ich.

„Das wage ich nicht. Ich hörte in London von Gerüchten über neue Entdeckungen hinsichtlich der Lichtgeschwindigkeit und damit zusammenhängenden Phänomenen –"

„Davon wissen auch wir", warf Holmes ein.

„Wenn Mandrake damit an die Öffentlichkeit geht, könnte das den Ruin meines Maklergeschäfts bedeuten – gleichgültig, wie gut seine Aussagen begründet sind. Aber ich bin nicht bereit, die geforderte Summe auf eine Behauptung hin zu zahlen, die – wie Sie sagen – höchstwahrscheinlich reiner Bluff ist.

Was mir hilft, Sir, ist entweder die Auskunft, daß und auf welche Weise es möglich ist, ein überlichtschnelles Signal zu senden, oder die sichere Aussage, daß dies unmöglich ist und für alle Zeiten bleiben wird."

Holmes hob die Augenbrauen. „Konnten Sie keinen Wissenschaftler finden, der Ihnen diese Informationen geben wollte?"

Rolleman lächelte boshaft. „Das hätte ich ohne weiteres tun können. Aber ich habe meine eigene, besondere Methode, solche Gutachten zu bezahlen.

Ich halte mich in geschäftlichen Dingen für recht clever. Schon vor vielen Jahren erkannte ich, daß die Welt voll von Beratern mancherlei Art ist – Rechtsanwälte, Wissenschaftler, Steuerberater –, die sehr flink mit Ratschlägen bei der Hand sind. Befolgt man sie, hat man aber meist auf Sand gebaut. Ich löste das Problem auf sehr einfache Weise: Ich bezahle die Berater nicht mit einem Honorar, sondern mit einer Wette."

Er zog ein Scheckbuch und einen Füllhalter aus der Tasche und schrieb. Dann zeigte er uns den Scheck.

„Dies ist eine Anweisung auf zwanzigtausend Pfund, zu zahlen an Mr. Sherlock Holmes."

Mir stockte fast der Atem.

„Ich gebe Ihnen den Scheck aber nur im Austausch gegen eine unterzeichnete Wette. Sie können entweder darauf setzen, daß Sie mir eine Methode nennen können, eine Nachricht überlichtschnell zu senden, oder darauf, daß dies völlig unmöglich ist. Nun kommt die Einschränkung: Sollte sich Ihre Aussage als falsch herausstellen, müssen Sie mir als Verlierer der Wette nicht nur die zwanzigtausend zurückgeben, sondern doppelt soviel.

Ich habe mehrere Wissenschaftler angesprochen. Obwohl sie alle eine überlichtschnelle Übertragung für undurchführbar halten, wollte keiner meine Wette annehmen."

Holmes schien amüsiert zu sein. „Ich könnte darauf eingehen, Mr. Rolleman. Aber ich brauche etwas Bedenkzeit. Sie wohnen im Hotel? Im Savoy? Gut. Wir werden Sie morgen aufsuchen. – Watson, würden Sie bitte Mr. Rolleman hinausgeleiten?"

Ich kehrte recht beunruhigt zu Holmes zurück. „Sie können nicht ernsthaft erwägen, auf diese Wette einzugehen!" rief ich. „Es wäre Ihr Ruin, diese Wette zu verlieren. Und überhaupt ist das eine ungeheuerliche Art und Weise, eine Beratung zu bezahlen."

„Im Gegenteil, ich halte es für eine eher gerechte Methode. Stellen Sie sich vor, wie schnell die Welt von heuchlerischen Anwälten und unfähigen Steuerberatern befreit wäre, wenn alle Beratungen auf diese Weise honoriert würden! Aber keine Angst, Watson, ich werde nichts überstürzen. Ich habe Anspruch auf einige Gefälligkeiten und kann drei der klügsten Männer Londons um Rat fragen. Wenn Sie sich bitte einen Moment gedulden, während ich mich rasch ankleide?"

Während ich wartete, dachte ich über die Angelegenheit nach. Der negative Beweis – daß etwas unmöglich ist –, ist stets schwierig; er würde mich völlig überfordern. Einfacher schien es mir, eine Methode zu finden, eine Nachricht schneller als das Licht zu senden. Könnte ich nicht eine Anordnung von Spiegeln und Lampen ersinnen, mit der das zu bewerkstelligen wäre?

So wandte ich mich triumphierend an meinen Freund, als er wieder ins Zimmer kam. „Sie können Hut und Mantel hängen lassen, Holmes. Wir müssen nämlich nicht ausgehen, denn ich habe das Problem gelöst."

Ich zeigte ihm die untenstehende Skizze. Ich hatte mich dabei bemüht, den klaren Stil von Mycroft nachzuahmen.

Der Leuchtturm nach Doktor Watson

„Der Turm in der Mitte ist ein Leuchtturm, Holmes. In der Realität leuchtet er ununterbrochen, während ein Seefahrer ihn in regelmäßigen Intervallen blinken sieht. Das rührt daher, daß um die zentrale Lampe ein Spiegel oder eine Linse rotiert, so daß der schmale Lichtstrahl fokussiert wird. Zu dem in der Skizze festgehaltenen Augenblick weist der Strahl gerade nach Westen. Nehmen wir an, der Leuchtturm sende ein Signal pro Sekunde aus. Dann muß die Anordnung mit Spiegel oder Lampe eine Umdrehung pro Sekunde ausführen.

Weiter nehmen wir an, der Leuchtturm sei umgeben von einer niedrigen, kreisförmigen Mauer, die überall einen Kilometer von ihm entfernt ist. Die Mauer ist also etwas über sechs Kilometer lang, so daß sich der Lichtfleck mit sechs Kilometern pro Sekunde an der Mauer entlang bewegt. Das ist schon schneller als jede aus einer Pistole abgefeuerte Kugel.

Nun vergrößern wir in Gedanken den Radius der Mauer auf tausend Kilometer. Dann bewegt sich der Lichtfleck auf ihr mit sechstausend Kilometern pro Sekunde. Und bei einhunderttausend Kilometern Radius bewegte sich der Fleck auf der Mauer schon mit sechshunderttausend Kilometern pro Sekunde, also mit doppelter Lichtgeschwindigkeit!"

Sherlock Holmes runzelte die Stirn.

„Ihre Skizze ist ein bißchen irreführend, Watson. Zum einen haben Sie die grundlegende Tatsache nicht berücksichtigt, daß sich das Licht mit einer endlichen Geschwindigkeit ausbreitet. Wenn Sie den Lichtstrahl aus großer Höhe beobachten könnten, so erschiene er Ihnen als Spirale. Das Prinzip ist dasselbe wie beim Wasserstrahl aus einem rotierenden Rasensprenger."

Er entwarf seinerseits eine Skizze; siehe nächste Seite.

„Aber trotzdem", beharrte ich, „bewegt sich der Lichtfleck mit doppelter Lichtgeschwindigkeit auf der Mauer entlang – oder mit jeder gewünschten Geschwindigkeit, wenn nur der Radius der Mauer groß genug ist."

„Aber wir müssen damit ein Signal senden. Wie würden Sie es anstellen, wenn Sie mit dem Lichtstrahl eine Nachricht von einem Punkt der Mauer zu einem anderen senden müßten?"

Ich überlegte kurz. „Nun, ich würde jemanden mit einem Spiegel in der Hand an einer Stelle der Mauer postieren. Der Spiegel reflektiert dann den Strahl zum Leuchtturm zurück, und –" Ich brach ab, weil mir der Widerspruch klar wurde.

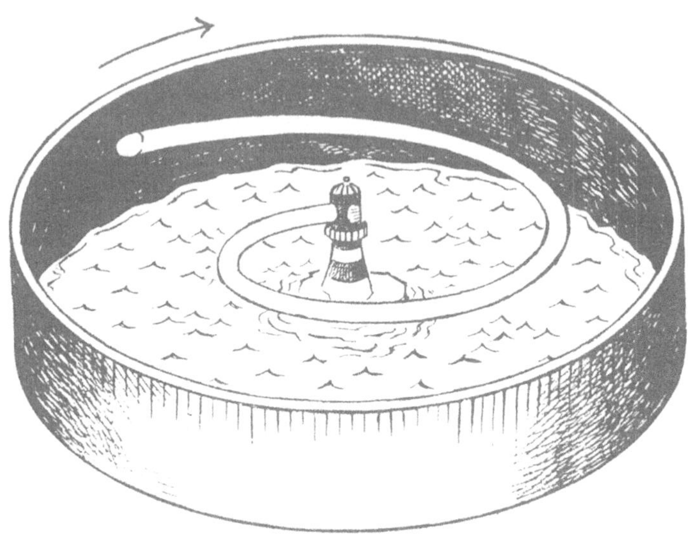

Der Leuchtturm nach Sherlock Holmes

„Eben, Watson: Ihre Nachricht wird stets mindestens so lange unterwegs sein wie das Licht, das direkt übertragen wird."

Ich weigerte mich noch, aufzugeben. „Hier habe ich ein anderes Beispiel, das überhaupt nichts mit den Eigenschaften des Lichts zu tun hat." Ich skizzierte die Schere, die auf der nächsten Seite dargestellt ist.

„Diese Schere soll so riesig sein, daß sie der Gedankenexperimente Ihres Bruders Mycroft wahrhaft würdig ist. Betrachten Sie den Schnittpunkt der beiden Klingen, wenn sie sich aufeinander zu bewegen. Zweifellos kann sich dieser Punkt schneller bewegen als die Klingen selbst, abhängig vom Winkel zwischen den Klingen. Diese können dann wirklich langsamer sein als das Licht, aber der Schnittpunkt ist schneller."

Holmes überlegte. „Und wie wollen Sie diesen Effekt nutzen, um eine Nachricht zu senden?"

„Auf folgende Weise: Ich setzte bei **A** eine kleine Sperre ein, also einen Gegenstand, der so hart ist, daß er eine wirkliche Scherenklinge zerstören würde. Die Klingen sind frei drehbar, bis sie den Gegenstand bei **A** erreichen; dann bleiben sie stehen. Am Punkt **B** wird der Halt augenblicklich bemerkt, und das ist das gesendete Signal."

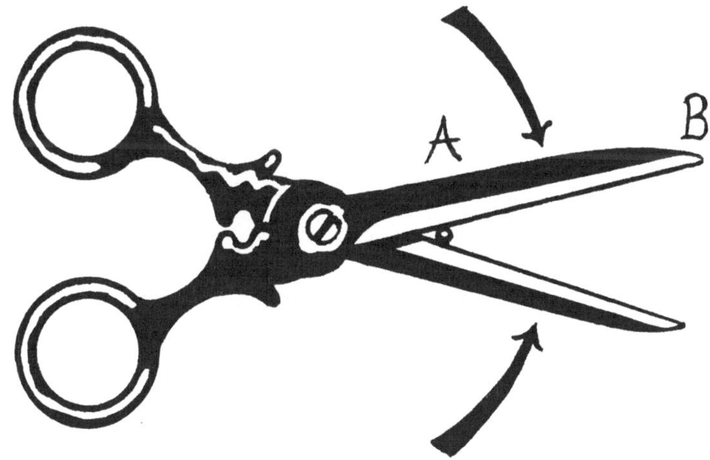

Die überlichtschnelle Schere

„Ein beachtlicher Versuch, Watson! Aber ich fürchte, da gibt
es immer noch ein Problem. Reale Werkstoffe sind nicht unendlich hart und starr. Wenn Sie seitlich gegen ein Ende eines Lineals
schlagen, dann wird sich das andere Ende nicht unmittelbar, sondern erst einen winzigen Sekundenbruchteil später bewegen.
Schwingungen breiten sich in Festkörpern mit bestimmten Geschwindigkeiten aus, so wie der Schall in der Luft eine charakte-
ristische Geschwindigkeit hat. In den härtesten Substanzen, die
man kennt, ist diese Geschwindigkeit ungefähr zehnmal höher als
die von Schall in Luft, also rund einhunderttausendmal geringer
als die Lichtgeschwindigkeit. Daher wird der Stopp bei **A** erst
nach einer gewissen Zeitspanne bei **B** wahrzunehmen sein."

Sherlock Holmes klopfte mir auf die Schulter. „Trotzdem, gut
erdacht! Aber ich glaube, unser Problem ist doch etwas für die
Experten. Gehen wir also. Zuerst werden wir Professor Summerlee aufsuchen."

Ich ging mit Holmes zügig die Euston Road entlang und dann
durch ein Seitenportal auf das Gelände des *University College*, das
von hohen Mauern aus grauem Stein umgeben ist. Schon hier sah
es irgendwie nach Wissenschaft aus. Ich blieb vor einem Stein-
bogen stehen, der oben eine griechische Inschrift trug.

„Lasset niemanden hier eintreten, der nicht die Mathematik
beherrscht", übersetzte ich.

„Das war vermutlich vor zwei Jahrtausenden die Inschrift über dem Tor der Platonischen Akademie", ergänzte Holmes. „Seinerzeit steckte die Mathematik noch in den Anfängen. Jemand, der wie Sie hätte Summen dividieren können und auch die geheimnisvolle Formel des Pythagoras gewußt hätte, wäre da nicht nur willkommen gewesen, sondern hätte alle anderen sehr beeindruckt."

„Trotzdem fühle ich mich fast wie ein Ketzer, der eine Kathedrale betritt: Der Schlußstein könnte herabstürzen und mich Unwürdigen zermalmen!" scherzte ich.

In diesem Augenblick hörten wir Räder auf dem Kopfsteinpflaster rumpeln. Ein Seitenpforte wurde geöffnet, und ein niedriger Karren fuhr hindurch, beladen mit Pasteten. Sein Ziel war offenbar die Speisekammer des College.

„Hierher", rief Sherlock, und wir duckten uns hinter dem überraschten Dienstboten. Dann gingen wir, wieder ruhiger, einen Korridor entlang. „Ich wäre untröstlich, wenn ich für Ihren vorzeitigen Tod verantwortlich wäre, Watson. Summerlees Büro befindet sich jedenfalls auf dieser Seite."

Kurz darauf klopften wir an und betraten einen kleinen, kahlen Raum. Drei Wände waren weitgehend von Tafeln bedeckt, auf denen unverständliche Symbole und Gleichungen notiert waren. Summerlee hörte sich unser Anliegen an, allerdings mit deutlichen Anzeichen von Ungeduld.

„Es ist definitiv unmöglich", sagte er dann energisch, „daß sich irgend etwas schneller als das Licht bewegt. Erinnern Sie sich an die Gleichungen für die relativistische Verzerrung von Raum und Zeit?"

Er deutete auf eine der Tafeln, auf der ich nun Mycrofts Formeln (siehe Seite 169) wiedererkannte.

„Eine Geschwindigkeit, die höher als die des Lichts ist, entspricht einem Wert von beta, der größer als eins ist", erläuterte er. „Damit ergibt sich in der Quadratwurzel für den Kontraktionsfaktor eine negative Zahl."

„Und ich dachte immer, aus minus eins – oder aus irgendeiner anderen negativen Zahl – könne man keine Quadratwurzel ziehen", wunderte ich mich.

„Keine *reelle* Quadratwurzel", entgegnete Summerlee streng. „Eine reelle negative Zahl, multipliziert mit einer reellen negativen Zahl, liefert ein positives Ergebnis, ebenso wie die Multiplikation zweier positiver Zahlen. Aber keine reelle Zahl, ob positiv oder negativ, ergibt beim Quadrieren eine negative Zahl. Wir können eine *imaginäre* Größe definieren, deren Quadrat negativ ist; aber sie ist eine mathematische Fiktion.

Weil nun die Formel – mit beta größer als eins – zu einem Ergebnis führt, das mit der Realität offensichtlich unvereinbar ist, folgt unmittelbar, daß dieser Fall unmöglich ist. Mit anderen Worten: Nichts kann sich in einem Bezugssystem befinden, das sich überlichtschnell bewegt."

„Ich verstehe aber nicht –" begann ich.

„Vielleicht nicht, aber dies ist die schlüssige mathematische Antwort auf Ihre Frage. Und nun möchte ich nicht unhöflich sein, aber leider erwarten mich jetzt Verpflichtungen, die wichtiger sind als irgendwelche Wetten."

Eine halbe Stunde später, nachdem wir durch den Hyde Park geschlendert waren, erreichten wir das großzügiger angelegte *Imperial College,* wo wir uns zum Arbeitszimmer von Professor Challenger durchfragten. Als wir vor der geschlossenen Eichentür standen, hörten wir schon seine zornige Stimme. Anscheinend stauchte er einen unglücklichen Studenten zusammen. Schließlich öffnete sich die Tür, und ein junger Mann kam heraus.

„Ob Professor Challenger wohl Zeit für uns hat?" fragte ihn Sherlock.

„Sie *möchten* ihn sprechen?" fragte der junge Mann ungläubig. Dann besann er sich, nickte und ging eilig davon. Wir betraten die Höhle des Löwen, wenn auch ein wenig beklommen – zumindest meinerseits. Sherlock erklärte die Wette und berichtete auch die Antwort, die uns Summerlee gegeben hatte.

Challenger lehnte sich in seinem Stuhl zurück und lachte ungeniert laut auf.

„Die Antwort eines echten Mathematikers", sagte er belustigt, als er sich wieder gefaßt hatte. „Das kann in der Tat bedeuten, daß eine überlichtschnelle Bewegung unmöglich ist. Aber es beantwortet nicht die Frage, *warum* es unmöglich ist oder *was geschähe,* wenn man es dennoch versuchte. Zu viele mathematische Beweise sind von dieser Art. Sie mögen absolut korrekt sein, liefern jedoch kein brauchbares Bild der Situation, die sie beschreiben.

Es gibt die unverbürgte Geschichte von einem Mathematikstudenten, der seinen wissenschaftlichen Horizont erweitern wollte und daher an einem geographischen Projekt mitwirkte. Er wurde gebeten, durch direkte Nachforschung zu entscheiden, ob ein bestimmter Ort auf einer Insel oder auf dem Festland lag. Er befand sich übrigens auf der Insel.

Er schlurfte also auf dem Festland los, wobei er ständig auf seine Schnürsenkel starrte. Nun hatte man einige Zeit zuvor einen Tunnel gegraben, der die Insel mit dem Festland verband, und es ergab sich zufällig so, daß unser Student diesen Tunnel durchschritt. Er blickte auf seiner ganzen Wanderung niemals hinauf und nahm daher nicht wahr, daß er durch einen Tunnel kam. Und selbst wenn er es bemerkte hätte, wäre es ihm sicher nicht wichtig erschienen. Kurz darauf stolperte er ins Ziel auf der Insel. Da er es trockenen Fußes erreicht hatte, kam er zu dem Schluß, es handle sich um keine Insel.

In gewisser Hinsicht hatte er sogar recht. Sie können einen Mathematiker nur über Inseln befragen, wenn Sie ihm eine strenge Definition einer Insel liefern. Entsprechendes gilt für alle anderen Themen. Nach bestimmten Definitionen ist eine Insel auf einmal keine Insel mehr, wenn man sie durch einen Tunnel oder über eine Brücke mit dem Festland verbindet! Natürlich war die zitierte Antwort kaum hilfreich, und er hatte über die Welt um ihn herum nichts Nützliches erfahren.

Lassen Sie uns Ihr Problem also auf eine praxisnahe Weise angehen. Wir nehmen an, ein Ingenieur will ein Geschoß abfeuern, das sich schneller als das Licht bewegen soll. Die schnellsten Geschützgranaten erreichen ungefähr einen Kilometer pro Sekunde. Nun schießt er sie von einer Lafette aus ab, die sich auf einem Zug befindet, der sich fast mit Lichtgeschwindigkeit bewegt. Kann die Granate dann nicht das Licht überholen?

Stellen Sie sich vor, die Lafette ist auf dem hypothetischen Zug Ihres Bruders Mycroft angebracht, fährt also mit sechs Zehnteln der Lichtgeschwindigkeit. Nun wird in Fahrtrichtung gefeuert. Wie schnell ist die Granate vom Standpunkt eines Beobachters aus, der neben dem Gleis steht?"

Mir ging ein Licht auf. „Aha!" sagte ich. „Vom Bahnsteig aus gesehen, erscheint der Zug verkürzt. Zudem vergeht die Zeit im Zug langsamer. Der entsprechende Faktor macht jeweils vier Fünftel des Normalwertes aus. Multiplizieren wir beide Faktoren, dann folgt, daß das Geschoß nur um sechshundertvierzig Meter pro Sekunde schneller ist als der Zug."

Challenger strahlte mich an. „Sehr gut! Aber unser Ingenieur ist hartnäckig. Er erhöht die Geschwindigkeit des Zuges, so daß dieser nur um dreihundert Meter pro Sekunde langsamer ist als das Licht; das entspricht einem Millionstel der Lichtgeschwindigkeit. Wieder feuert er. Hat er nun Erfolg?"

Auch in Professor Challengers Arbeitszimmer standen die relativistischen Formeln für Raum und Zeit auf einer Tafel:

Die relativistischen Formeln. Die Größe ß ist der Bruchteil der Lichtgeschwindigkeit.

„Nun, Ereignisse im Zug scheinen sehr langsam abzulaufen. Zudem werden Geschütz und Granate auf die Dicke eines Menschenhaares verkürzt", erklärte ich.

„Sehr richtig. Das Geschoß kommt im Schneckentempo aus dem Lauf und kann das Licht sicher nicht überholen. Ihre Methode, die Geschwindigkeiten zu addieren, ist nur zulässig, wenn eine der beiden Geschwindigkeiten sehr klein gegenüber der Lichtgeschwindigkeit ist. Man kann aber leicht eine genauere Formel aufstellen." Er schrieb die dritte Formelzeile auf die Tafel. „Wie groß die Anfangswerte der beiden Geschwindigkeiten auch sind – wir wollen sie mit den Indizes 1 und 2 bezeichnen –, solange die Bruchteile der Lichtgeschwindigkeit kleiner als eins sind, ist auch ihre Summe kleiner als eins."

Er hob den Zeigefinger. „Sie fragen sich sicher, wo die Energie der Sprengladung geblieben ist, die das Geschoß aus dem Lauf beförderte. Die Antwort ist, daß sie tatsächlich in das Geschoß überging. In einer relativistischen Welt ist die Energie nicht einfach proportional zum Quadrat der Geschwindigkeit, sondern steigt exponentiell an, wenn die Geschwindigkeit der des Lichts nahekommt.

Um das Geschoß oder irgendeinen anderen Gegenstand auf Lichtgeschwindigkeit zu bringen, müßte man eine unendlich hohe Energiemenge zuführen. Das setzt – so wage ich zu behaupten – den Bemühungen unseres Ingenieurs eine grundsätzliche, unüberwindbare Grenze."

Dabei fiel mir der Roman *Die ersten Menschen im Mond* ein, den ich gerade gelesen hatte. Darin erzählte H. G. Wells, daß die Sterne viel, viel weiter von der Erde entfernt sind als der Mond, und er fragte, ob wohl jemals Menschen dorthin reisen könnten.

„Der unserem Sonnensystem nächstgelegene Stern", erklärte ich, „ist so weit weg, daß sein Licht fünf Jahre braucht, um uns zu erreichen. Nun sagen Sie, ich könnte niemals in weniger als fünf Jahren dorthin fliegen, wie raffiniert mein Raumschiff auch konstruiert sei."

Challenger lächelte listig. „Von Ihrem Standpunkt aus könnten Sie es", entgegnete er. „Während Sie beschleunigten, sähen Sie das Universum sich in Richtung Ihres Fluges verkürzen. Sie bemerkten niemals, daß Sie schneller als das Licht reisten, könnten aber trotzdem nach kürzerer Zeit dort sein."

„Das ist, als wenn der Raum selbst sich krümmte!" warf ich schnell ein.

„Es ist keine Krümmung im üblichen Sinne, lieber Doktor. Der Raum zieht sich zusammen. Man spricht darum besser von einer Kontraktion."

Sherlock Holmes nickte. „Aber für einen Beobachter, der hier auf der Erde zurückblieb, dauerte die Rundreise mindestens zehn Jahre. Darauf kommt es bei der vorgeschlagenen Wette an. Ich habe soweit verstanden, daß kein *physikalischer* Gegenstand schneller als das Licht sein kann. Aber ich bin mir weniger sicher, was andere Manifestationen angeht. Können Sie mir versichern, Professor, daß keine neue Arten von Strahlungen oder Dingen entdeckt werden können, die schneller als Licht übertragen werden können?"

Challenger überlegte. „Nein, das kann ich nicht definitiv ausschließen", sagte er schließlich widerwillig. „Ein weiser Mann glaubt niemals, daß das bis jetzt Unerreichte wirklich unmöglich ist, denn er ist sich der Grenzen seiner eigenen Erkenntnis bewußt. Wer weiß denn, was vielleicht morgen schon entdeckt werden kann? Ich kann eine solche Aussage keinesfalls garantieren."

„Ich fürchte, Watson, bis jetzt war es vergebliche Mühe", sagte Holmes, als wir das College verließen. Er sah auf die Uhr. „Es ist jetzt bald Zeit für das Abendessen. Da müßte Mycroft sich in seinem Club aufhalten, der ja fast auf unserem Heimweg liegt. Lassen Sie uns hingehen. Ich bin allerdings sicher, daß er sich der Meinung von Challenger anschließen wird."

Aber ausnahmsweise hatte Holmes diesmal unrecht. Mycroft hörte sehr aufmerksam zu, als das Problem erklärt wurde, und sah uns dann erleichtert an.

„Ich kann euch definitiv versichern, daß keine Signalübertragung schneller als das Licht sein kann", sagte er schließlich. „Sie schätzen die Romane von H. G. Wells, Doktor. Haben Sie auch *Die Zeitmaschine* gelesen? Sicher mit Vergnügen. Aber halten Sie die Schilderung für glaubwürdig?"

Ich hätte beinahe laut aufgelacht, besann mich aber gerade noch rechtzeitig. Schließlich wäre dies im Diogenes-Club ein schwerer Verstoß gegen die Etikette – selbst in dem Raum, zu dem Gäste Zutritt haben.

„Eine amüsante Phantasie, aber offensichtlich unmöglich", antwortete ich. „Nun, wenn ich in der Zeit zurückreisen könnte, so könnte ich womöglich meine Großmutter töten, bevor sie ihr erstes Kind bekäme. In diesem Falle aber wäre ich heute überhaupt nicht hier, hätte also nicht zurückreisen und die Untat begehen können! – Oder ich könnte eine Nachricht an mich selbst schicken, von der ich weiß, daß ich sie nie erhielt. – Es ergäben sich zahllose Paradoxa, wenn es möglich wäre, mit der Vergangenheit Verbindung aufzunehmen."

Mycroft nickte. „Sehr gut, Doktor", sagte er bedächtig. „Jetzt stellen wir uns wieder den Zug vor, den Sie ja schon kennen und der eine Lichtsekunde lang ist. Vorn steht der Lokführer, und hinten befindet sich eine Art Supertelegraph. Normalerweise braucht ein Signal mindestens eine Sekunde, um die Entfernung zwischen vorn und hinten zu überwinden. Aber wir wollen ein-

mal annehmen, daß dieser Telegraph augenblicklich wirkt." Er
zeichnete den Zug, wie er hier abgebildet ist.

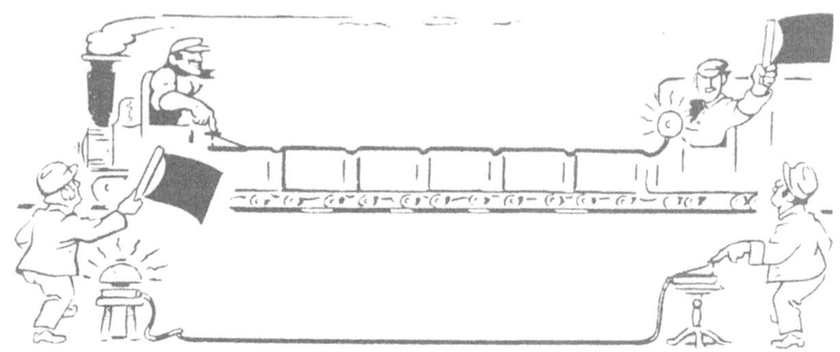

Das Signal kommt an, bevor es gesendet wurde

„Auf dem Bahnsteig stehen außerdem zwei Männer, und
zwar genauso weit voneinander entfernt, wie der Zug lang ist.
Dann befindet sich die Lokomotive neben dem vorderen Mann
und der Waggon mit dem Wachpersonal – hinten am Zug – neben
dem anderen. Auch die beiden Männer auf dem Bahnsteig verfügen über einen Supertelegraphen.

Nun soll folgendes geschehen: Der vordere Mann auf dem
Bahnsteig gibt dem Lokführer ein Signal, während dieser ihn
gerade passiert. Der Lokführer überträgt gleichzeitig ein Signal an
den Wächter hinten im Zug.

Jetzt kommt der springende Punkt. Sie erinnern sich: Wenn es
zwei Ereignisse gibt, die von den Standpunkten des Lokführers
und des Wächters aus gesehen gleichzeitig ablaufen, dann geschieht aus der Sicht der Männer am Bahnsteig dasjenige beim
Wächter hinten früher als das beim Lokführer vorn. Das hatten
wir schon in dem vorigen Fall, bei dem die Prinzessin vor ihrem
Gemahl starb. Der Wächter empfängt daher – vom Bahnsteig aus
gesehen – das Signal über eine Sekunde, bevor es gesendet wurde!

Der Wächter gibt beim Vorbeifahren dem hinteren Mann auf
dem Bahnsteig ein Signal. Dieser hintere Beobachter reicht es
weiter an den vorderen Mann auf dem Bahnsteig, der auch das
erste Signal abgegeben hatte."

„Wir mußten solche ‚Stille Post' spielen, als ich in Afghanistan war", sagte ich. „Es war eine Nachricht von Mann zu Mann
weiterzugeben, und am Schluß wurde geprüft, was von ihr noch

zu erkennen war, wenn sie die Runde durchlaufen hatte. Aus der Mitteilung ‚Feind rückt an, brauchen Verstärkung‘ wurde beispielsweise ‚Feind rückt an, rauchen zur Stärkung‘.“

Mycroft sah mich streng an. „Hier ist aber etwas wesentlich Bemerkenswerteres geschehen“, sagte er. „Erkennen Sie es nicht? Das Signal kehrt zum vorderen Mann auf dem Bahnsteig zurück, und zwar über eine Sekunde, bevor er es überhaupt gesendet hatte! Wir stehen also vor einem offensichtlichen Paradoxon.

Nun liegt folgendes auf der Hand: Wenn es möglich wäre, ein Signal zu senden, das auch nur ein kleines bißchen schneller ist als das Licht, dann könnte man mit Hilfe eines entsprechend schnellen Zuges – anders gesagt: mit einem Paar von Signalgebern – eine Nachricht in die Vergangenheit senden. Eine bessere Garantie können Sie sich gar nicht wünschen, daß so etwas auf ewig unmöglich bleiben wird.“

Sherlock dankte ihm, und wir begaben uns zum Savoy-Hotel. Unterdessen kamen mir Visionen von plötzlichem Reichtum. Mein Freund zog ja stets die Jagd dem Töten vor, nahm also lieber interessante als lukrative Fälle an. Und nun bestand Aussicht auf zwanzigtausend Pfund!

Ein Page geleitete uns zur Suite von Mr. Rolleman und klopfte an der Tür. Niemand antwortete.

„Er ist ganz gewiß hier“, sagte der Page. „Ich war ihm gerade eben begegnet. Er fühlte sich unwohl und rang nach Atem.“

Er schloß die Tür auf und prallte mit einem Schrei des Entsetzens zurück. Mr. Rolleman lag auf dem Boden, seine Augen starrten leblos an die Decke, und sein Gesicht war dunkelrot angelaufen. Ich kniete nieder und untersuchte ihn, während Holmes rasch die Suite nach Eindringlingen durchsuchte.

„Das ist kein Kriminalfall für Sie, Holmes. Dies ist ein schwerer Schlaganfall. Ich sah schon heute morgen Anzeichen dafür, und ich war bestimmt nicht der erste Arzt, dessen Rat, langsamer zu treten, er ignorierte.“

„Wie oft bewahrheitet sich doch der abgedroschene Spruch ‚Wer hastig klettert, wird eilig fallen‘ – zumindest auf lange Sicht“, bemerkte Holmes, als wir wieder das Hotel verließen. „Mr. Rolleman hatte in gewisser Hinsicht recht gehabt, als er mich als Dilettanten einstufte. Ich nutze meine Begabungen zu Nachforschungen, weil mir das Freude bereitet, obwohl ich mit gleichem

Aufwand in anderen Bereichen wohlhabender werden könnte.
Ich lebe in Verhältnissen, die andere als äußerst bescheiden empfinden, die für mich aber angemessen sind. Jedoch verbringe ich
meine Zeit auf angenehme Weise, und mein Lebensstil paßt zu
mir wie gut eingelaufene Pantoffeln, denn mein Leben bietet
genau die richtige Dosis an Aufregung und Abenteuer. Und da
uns alle letztlich das Schicksal von Rolleman ereilen wird,
Watson, was können wir mehr erwarten, als im richtigen Takt
gelebt zu haben?"

8. Der Fall des Energie-Anarchisten

„Das hätte ich mir nie träumen lassen", entfuhr es mir, „eine wichtige Anwendung der Mathematik in der Medizin, und noch dazu in einer Weise, daß ich sie verstehen kann."

Ich hielt die neueste Ausgabe der Medizinzeitschrift *Lancet* in Händen. „Es war schon immer rätselhaft, Holmes, wie eine Krankheit, die in einem Land schon lange auftritt, von der es jährlich aber nur wenige Fälle gibt, praktisch über Nacht zu einer Epidemie werden kann: Eine Seuche durchzieht das Land wie ein Buschfeuer, und alle Einwohner werden binnen weniger Monate entweder krank oder bleiben immun.

Viele tapfere Ärzte sind in solche Länder gereist und haben vergeblich versucht, das Phänomen zu ergründen. Zuweilen wurden sie selbst infiziert und starben daran. Nun hat aber ein Londoner Facharzt einen wesentlichen Aspekt klären können.

Angenommen, so führt er hier aus, die Menschen werden nur gelegentlich durch den Krankheitserreger infiziert, den eine andere Person bereits in sich trägt. Auf diese Weise könnten zehn solcher Fälle pro Jahr in einem bestimmten Land vorkommen. Wenn die Krankheit direkt von Mensch zu Mensch übertragbar ist, so muß man diese Anzahl der Fälle mit einem gewissen Faktor, der sogenannten Infektivität, multiplizieren. Bei einer Infektivität von null komma fünf beträgt für jede infizierte Person die Wahrscheinlichkeit 50 Prozent, daß sie eine andere Person ansteckt, bevor sie selbst stirbt oder wieder gesund wird. Somit ist für jeden Erstfall die Wahrscheinlichkeit 50 Prozent, daß eine zweite Person angesteckt wird, und 25 Prozent, daß eine dritte Person infiziert wird, und so weiter, in geometrisch fallender Reihe. Der Multiplikationsfaktor ist zwei, und es wird insgesamt zwanzig Fälle pro Jahr geben.

Selbst wenn die Infektivität null komma neun neun beträgt, also extrem hoch ist, wird jeder Infektionsherd sehr schnell isoliert werden, und die Ausbreitung wird stoppen. Insgesamt werden bei diesem Infektivitätsfaktor pro Ersterkrankung einhundert Fälle auftreten. Und eintausend Erkrankungen pro Jahr sind für ein großes Land in den Tropen – rein rechnerisch gesehen – im Grunde nicht viele.

Nehmen wir aber nun an, der Krankheitserreger sei nur ein bißchen virulenter, und die Infektivität betrage eins komma null eins. Dann wird die Krankheit in der Bevölkerung nicht abklingen, sondern jeder Infektionsherd wird sich unaufhaltsam ausbreiten. Jeder Kranke wird bald zwei Personen anstecken, diese wiederum je zwei weitere und so weiter. Dann haben wir eine Seuche biblischen Ausmaßes!"

Ich sah meinen Freund ernst an und fuhr fort: „Das ist eine wirklich wichtige Anwendung der Wissenschaften, Holmes, ganz im Gegensatz zum brotlosen Dilettieren in der Theologie der Physik, wie es Ihr Bruder betreibt, wenn ich mir diesen Ausdruck einmal erlauben darf. Zeitunterschiede von Millionstelsekunden! Entfernungsabweichungen, die erst bei Geschwindigkeiten merklich werden, die die Menschheit niemals auch nur im Traum wird erreichen können! Die neue Physik ist nur eine Spielerei, Holmes: Die Entdeckung des Relativitätsprinzips ist keinen Pfifferling wert, wenn es um die Realität geht."

Holmes sah mich an. Wir erholten uns an diesem Wochenende von den Anstrengungen der vergangenen Tage und schmökerten in Zeitschriften. Ich widmete mich medizinischen Magazinen, Holmes vorwiegend der Boulevardpresse.

„Das ist eine wichtige Erkenntnis, Watson. Ich frage mich, ob ähnliche Gesetzmäßigkeiten auch die Verbreitung von Gerüchten erklären könnten." Er wies auf die Titelseite der Zeitung, in der er gerade las. Die fette Schlagzeile „Anarchisten bereit zum Losschlagen" hatte den Untertitel „Kann Ihr bester Freund einem Geheimbund angehören?". Die Strichzeichnung darunter zeigte einen teuflisch grinsenden Mann, der einen Zylinder trug und ein Streichholz an eine angedeutete Bombe hielt.

„Anscheinend werden wir gerade von einer Horde Anarchisten heimgesucht. Nicht von wirklichen Anarchisten, sondern von einer Fülle von Berichten über Verschwörungen und ähnliches. Jeder Artikel baut auf dem vorigen auf und übertreibt noch ein bißchen mehr. Bald werden auch Leute von beachtlicher Intelligenz zumindest die Hälfte davon glauben. Gestern erhielt ich einen ernsten Brief von Scotland Yard, in dem man mich angesichts der bevorstehenden Krise um Unterstützung bat. Wer sind eigentlich diese Anarchisten, wenn es überhaupt welche sind?

Wahrscheinlich etliche Studenten, die sich einen Spaß daraus machen, anonyme Briefe an die Zeitungen zu schreiben. Ich sage Ihnen, Watson –"

Hier wurde er unterbrochen, denn es klopfte jemand zaghaft an die Tür. Wir öffneten, und draußen stand ein Telegrammbote.

„Ein Telegramm für Mr. Holmes, von Scotland Yard", sagte der Junge wichtigtuerisch.

Holmes nahm das Telegramm in Empfang. „Sogar am Sonntag!" stöhnte er, während er den Umschlag aufriß. „Es steht wohl tatsächlich der Weltuntergang kurz bevor, Watson." Er las die Mitteilung, warf den Kopf zurück und lachte laut auf. Dann gab er dem Boten einen Sixpence. „Danke, mein Junge. Nein, es stimmt so!"

Während der Junge die Treppe wieder hinunterstapfte, gab Holmes mir das Telegramm.

Ich las es laut vor: „LETZTER BRIEF DES ANONYMUS AN DIE TIMES STOP BOMBE MIT EINER SPRENGKRAFT VON HUNDERTTAUSEND TONNEN SCHIESSBAUMWOLLE SOLL AM DIENSTAG MITTEN IN LONDON DETONIEREN STOP ERBITTE RATSCHLAG STOP ARNDALE."

„Arndale ist bei Scotland Yard derzeit dafür zuständig. Aber hierauf würde nicht einmal Lestrade hereinfallen", sagte Holmes. „Und auch der Briefschreiber ist ziemlich naiv. Er glaubt offenbar, daß die *Times* den Brief am Montag abdruckt, was sie natürlich nicht tun wird; dann erwartet er, daß die Bevölkerung in panischer Angst flieht, um am Dienstag schon weit weg zu sein."

„Nun, ich hoffe, Sie sind sich da sicher!" entgegnete ich.

„Überlegen wir einmal, Watson. Angenommen, Sie wollten eine möglichst große Menge gefährlichen Sprengstoffs nach London hineinschmuggeln. Wie würden Sie das anstellen?"

Ich dachte kurz nach. „Da fällt mir die Sage vom Trojanischen Pferd ein, Holmes. Ich denke, ich würde auf irgendeinem Nebengleis einen Zug mit dem Sprengstoff beladen. Dann würde ich dafür sorgen, daß er anstelle eines regulären Zuges in einen Londoner Bahnhof gelangt, vielleicht als Güterzug, der früh am Morgen Milch transportiert. Wohl niemand käme auf die Idee, in den Milchkannen nachzusehen, ob sie vielleicht Sprengstoff statt Milch enthalten."

Holmes nickte. „Sehr gut ausgedacht, Watson. Aber Ihr Plan wäre leicht zu durchkreuzen: Ein Zug ist auf seinem Weg stets von den Signalen und den Weichenstellungen abhängig. Außerdem könnte er höchstens einige hundert Tonnen Sprengstoff transportieren.

Ich halte einen Schubverband aus Lastkähnen für viel geeigneter. Sie verkehren so zahlreich auf der Themse, daß wir kaum noch Notiz von ihnen nehmen. Mit ihnen kann man jeweils rund tausend Tonnen befördern. Zudem kann man sie leicht ins Zentrum Londons bringen, beispielsweise direkt zum Parlament, was bei den Londoner Kopfbahnhöfen nicht möglich ist. So etwas könnte man ernsthaft erwägen. Aber eine Menge von hunderttausend Tonnen ist absurd. Doch ich möchte meinen Sonntag nicht damit verbringen, irgendeinen Schwachkopf zu amüsieren."

Ich dachte weiter nach. „Gibt es denn keinen Sprengstoff, der bei gleichem Gewicht eine sehr viel höhere Sprengkraft als Schießbaumwolle hat?" fragte ich dann.

„Meines Wissens nicht, Watson. Schießbaumwolle ist derzeit das wirksamste Sprengmittel." Er überlegte kurz. „Aber um Sie zu beruhigen und um Scotland Yard zu versichern, daß ich mein Honorar auch verdiene, werden wir morgen einen Chemiker zu Rate ziehen. Ich denke da an unseren Freund Adams im Britischen Museum."

Am nächsten Morgen gingen wir zeitig zum Museum und wurden in das Untergeschoß geführt, wo sich die Laboratorien von Doktor Adams befanden. Leider begrüßte uns nur ein Assistent.

„Kommen Sie von der Insel Canvey?" fragte der junge Mann uns aufgeregt. Er reagierte deutlich enttäuscht, als wir erklärten, wir kämen nicht von dort.

„Wir haben gerade eine äußerst bemerkenswerte Mitteilung erhalten", erklärte er. „Haben Sie schon von unserer berühmten Statue aus Uran gehört?"

Dieses Götzenbild stand auf einem Labortisch in der Nähe. Der Assistent wußte offenbar nichts von unserer Mitwirkung an der Entdeckung seiner besonderen Eigenschaften.

„Heute morgen erfuhren wir, daß man am Devil's Point auf der Insel Canvey eine Kiste gefunden hatte, die am Strand angeschwemmt worden war. Der Aufschrift nach stammt sie aus Brasilien. In ihrem Inneren befand sich eine Statue, die der unseren gleicht, nur daß das Gesicht als normales Relief dargestellt ist, also erhaben anstatt konkav.

Ich vermute stark, daß die beiden exakt zusammenpassen, also eine nahtlose Kugel ergeben, wenn man sie – Gesicht an Gesicht – aneinanderfügt. Das würde beweisen, daß sie zusammen produziert wurden, wobei vielleicht die eine als Form für die andere diente. Diese Statue hier wurde in Afrika gefunden. Da die andere anscheinend aus Brasilien stammt, liegt eine archäologische Sensation in der Luft."

Holmes nickte nachdenklich, und der junge Mann fuhr fort: „Leider ist Doktor Adams heute vormittag nicht im Hause. Aber ich habe auf meine eigene Initiative hin veranlaßt, daß die zweite Statue hierhergebracht wird." – „Und wo ist Doktor Adams?"

„Nun, das ist eine recht seltsame Geschichte. Sie wissen wahrscheinlich, daß wir Chemiker hier an der offenbar unbegrenzten Energie herumrätseln, die die Statue langsam, aber unaufhörlich aussendet. Heute früh bat ein gewisser Professor Challenger vom *Imperial College* Doktor Adams um eine Unterredung. Er glaube, so ließ er mitteilen, das Geheimnis klären zu können. Doktor Adams begab sich daher sofort ins College. Wollen Sie eine Nachricht für ihn hinterlassen?"

„Nein, besten Dank. Wir kennen den Professor und werden beide sicher im College antreffen", entgegnete Holmes, und wir überließen den jungen Mann seiner Aufregung.

Als wir uns Professor Challengers Arbeitszimmer näherten, hörten wir schon lauten Streit. Die näselnde, hohe Stimme von Summerlee kämpfte gegen den dröhnenden Baß von Challenger an. Dicht vor der Tür angekommen, vernahmen wir deutlich, wie Summerlee sagte: „Das Problem, Challenger, ist, daß Sie nicht unterscheiden zwischen einer *fiktiven* Größe, die eingeführt wird, um die Gleichung stimmig zu machen, und einer wirklichen physikalischen Größe. Und sogar Ihre *fiktiven* Darlegungen nehmen es mit den Märchen von Baron Münchhausen auf."

Jetzt brüllte Challenger wütend los, und Sherlock Holmes öffnete eilends die Tür. Im Zimmer saßen Adams, Challenger und Summerlee. Challenger winkte uns heran.

„Willkommen, Mr. Holmes, Doktor Watson. Sie sind zwar nicht die Studenten, die ich erwartet habe, aber Sie kommen gerade recht für eine Gratislehrstunde.

Sie erinnern sich vermutlich, daß ich bei unserem letzten Treffen beschrieb, wie wir aus dem Relativitätsprinzip ableiten können, daß die Energie eines Gegenstands exponentiell ansteigt, wenn sich seine Geschwindigkeit der des Lichts nähert. Man geht dabei von der einfachen Newtonschen Gleichung für geringe Geschwindigkeiten aus. Nach ihr ist die Bewegungsenergie proportional zum Quadrat der Geschwindigkeit, und die Abweichung hiervon spielt erst bei extrem hohen Geschwindigkeiten eine Rolle. Entsprechend wird bei extremen Geschwindigkeiten auch der Impuls größer, als es die gewohnte Formel angibt. Summerlee und ich diskutieren gerade die Bedeutung dieses Sachverhalts."

Ich verspürte überhaupt kein Verlangen, wieder einem Streit beizuwohnen.

„Man könnte den Disput doch sicher mit Hilfe einfacher Messungen entscheiden", sagte ich.

Challenger schüttelte den Kopf. „Wir streiten uns nicht um die Zahlenwerte, sondern um einen viel heikleren qualitativen Punkt, nämlich um die Interpretation der Ergebnisse."

Ich war überrascht. „Ich habe aus meinem Studium behalten, daß ein qualitatives Verständnis in der Wissenschaft eher leicht zu erreichen ist. Mir schienen die Schwierigkeiten vielmehr in der Berechnung der Größen zu liegen." Noch so viel später schauderte es mich geradezu bei der Erinnerung an komplizierte Berechnungen und unübersichtliche Gleichungen.

Challenger warf sich in die Brust. „Aber hier geht es um eine dritte, höhere Stufe wissenschaftlichen Verständnisses, in der die qualitative Interpretation sowohl schwierig als auch entscheidend ist", erklärte er. „Natürlich muß man zunächst die Mathematik beherrschen. Aber ich glaube, ich kann die Sachlage so erklären, daß ausnahmsweise auch Sie diese dritte Stufe der Erleuchtung erklimmen können, ohne die übliche Quälerei mit Gleichungen. Ich werde es so einfach ausdrücken, daß sogar jeder Trottel es sofort einsieht."

Er starrte dabei auf Summerlee, sprach aber so rasch weiter, daß dieser Koryphäe der Wissenschaft keine Zeit für eine Entgegnung blieb.

„Wie ist die Tatsache physikalisch zu interpretieren, daß es um so schwieriger wird, einen Gegenstand zu beschleunigen, je näher seine Geschwindigkeit bei der Lichtgeschwindigkeit liegt?

Nach einem Ansatz, den Summerlee vertritt, wird die Masse selbst irgendwie größer; wir müßten daher eine ‚fiktive Masse' hinzufügen, die eine Funktion der scheinbaren Energie des Gegenstands ist, also der Geschwindigkeit des Beobachters.

Ich dagegen will ihm beweisen," – hier schlug er mit der Faust auf den Tisch, um seine Argumente zu unterstreichen – „daß es dabei nicht um fiktive Größen geht. Die Bewegungsenergie selbst äußert sich als Masse, weil *Masse und Energie in Wahrheit ein und dasselbe sind.*"

„Unsinn!" schrie Summerlee dazwischen.

Challenger ließ sich nicht erschrecken. Er ergriff eine kleine, unscheinbare Holzkiste, die unbeachtet am Rand der Schreibtischplatte gestanden hatte.

„Das ist eine sehr sinnreiche Vorrichtung, die meine Behauptung beweisen wird", sagte er. „Würden Sie sie bitte näher untersuchen, Professor?" Feierlich reichte er Summerlee die Kiste.

Der betrachtete sie gründlich und drückte dann die Sperre zum Öffnen. Der Deckel sprang auf, und sogleich schoß – an einer nun entlasteten Sprungfeder befestigt – ein Kastenteufel heraus, der auch prompt Summerlees Nase traf. Challenger lehnte sich zurück und lachte wie ein Schuljunge über seinen Scherz.

„Challenger, für dieses sonderbare Verhalten werden Sie sich augenblicklich rechtfertigen!" schrie Summerlee wütend.

„Aber ja, natürlich werde ich das. – Sie, Summerlee, sehen hier nur einen Kastenteufel, aber das Gerät gibt uns wesentlich tiefere Aufschlüsse."

Er nahm die Kiste wieder in die Hand. „Sie sehen, daß man die Figur auf zweierlei Weise in den Kasten einsetzen kann: Entweder neben die Feder, die dabei nicht gespannt wird, oder fest auf die Feder, die dann beim Schließen des Deckels zusammengedrückt wird. Letzteres ist natürlich die normale Betriebsweise."

Er schloß die Kiste. „Nun, Summerlee, nehmen Sie an, die Kiste bleibe verschlossen. Sie können sie wiegen; sind Sie in der Lage, mir zu sagen, wieviel Energie nötig ist, um diese Masse auf eine bestimmte Geschwindigkeit zu beschleunigen?"

„Das könnte ich ohne weiteres."

„Hängt Ihr Ergebnis davon ab, ob die Feder gespannt oder locker ist?"

„Selbstverständlich nicht, denn die Anzahl von Atomen in der Kiste bleibt ja dieselbe und daher auch die Masse."

„Dann, mein lieber Summerlee, haben wir ein ganz wunderbares Gerät vor uns: ein Perpetuum mobile! Wir könnten die

Feder spannen, die Kiste annähernd auf Lichtgeschwindigkeit beschleunigen und dann den Deckel öffnen, so daß der Teufel nach vorn herausspringt.

Das Gerät wird genau so funktionieren, wie wir es eben gesehen haben, da alle Bezugssysteme gleichwertig sind. Weil aber Gegenstände, die fast Lichtgeschwindigkeit haben, ungeheuer viel Energie aufnehmen, wird die Feder nun mehr Arbeit verrichten, um den Teufel zu beschleunigen. Damit erhalten wir aus der Feder mehr Arbeit, als wir beim Spannen aufgewandt hatten, und ebenso einen höheren Impuls!"

Summerlee war völlig verblüfft. Seine Lippen bewegten sich, aber er schwieg.

„Halten Sie ein Perpetuum mobile für möglich, Summerlee?" Challenger deutete auf ein seltsames Gerät, das im Bücherregal an der Seitenwand stand. Es ist hier abgebildet:

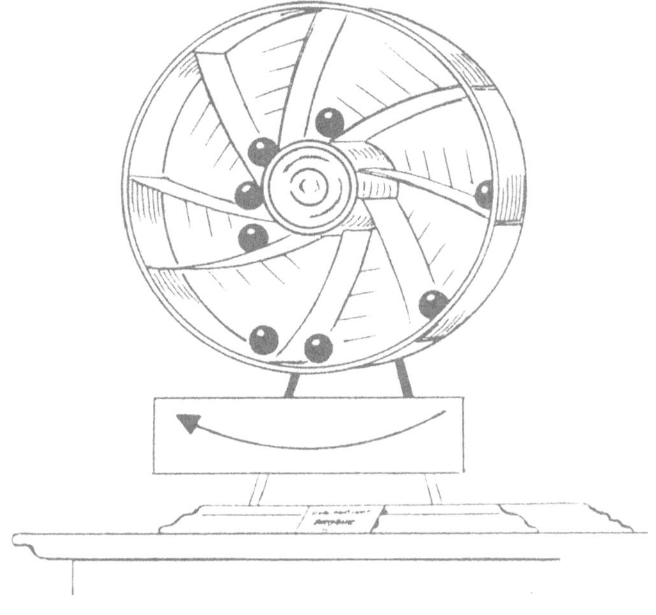

Ein angebliches Perpetuum mobile

„Es gehört zu meinen Aufgaben, Erfindungen zu beurteilen, die man mir bringt. Einige sind recht raffiniert, aber die meisten funktionieren nicht einmal. Der Konstrukteur dieses Rades stellte sich vor, daß die rechts herunterfallenden Kugeln die Kugeln links anheben, so daß sich eine unaufhörliche Bewegung ergibt. Er meinte, der Hebelarm rechts sei größer, weil sich die Kugeln hier weiter außen befinden, im Prinzip so wie ein Kind, das auf einer Wippe mogelt. Eine nähere Betrachtung zeigt natürlich, daß alle Kräfte ausgeglichen sind und das Rad aufgrund der Reibung zum Stillstand kommen muß.

Und hier habe ich eine Vorrichtung, mit der angeblich das Prinzip der Impulserhaltung umgangen wird, indem eine Kraft erzeugt werden soll, der jedoch keine gleich große Kraft entgegensteht."

Dabei zeigte er uns ein Gerät, in dem mehrere Schwungräder eine recht komplexe Drehbewegung ausführen sollten.

„Dieser Apparat soll eine Hubkraft erzeugen. Man stellt ihn auf Waagschalen, und während sie auf und ab schwingen, soll das mittlere Gewicht ein bißchen kleiner sein als zuvor. –

Nicht weit von hier, an der *Speaker's Corner* im Hyde-Park, trifft man immer wieder Leute an, die solche geradezu wundersam funktionierenden Mechanismen anpreisen. Wollen Sie nicht auch dort auf eine Apfelsinenkiste steigen, Summerlee?"

Er hielt inne; Summerlee saß stumm und unbeweglich da.

„Aber ich habe eine Alternative für Sie. Wenn nämlich die Feder gespannt ist, *hat dadurch die Gesamtmasse dieses Kastenteufels zugenommen.* Obwohl nicht ein einziges Atom hinzukam, äußert sich die Energie der gespannten Feder als zusätzliche Masse. Somit ist die ganze Kiste ein kleines bißchen schwieriger zu beschleunigen, man braucht dazu also mehr Kraft. Daher wird mehr Arbeit verrichtet. Auch hier liegt kein Perpetuum mobile vor, das mehr Energie abgäbe, als hineingesteckt wurde. Die Energie hat alle Merkmale der trägen Masse, und gemäß Ockhams Prinzip von der logischen Beschränkung – nach dem so wenige Annahmen wie möglich zu treffen sind – behaupte ich, daß Masse und Energie letztlich dasselbe sind, wenn auch zuweilen in unterschiedlichen Erscheinungsformen."

Summerlee rang sichtlich mit sich. „Vielleicht haben Sie ja sogar recht", sagte er schließlich mit belegter Stimme. „Aber für eine so ungewöhnliche Behauptung sollten Sie weitere Beweise beibringen."

Challenger strahlte. „Nichts leichter als das, mein lieber Kollege Summerlee!"

Nun zeigte er uns ein Gerät, das auf der Fensterbank stand. Es war wohl die Verkörperung eines weiteren Fehlschlags beim Bemühen, die Naturgesetze zu umgehen: Ein kleines Rad mit metallenen Schaufeln befand sich in einem Glaskolben, der dem einer Glühbirne ähnelte, als Schutz gegen Luftzug.

Die Lichtmühle

„Es ist wohlbekannt, daß nach den Maxwellschen Gleichungen eine elektromagnetische Strahlung auch eine Kraft oder einen Druck ausüben kann", erklärte Challenger. „Das kann man experimentell beweisen. In diesem Gerät fällt gerade Sonnenlicht gleichermaßen auf beide Seiten des Rades, und es steht still. Wenn ich aber eine Lupe nehme, dann –"

Er nahm eine große Lupe in die Hand und richtete sie nahe am Fenster so aus, daß sie das Sonnenlicht auf eine Seite des Schaufelrades fokussierte. Das Rad begann sich zu drehen, zuerst langsam, dann aber immer schneller.

„Oh, das ist großartig", entfuhr es mir. „Ein Segelschiff, das in den Kalmen nahe des Äquators wegen der Windstille festsitzt, bräuchte zum Weiterfahren lediglich ein kleines reflektierendes Hilfssegel. Die Matrosen müßten es nur zur Sonne ausrichten und könnten sozusagen auf den Wind pfeifen."

„Leider nicht", sagte Challenger, der angesichts meiner Begeisterung schmunzelte. „Die damit erzielbare Kraft ist – an normalen Maßstäben gemessen – viel zu klein. Sie macht sich hier nur bemerkbar, weil der Glaskolben luftleer ist, so daß das Rad nicht durch die Luft abgebremst wird."

Nun ging er zu einer Tafel gegenüber dem Fenster und zeichnete eine Skizze (siehe nächste Seite).

„Dies soll ein luftdicht versiegeltes Metallrohr sein, das sich bewegungslos im Weltraum befindet, weit von der Erde, der Sonne und allen Planeten entfernt, so daß keine Kräfte irgendwelcher Art einwirken, also auch kein Wind und keine Schwerkraft. Dann wird es doch in Ruhe verharren, nicht wahr?"

Wir nickten.

„Gut", fuhr er fort, „nun könnte ich erreichen, daß es sich zu bewegen scheint. Angenommen, das Rohr enthält einen schweren Gegenstand, der sich längs in ihm frei bewegen kann. Bewegt sich das Rohr ein wenig nach rechts, dann bewegt sich der Gegenstand in ihm entsprechend nach links, weil der Schwerpunkt des gesamten Systems am selben Ort verharrt.

Nun soll sich im Rohr statt des Gegenstands an einem Ende eine kleine Fahrradlampe befinden, und zwar eine Glühbirne mit einem Reflektor und einer kleinen Batterie." Diese Anordnung zeichnete er ein, wie sie hier dargestellt ist. „Wir schalten die Lampe für einen Moment ein, so daß sie ein Lichtsignal abgibt, das dann am anderen Ende des Rohres von schwarzem Filz absorbiert wird.

Weil das Licht einen Druck ausübt, wird sofort nach dem Einschalten der Reflektor ein bißchen nach links gestoßen."

Summerlee hatte aufmerksam zugehört. „Ja, aber eine entsprechende, nach rechts gerichtete Kraft wird daraus resultieren, daß das Licht am entfernten Ende absorbiert wird."

„Sehr richtig. Doch weil die Lichtgeschwindigkeit endlich ist, wird zwischen beiden Impulsen – nach links und nach rechts – eine kurze Zeitspanne vergehen, während der sich das Rohr ein bißchen nach links bewegt. Der Übergang der Energie von einem Ende des Rohres zum anderen wirkt wie die Bewegung einer Masse. Reine Energie hat eine Masse!"

Die entscheidende Formel

Ich wandte ein: „Sie haben das aber nur für die elektrische Energie bewiesen, die das Licht der Lampe hervorbrachte."

„Keineswegs. Die Energie, die die Glühbirne zum Leuchten bringt, könnte in irgendeiner Form gespeichert sein – reagierende Chemikalien wie in der Batterie, Schwungrad, gespannte Feder oder anderes. Zudem kann man die Lichtenergie am rechten Ende des Rohres im Prinzip in jede andere Form umsetzen, beispielsweise in die siedenden Wassers, das eine winzige Dampfmaschine antreiben könnte. Auf diese Weise hat jegliche Energie eine ihr äquivalente Masse.

Das Schöne an diesem Gedankenexperiment ist, daß wir damit das Verhältnis zwischen Masse und Energie berechnen, also angeben können, wieviel Joule an Energie einem Kilogramm an Masse entsprechen. Aus Versuchen kennt man das Verhältnis zwischen Impuls und Energie eines Lichtstrahls; es läßt sich auch mit Hilfe der Maxwellschen Gleichungen berechnen. Der Impuls ist gerade der Quotient aus der Energie und der Lichtgeschwindigkeit."

Nun ging er zur Tafel und wandte sich von dort wieder an uns. „Wir schreiben c für die Lichtgeschwindigkeit und L für die Länge des Rohres. Dann ist die Zeitspanne, während der das Licht im Rohr unterwegs ist, gleich L durch c. Das Rohr mit der Masse M wird sich mit einer Geschwindigkeit bewegen, die gleich dem Impuls des Lichts ist, dividiert durch die Masse des Rohres. Wenn wir E für die Energie des Lichtsignals schreiben, bewegt sich das Rohr mit einer Geschwindigkeit, die wir so berechnen: E dividiert durch c, und dieser Bruch dividiert durch M.

Daher bewegt es sich um eine Strecke d, die gegeben ist durch –" er schrieb die Formel auf die Tafel. Mir wurde langsam schwindlig.

„Ich hab' einen Horror vor Formeln!" entfuhr es mir.

„Aber dies ist eine der vollkommensten und schönsten Ableitungen der ganzen Physik, vielleicht sogar die bedeutsamste, wie ich gleich zeigen werde. Ich bin sicher, Sie werden mir dieses eine Mal noch verzeihen, Doktor! Jetzt nehmen wir an, wir wollten dasselbe Rohr um die gleiche Strecke d bewegen, indem wir eine wirkliche Masse m von einem zum anderen Ende verschieben. Diese Masse m ergibt sich als M multipliziert mit d und dividiert durch L. Mit anderen Worten: Die Masse ist gleich der Energie, dividiert durch das Quadrat der Lichtgeschwindigkeit."

„Aber die Lichtgeschwindigkeit ist doch unvorstellbar hoch", wandte ich ein. „Daher entspräche einer bestimmten Energiemenge doch eine unglaublich geringe Masse. Hier handelt es sich wohl wieder um eine Ihrer Spitzfindigkeiten ohne jede praktische Bedeutung!"

„Sie könnten kaum weniger recht haben, Doktor. Bringen wir in der Gleichung den Ausdruck c-Quadrat auf die andere Seite und schauen uns die Bedeutung der neuen Formel an."

Er schrieb die letzte Zeile auf die Tafel: $E = m\,c^2$. Dann erläuterte er: „Das Energieäquivalent einer bestimmten Masse ist das Produkt aus dieser Masse und dem Quadrat der Lichtgeschwindigkeit. Danach entspricht einem Kilogramm, beispielsweise Wasser, ungefähr zehn hoch siebzehn Joule; das ist mehr Energie, als alle Kohlebergwerke von Wales zusammen noch liefern werden."

Summerlee schnaubte verächtlich. „Und Sie beschuldigen mich, an das Perpetuum mobile zu glauben! Wirklich, Energie aus Wasser!" spottete er. „Selbst wenn Sie recht hätten, Challenger, so hat doch heutzutage niemand auf der ganzen Welt eine realistische Vorstellung davon, wie man diese Energie aus der Materie gewinnen könnte. Wenn ich Sie richtig verstehe, soll die Materie ja mit unvorstellbaren Energiemengen verknüpft sein."

„Nicht direkt, Summerlee. Ich glaube, daß einer von uns hier der erste Mensch ist, der – wenn auch unwissentlich – eine solche Freisetzung von Energie wahrgenommen hat." Dabei wies Challenger auf Doktor Adams, der in den letzten Minuten offenbar mit sich gerungen hatte, nun aber eingriff:

„Sie haben recht, Professor Challenger, davon bin ich überzeugt. Ich hätte nie gedacht, daß die Lösung meines Rätsels so tiefgreifend sein könnte."

Er wandte sich an uns alle: „Sie wissen, daß ich schon lange über zwei unterschiedliche Eigenheiten dieser mysteriösen Statue nachgrüble. Die erste besteht darin, daß hier aus einer scheinbar unerschöpflichen Quelle ständig Energie freigesetzt wird, wenn auch langsam. Die zweite war die, daß die Atome des Urans offenbar in Atome eines anderen Elements umgewandelt wurden, dessen Atommasse geringer ist. Also schien Masse zu verschwinden, auch wenn man die seltsamen subatomaren Teilchen einbezieht, die bei diesem Prozeß emittiert wurden.

Nun erweisen sich beide Rätsel im Grunde als eines." Er fuhr dann recht bedächtig fort: „Offenbar ist ein merklicher Anteil dessen, was wir für die *Masse* eines Atomkerns hielten, in Wahrheit eine *Bindungsenergie*, also eine Energie, die im Atomkern gespeichert ist, im Prinzip wie die Energie der gespannten Feder beim Kastenteufel. Diese Bindungsenergie hält die geladenen Teilchen des Atomkerns zusammen.

Beim Zerfall des Atomkerns entfernt sich ein positiv geladenes Alphateilchen aus dem positiv geladenen Atomkern, so daß ein leichterer Atomkern zurückbleibt. Die Bindungsenergie wurde in die kinetische Energie des Alphateilchens umgesetzt; man kann auch sagen: Masse wurde in Energie umgewandelt. Sie sind wirklich ein Genie, Sir."

Challenger strahlte. Bescheidenheit war sicher nicht seine Stärke. „Nicht nur ein Genie, Sir, sondern auch der Entdecker von Kräften, die die Geschicke der Menschheit auf zuvor undenkbare Weise verändern werden. Ich bin der Entdecker einer unerschöpflichen Energiequelle."

Adams zögerte. „Ich fürchte aber, Sir, daß diese im Prinzip verfügbare Energie in der Praxis kaum zu erschließen sein wird."

Wir sahen ihn an. „Sehen Sie, Professor, die Zerfallsrate des Urans in der Statue ist sehr gering: Es würde viele Jahrtausende dauern, bis die Masse halbiert würde – und das, obwohl die Statue anscheinend aus einer Uransorte besteht, die besonders schnell zerfällt.

Wir haben kleine Proben aus der Statue entnommen. Sobald wir sie aus der unmittelbaren Nähe der Statue entfernten, sank die Zerfallsrate. Dagegen ließ sich die Zerfallsrate auf keine andere Weise verändern, weder durch extrem hohe Temperatur, starke Säuren oder elektrische Felder.

Ich sehe also keinen Weg, die Zerfallsrate so weit zu erhöhen, daß nutzbare Energiemengen in annehmbaren Zeitspannen zu gewinnen wären."

„Das ist nicht überraschend", meinte Summerlee nachdenklich, „schließlich müssen die Kräfte, die den Atomkern zusammenhalten, unvorstellbar stark sein im Vergleich zu den gewöhnlichen chemischen Bindungskräften. Sie durch Wärme aufzubrechen, wäre fast so, als wollte man ein Schlachtschiff mit einer Pistolenkugel versenken."

Challenger schien nicht verwirrt zu sein.

„Aber ich habe ein Projektil, das genau dies ermöglicht", bemerkte er.

„Unsinn!" erwiderte Summerlee scharf. „Ich könnte Ihnen sehr schnell vorrechnen, wieviel Energie dazu nötig wäre; doch ich bin sicher –"

„– daß sie so hoch ist, daß sie nur aus einem ähnlichen zerfallenden Kern stammen kann", ergänzte Challenger ruhig. „Vergleichen wir einmal mit einem Radfahrer: Wenn er im Freilauf einen Abhang hinunterfährt, erreicht er dadurch genug Bewegungsenergie, so daß er, von Luftwiderstand und Reibungskräften abgesehen, einen gleich hohen Hügel wieder hinaufkommt, ohne zu treten. Analog dazu kann ein aus einem Atomkern herausgeschleudertes Teilchen gerade die Energie haben, in einen anderen Atomkern einzudringen.

Wir haben also so etwas wie einen Ansteckungseffekt vor uns, Summerlee. Wenn der Uranklotz groß genug ist, so daß die meisten emittierten Teilchen andere Urankerne treffen, bevor sie in die Luft entweichen, dann wird die Zerfallsrate drastisch ansteigen. Die dabei entstehende Wärme kann Wasser verdampfen, und mit dem Dampf kann man eine Turbine antreiben und elektrischen Strom erzeugen. Die Menschheit wird mir auf ewig dankbar sein, meine Herren!"

Er strahlte uns überheblich an. Plötzlich sprang Holmes mit einem entsetzten Schrei auf und rannte wie von Sinnen aus dem Zimmer.

Ich holte ihn auf der Exhibition Road endlich ein, wo er gerade eine Mietkutsche angehalten hatte. Er dachte gar nicht daran, auf mich zu warten, aber es gelang mir gerade noch, ebenfalls in die Kutsche zu steigen.

„Eine Guinee – nein, fünf Guineen, wenn Sie uns in zehn Minuten zum Britischen Museum bringen. Es geht um Menschenleben!" rief er dem erstaunten Kutscher zu.

Der Fahrer war gottlob schnell von Begriff. Er trieb sein Pferd an, und bald kamen wir – im Galopp, zur Belustigung der Spaziergänger – am Hyde Park vorbei.

Ich sah Holmes an, der nach vorn starrte. Nun kenne ich mich erfreulicherweise ganz gut darin aus, wie man mit solchen mentalen Zuständen umgeht. „Nun, Holmes, sagen Sie mir doch bitte, was los ist", sprach ich ihn schließlich besänftigend an. Er blickte mich an, und ich sah, daß seine Pupillen geweitet waren.

„Kommen Sie nicht darauf, Watson? Der Infektivitätsfaktor! Die halbkugelförmige Statue ist groß genug, um eine merkliche ‚Ansteckung' herbeizuführen, indem ein hoher Anteil der von den zerfallenden Atomen emittierten Teilchen den Zerfall weiterer Atome herbeiführt. Anders ist es nicht zu erklären, daß die Zerfallsrate in der Halbkugel höher ist als in einer kleinen daraus entnommenen Probe, wie uns Doktor Adams ja berichtet hat.

Wenn man nun die beiden Halbkugeln aneinandersetzt, steigt der Infektivitätsfaktor sicher über den Wert eins an. Und dann –"

„Die Epidemie!" rief ich aus.

„Ja, Watson. Die Seuche breitet sich immer schneller aus: Mehr Atome spalten sich, und dann noch mehr, und so weiter. Aber diese Seuche hat keine Inkubationszeit von einigen Tagen, sondern von winzigen Sekundenbruchteilen. Fast augenblicklich werden alle Atome der ganzen Kugel gespalten, und ein beträchtlicher Anteil ihrer Masse wird in Energie umgesetzt werden, mit der Explosionskraft von –"

„– hunderttausend Tonnen Schießbaumwolle!" beendete ich.

Holmes trieb den Kutscher zu noch größerer Eile, während mich das Grauen beschlich. Ich sah auf einmal alles mit ganz anderen Augen. Die großen Hotels nahe am Park könnten sich in Scherben von Ziegelsteinen verwandeln, und das Museum in Holborn hinterließe nur noch einen riesigen Krater. Die sorglosen Menschen rundherum wären binnen Augenblicken tot oder müßten in Kürze sterben.

Ich konnte mir eine solche Katastrophe kaum vorstellen. Die Toten der größten Schlacht in der Geschichte wären nichts, verglichen mit diesem Blutbad, das jeden Moment über uns hereinbrechen konnte. Ich halte mich nicht für besonders ängstlich, aber ich zitterte am ganzen Körper, als die Kutsche am Museum vorfuhr. Holmes nahm sich nicht die Zeit, den Kutscher zu bezahlen, sondern rannte sofort hinein. Ich folgte ihm und überhörte das Schimpfen des Kutschers.

Im Keller fanden wir weder die Statue, noch trafen wir den Assistenten an, mit dem wir am Morgen gesprochen hatten. Ein anderer Angestellter in einem weißen Kittel trat näher.

„Kann ich Ihnen behilflich sein?"

„Ja. Wo sind die Statue und der junge Mann, mit dem wir heute früh gesprochen haben? Die Angelegenheit ist äußerst dringend und lebenswichtig!" erklärte Holmes in sehr gebieterischem Ton.

„Mein Kollege hat die Statue mitgenommen und sich zum Devil's Point auf der Insel Canvey begeben. Er wollte so schnell wie möglich überprüfen, ob die beiden Statuen zusammenpassen. Weil die am Strand gefundene Statue nicht sofort hierher geschickt werden konnte, nahm er – ohne die Erlaubnis des Direktors einzuholen, wie ich anmerken möchte – unsere Statue mit; in der Bahnstation Fenchurch Street wollte er in den Zug steigen. Das ist erst ein Weilchen her."

Holmes antwortete nicht mehr, und wir eilten wieder nach draußen. Hier stritt der Kutscher, der uns hergebracht hatte, heftig mit einem Museumspförtner. Holmes drückte ihm einen größeren Geldbetrag in die Hand.

„Sie erhalten noch einmal soviel, wenn wir den Zwölf-Uhr-Zug in der Fenchurch Street erreichen!"

Der Mann sah kurz auf das Geld, schwang sich wieder auf den Bock und fuhr hastig los. Wir rumpelten durch die Euston Road, und als wir den Bahnhof erreichten, hörten wir gerade das Pfeifsignal zur Abfahrt. Ohne auf die Proteste des Stationsvorstehers zu achten, sprangen wir auf, als der Zug schon fuhr.

Wir befanden uns in einem Waggon ohne Durchgang, so daß wir die anderen Waggons nicht durchsuchen konnten. Holmes sah auf die Uhr und kaute auf den Lippen. „Wenn der junge Mann auch in diesem Zug sitzt, Watson, dann besteht keine Gefahr, weil wir ihn dann bestimmt abfangen können. Aber was ist, wenn er den vorigen Zug erreicht hat?"

Darauf wußte auch ich keine Antwort. Während der Zug weiter beschleunigte, kamen mir allerdings Zweifel. Der Beweis für all diesen Relativitätskram war ja doch sehr indirekt. Könnte mein Freund vielleicht den Einflüsterungen erlegen sein? Oder könnten die Professoren gar an der stark ansteckenden *Folie-à-deux* leiden, an dieser Art leichtem Wahnsinn, bei dem sich gute Bekannte gegenseitig immer tiefer in Täuschungen hineinsteigern? Hatte uns Professor Challenger, ein nicht gerade sehr verantwortungsbewußter Mensch, womöglich zum Narren gehalten? Allmählich erschien mir Angelegenheit immer weniger dringlich.

Wir waren fast die einzigen, die im kleinen Bahnhof der Insel Canvey ausstiegen. Den jungen Mann, mit dem wir am Morgen gesprochen hatten, sahen wir nirgends.

Holmes ging zum Stationsvorsteher. „Können Sie mir bitte sagen, wo der Devil's Point ist?"

Der Mann antwortete nicht, sondern streckte einfach den Arm aus. Vom Bahnsteig aus konnten wir bis zum Meer sehen, denn die Sicht war klar. Eine lange, schmale Sandbank erstreckte sich von der eigentlichen Küstenlinie einige Kilometer weit ins Meer hinaus. An ihrem Ende bemerkten wir eine gewisse Aktivität. Es schien keine Möglichkeit zu geben, die Menschen dort zu warnen.

„Schnell, Watson, wir können noch rechtzeitig da sein!" – In diesem Augenblick zuckte dort ein unglaublich greller Blitz auf, heller als die Sonne, der mich für kurze Zeit blendete. Wir tasteten beide herum und fanden jeder des anderen Arm, um uns zu stützen. Sonst hätte uns die gewaltige Druckwelle umgeworfen, die ein paar Sekunden später über uns hinwegfegte.

Allmählich konnte ich wieder sehen. Durch rote, verschleierte Nachbilder erkannte ich über dem Meer eine große Dampfwolke, die langsam in den Nachmittagshimmel hinaufstieg, genährt und getrieben von einer dünnen, wirbelnden Säule unter ihr. Die ganze Erscheinung ähnelte auf groteske Weise einem ins Gigantische vergrößerten Pilz. Bald hatten wir wieder klare Sicht, und ungläubig sahen wir nur noch brodelndes Wasser an der Stelle, wo wenige Minuten zuvor noch der Devil's Point gewesen war. Hohe Wellen gelangten bis zum Strand direkt vor uns. Ich erwartete fast schon eine Sturmflut, aber die Brecher stiegen nicht über die Hochwassermarke. Dann wurden sie wieder schwächer.

„Wir konnten diesmal zumindest noch die Elefantenspuren sehen, Watson!" Ich sah Holmes verständnislos an.

Wir saßen am nächsten Morgen in unseren Räumen in der Baker Street und lasen, was die Zeitungen über die Ereignisse des Vortages berichteten. Die Behörden hatten schnell gehandelt, um eine Panik zu vermeiden. Sie hatten verlauten lassen, am Devil's Point sei ein Munitionsboot gestrandet und daraufhin explodiert. Die Journalisten hatten diese Geschichte geschluckt. Falls einige doch Zweifel hatten, waren sie so klug, sie für sich zu behalten. Und von Anarchisten war überhaupt nicht die Rede.

„Schon vor einiger Zeit habe ich bemerkt, Watson, daß Sie eine bewunderungswürdige Skepsis an den Tag legen, wenn es darum geht, Neues und schier Unglaubliches zu akzeptieren. Wenn in Ihrem Wohnzimmer ein Elefant wäre, gäben Sie das sicher nur zu, wenn er gerade auf Ihrem Fuß stünde.

Sie zweifeln sehr an dieser ganzen neuen Physik, Doktor. Aber jetzt, so meine ich, müssen sogar Sie eingestehen, daß die Indizien nicht nur unsere Überlegungen bestätigen, sondern daß die neuen Entdeckungen noch eine ganz beachtliche Tragweite haben werden."

„Ich tue mich immer noch schwer mit alledem, Holmes", seufzte ich. „Eine so winzige Anomalie aus der Sicht der alten

Physik, nämlich die Konstanz der Lichtgeschwindigkeit in allen Bezugssystemen, führt anscheinend zu höchst ungewöhnlichen Konsequenzen."

Holmes lächelte. „Ich sagte ja schon öfter, Watson, daß ein bestimmter Aspekt eines Falles – irgendein kleines Problem, das Leute wie Lestrade leicht übersehen – ganz entscheidend sein kann, so daß der offensichtlich so logische Ablauf geradezu in sein Gegenteil verkehrt werden kann. Nun wurde in der realen Welt ein angeblich klares, einfaches Bild als falsch erkannt: Eine angeblich unerklärbare Tatsache wurde offenbar, und schon müssen wir alle unsere gewohnten Vorstellungen aufgeben."

„Ich denke aber", antwortete ich, „daß es auch eine positive Seite daran gibt. Glauben Sie, daß sich Professor Challengers Traum von der unerschöpflichen Energiequelle für uns alle irgendwann erfüllt?"

„Nicht so bald, Watson. Zum einen ist die Statue zerstört, und es könnte schwierig werden, noch mehr von diesem speziellen Uran zu finden oder zu produzieren, aus der sie bestand.

Zum anderen sehe ich ein grundsätzlicheres Problem. Als wir über die Epidemien sprachen, bemerkten Sie, daß schon bei sehr geringfügiger Veränderung des Infektivitätsfaktors eine relativ selten ausbrechende Krankheit zu einer verheerenden Seuche ausarten kann. Damit die Freisetzung der Energie aus dem Uran steuerbar ist, muß der entsprechende Faktor – also die Wahrscheinlichkeit, daß ein Atom die Spaltung weiterer Atome auslöst – sehr nahe bei eins liegen, vielleicht bei null komma neun neun neun. Wie dicht bewegt man sich dabei am Rande einer Katastrophe wie der gestrigen! Ich wollte nicht in der Nähe eines solchen Kraftwerks wohnen. Erst wenn die Ingenieure die Technik viel zuverlässiger beherrschen als heute, könnte man solche Projekte vernünftigerweise ins Auge fassen."

Ich betrachtete das vertraute, behaglich eingerichtete Zimmer. „Da wir gerade von Vernunft sprechen, Holmes, mein Geist stieß sozusagen an seine Grenzen, als ich zu verstehen versuchte, was bereits geschehen ist. Ich hoffe wirklich, daß – was auch immer noch geschehen mag – diese seltsame neue Physik keine weiteren Überraschungen bereithält. Ich verspüre nicht das geringste Verlangen, mich mit weiteren Phantastereien auseinanderzusetzen."

9. Der Fall des ungetreuen Dieners

„Rätselhaftes Verschwinden auf See. Noch unerklärlicher als das der *Marie Celeste*. Lesen Sie hier a-l-l-e-s über das Geheimnis der *Alicia*!"

Der Zeitungsverkäufer, der in der Baker Street die Schlagzeilen hinausposaunte, war ein würdiger Vertreter seiner Zunft. Obwohl die Artikel in der Spätausgabe kaum noch interessant sind, fand er doch meist irgendeinen flotten Spruch, so daß man nicht einfach an ihm vorbeiging. Im Laufe der Zeit zog seine Masche bei mir aber kaum noch. Doch seitdem ich – schon als Kind – über das seltsame Verschwinden der *Marie Celeste* gelesen hatte, lassen mich Geschichten über die Geheimnisse der Meere nicht mehr los. So zückte ich diesmal meine Geldbörse und überflog schon auf dem Heimweg die Titelseite.

Es ging um den Kutter *Alicia*. Die Tatsachen waren verblüffend simpel. Vor einer Woche war die *Alicia* an einem klaren Vormittag in eine kleine Nebelbank geraten; das wurde auf einem anderen Schiff, der *Sea Eagle*, aus einigen Kilometern Entfernung beobachtet. Von da an blieb die *Alicia* jedoch verschwunden. Nachdem der Morgennebel sich aufgelöst hatte, kreuzte die *Sea Eagle* eine Weile im betreffenden Gebiet, fand aber keine Spur der *Alicia* – abgesehen von ein wenig Treibgut, das sich eindeutig auf den Decks des Kutters befunden hatte. Darunter war auch ein Rettungsring mit dem Namen *Alicia*. Die *Sea Eagle* war vor kurzem in den Hafen eingelaufen, und die Matrosen hatten von der seltsamen Begebenheit erzählt.

„Hier habe ich eine recht merkwürdige Geschichte für Sie, Holmes", begrüßte ich meinen Freund, als ich ins Wohnzimmer trat. Er blickte auf, griff aber nicht zu der Zeitung, die ich ihm reichte.

„Ah, Sie meinen das Rätsel um die *Sea Eagle*", sagte er. „Das stand schon in der Morgenausgabe der *Times*."

„Nein, Holmes, der Bericht in der *Times* trifft nicht zu. Die Journalisten hatten es wohl zu eilig gehabt, die Geschichte noch ganz schnell in Druck zu geben. Diese Abendzeitung bietet einen genaueren Bericht. Demnach ist das verschwundene Schiff die *Alicia* und nicht die *Sea Eagle*. Von ihr aus wurde das Geschehen nur beobachtet."

Holmes nickte. „So steht es auch in der Morgenausgabe der *Times*", entgegnete er. „Welchem Schiff ist denn eigentlich etwas Merkwürdiges widerfahren: dem beobachteten oder dem beobachtenden? Das Verschwinden eines Schiffes auf See ist zweifellos eine Tragödie, jedoch nicht allzu ungewöhnlich. Verblüffend ist hier vielmehr, daß die *Sea Eagle* eben *nicht* verschwunden ist."

„Aber es geschah ganz plötzlich, bei ruhigem Wetter, im klaren tiefen Wasser", widersprach ich. Dann wurde mir klar, was Holmes gesagt hatte. „Sie meinen doch nicht etwa, daß der Kapitän und die ganze Besatzung der *Sea Eagle* – oh, mein Gott!" schrie ich auf.

Holmes lächelte. „Keine Angst, Watson: Ich wollte nicht sagen, daß ein ehrbarer englischer Kaufmann zum Piraten wurde oder daß die Besatzung etwa auf die Idee kam, ein anderes Schiff zu versenken. Ich meine nur, daß der Unterschied in den Schicksalen der beiden Schiffe so auffällig ist – und nicht das Schicksal jedes einzelnen, für sich betrachtet. Während Ihrer Abwesenheit war heute vormittag unser Freund Professor Challenger hier; er gab mir eine einleuchtende Erklärung für das Vorkommnis.

Er wies darauf hin, daß schon öfter – durchaus vertrauenswürdig – von Wellen berichtet wurde, die groß genug wären, ein Schiff wie die *Alicia* kentern und sinken zu lassen. Haben Sie schon von den Tsunamis gehört? Das sind gewaltige Oberflächenwellen, ausgelöst durch Seebeben, also Erdbeben auf dem Meeresgrund. Zudem gibt es Wellen, die durch den Anprall von Gezeitenströmungen auf Furchen oder Grate am Meeresboden entstehen, sowie Wellen, die sich sozusagen eher zufällig bilden."

„Aber auf der *Sea Eagle* konnte man keine derartigen Wellen bemerken!"

„Challenger erklärte, daß sich Wellen etwas anders verhalten als materielle Gegenstände, wenn sie aufeinandertreffen. Ein Apfel und ein Apfel ergeben immer zwei Äpfel, und zwar nebeneinander. Aber zwei Wellen können sich durchaus gleichzeitig am selben Ort des Meeres befinden und dabei als zwei separate Wellen wirken. Sie können sich in einem Augenblick so überlagern, daß sie wie eine einzige große Welle erscheinen. Es gibt jedoch auch eine andere, raffiniertere Möglichkeit: Angenommen, die

Wellenberge einer Welle treffen auf die Wellentäler einer ähnlich hohen Welle. Das führt dazu, daß sie einander auslöschen, so daß die Wasserfläche eben bleibt.

Challenger behauptet, daß auch mehr als zwei Wellen denselben Punkt der Meeresoberfläche passieren können, so daß diese an einem Punkt ganz ruhig da liegt, daß sich aber gleichzeitig an anderen Stellen die Wellenberge und Wellentäler gegenseitig so verstärken können, daß erhebliche Schwankungen resultieren. Und diese könnten einem Schiff durchaus gefährlich werden."

Ich rümpfte die Nase. „Das erscheint mir doch sehr weit hergeholt, Holmes. Immerhin sehe ich ein, daß mich der Zeitungsverkäufer schon wieder hereingelegt hat, wie schon so oft: Der Fall ist wohl doch nicht so unerklärlich wie der Fall der *Marie Celeste* – der war ja wirklich mysteriös! Ich bin aber sicher, daß Sie deren Schicksal schon vor langer Zeit erklären konnten."

Sherlock Holmes schüttelte den Kopf. „Ich kann mir nur allzu viele Erklärungen für dieses sogenannte Mysterium vorstellen. Ein Schiff mit einer kleinen Besatzung – die Familie des Kapitäns und einige weitere Personen – trieb auf See, ohne Rettungsboot und Navigationsgeräte, aber ansonsten völlig intakt, einschließlich der Ladung. Dafür gibt es mindestens sieben einleuchtende Erklärungen.

Als ich in meiner Jugend diese Geschichte hörte, interessierte mich vor allem die praktische Aufklärung. Das Rätsel war im Abstrakten recht schwierig. Hätte ich das Schiff aber untersuchen können, so hätte ich sicher viele nützliche Hinweise gefunden. Heute ziehe ich meine Schlüsse gewöhnlich aus einem einzelnen Kleidungsstück oder einem besonderen Merkmal. Wieviel mehr Informationen bietet da ein ganzes Schiff! Die Anordnung jedes Taus, jedes Geräts, jedes Gegenstands der Ausrüstung erzählt seine eigene Geschichte. Ich hätte seine Geschichte wie in einem Buch lesen können – sogar heute noch –, wenn ich nur die Möglichkeit gehabt hätte."

„Sie sollten Ihre Erklärungen vielleicht trotzdem veröffentlichen, Holmes. Ich habe noch keine einzige einleuchtende Hypothese gelesen."

Holmes begann, seine Pfeife zu stopfen. „Eine Erklärung, die perfekt zu den Umständen paßt, betrifft die Tatsache, daß als Ladung in den Papieren Industriealkohol angegeben war. Angesichts –"

In diesem Moment wurde heftig an die Haustür geklopft. Holmes erhob sich und ging rasch ans Fenster.

„Einen ersten Hinweis auf die Stellung eines unerwarteten Besuchers, Watson, gibt uns das Fahrzeug, mit dem er kommt", sagte Holmes bedächtig. „Dieses hier ist ein Vierspänner mit dem königlichen Wappen, das – wohl in aller Eile – nur ungenügend abgedeckt wurde. Was schließen wir daraus, wenn wir bedenken, daß die meisten Klienten in einer Mietkutsche vorfahren?"

Ich ging hinunter und öffnete die Haustür. Vor mir stand ein stattlicher Mann in militärischer Haltung. Es schien mir, als fühlte er sich in der Zivilkleidung, die er trug, nicht besonders wohl. Ich geleitete ihn hinauf ins Zimmer.

Er begrüßte uns mit einer etwas steifen Verbeugung. „Ich bin Captain James Falkirk von der Königlichen Palastwache."

Holmes hob die Augenbrauen. „Werden wir in den Palast gebeten?"

Der Kapitän sah ihn aufmerksam an. „Nein. Ich bin auf eigene Initiative hier. Meine Herren, können Sie mir beide Ihr Ehrenwort geben, daß Sie treue Anhänger der Krone sind und daß Sie das, was ich Ihnen mitteilen werde, mit absoluter Diskretion behandeln werden?"

Ich war befremdet, daß er eine solche Frage für notwendig hielt; doch Sherlock Holmes stimmte ohne Zögern zu, und ich folgte seinem Beispiel.

„Im Palast hat sich ein tragisches Ereignis zugetragen, ein gewaltsamer Todesfall", sagte der Captain.

Ich rang nach Luft. „Sie wollen doch nicht etwa sagen –"

Er schüttelte den Kopf. „Nein, es betrifft weder ein Mitglied der Königsfamilie noch einen hochrangigen Gast. Der Tote war Stallknecht, und zudem jemand, dessen Verhalten in letzter Zeit selbst angesichts seines niederen Standes untragbar geworden war. Um es offen zu sagen: Man wird ihn nicht sehr vermissen.

Der Mann – er hieß Jenkins – stand seit rund zehn Jahren in unseren Diensten. Letztes Jahr wurde eine Küchengehilfin entlassen, die in gewisse Schwierigkeiten geraten war, deren Natur Sie sich als weltläufige Männer gewiß denken können. Sie weigerte sich, den Mann zu benennen, mit dem sie sich eingelassen hatte. Dann stellte sich heraus, daß Jenkins der Vater ihres Babys war.

Es scheint so, als hätte er nun doch etwas Verantwortung gegenüber dem Mädchen gefühlt, denn er wollte zum Unterhalt beitragen. Da er nur über äußerst bescheidene Mittel verfügt, jedoch Zugang zur Rennbahn hat, versuchte er, mit Wetten zu Geld zu kommen. Das gelang natürlich nicht, und er wußte weder ein noch aus.

Nun ersann er, obwohl mit Geistesgaben nicht sonderlich gesegnet, einen so niederträchtigen Plan, daß Sie es kaum glauben werden. Er wandte sich nacheinander an drei der geschmacklosesten Boulevardblätter und bot den Redakteuren seine Erzählungen über das Leben im Palast an. Er deutete sogar an, über einige kleinere Skandale Bescheid zu wissen.

Heute vormittag schlug ihm aber doch das Gewissen, zumal ihm wohl klar geworden war, daß er damit nicht durchkäme. Völlig aufgelöst kam er zu mir und gestand alles ein. Er bat mich sogar um Vergebung. Die versagte ich ihm natürlich. Doch angesichts seiner Reue war ich damit einverstanden, daß für seine Geliebte und deren Kind gesorgt würde."

„Nur schade, daß Ihnen eine derart barmherzige Lösung nicht vorher eingefallen war", meinte Holmes reserviert. „Schon in Ihrem eigenen Interesse hätte ein wenig mehr Verständnis manche Probleme vielleicht erst gar nicht aufkommen lassen."

„Dadurch hätte ich ihren Lebenswandel indirekt gebilligt. Jetzt sagte ich ihm allerdings zu, worum er bat, obwohl ich mich beinahe erpreßt fühlte. Ich machte ihm aber klar, daß er selbst – nach allem, was vorgefallen war – selbstverständlich entlassen würde und auch keine Referenzen erhielte, so daß er auf keine anständige Stellung mehr hoffen könne. Heute nachmittag ging er in einen Raum nahe bei den Stallungen und schoß sich eine Kugel in den Kopf."

„Das kam Ihnen wohl nicht allzu ungelegen", sagte Holmes kalt. „Werden Sie Ihre Zusage über die Versorgung von Mutter und Kind einhalten?"

„Sir, ich stehe zu meinem Wort! Das Mädchen wird in einen anderen Palast versetzt werden – ich denke da an Balmoral –, und man wird dort verbreiten, sie sei Witwe. Das kommt der Wahrheit ja nun recht nahe. Aber die Angelegenheit endete doch nicht so klar, denn den Tod des Stallknechts umgibt noch ein Rätsel. Dieses könnte, wenn man es falsch auslegt, einen Skandal auslösen, wie ihn der Palast noch nie gesehen hat."

Holmes beugte sich interessiert vor. „Würden Sie bitte erklären, worin das Problem besteht?"

„Sogar bei der Art und Weise, wie er sich tötete, handelte dieser Mann unüberlegt und rücksichtslos!" sagte Falkirk empört. „Erstens benutzte er eine Pistole eines sehr seltenen deutschen Fabrikats, von dem es nur wenige Exemplare gibt. Dieses hier entnahm er der Privatsammlung des Prinzen, der es von seinem Cousin aus Preußen erhalten hatte. Zweitens beging er den Selbstmord nur wenige Meter von der Veranda entfernt, auf der sich die Königsfamilie versammelt hatte und die Gäste begrüßte."

„Dann konnte seine Tat ja kaum ein Geheimnis bleiben", überlegte ich.

„Doch – denn die Pistole, die er verwendete, ist eine Luftpistole und daher sehr leise. Kaum einer der Gäste scheint etwas wahrgenommen zu haben, und von denen, die sich auf der Veranda befanden, behaupten nur die Königin und ein Gast, der König von Molstein, den Schuß gehört zu haben."

„Sie sagten: ‚Sie behaupten, den Schuß gehört zu haben'?" fragte Holmes nach.

„Das ist ja das Merkwürdige: Zwei andere Gäste auf der Veranda, die genauso dicht am Geschehen waren, hatten nichts gehört. Sie können sich denken, was das bedeutet: Hätte der Stallknecht seine Geschichte wirklich verkauft, so wäre die Königsfamilie in große Verlegenheit gestürzt worden. Man hätte annehmen können, der Mann habe gar nicht Selbstmord verübt, sondern sei ermordet worden, und die Königin und ihr Gast hätten behauptet, den Schuß gehört zu haben, um den wahren Todeszeitpunkt zu verschleiern. So hätte man für den Mörder ein Alibi konstruieren können.

Man würde natürlich sofort den Widersinn erkennen", fügte der Captain nachdrücklich hinzu. „Die Vorstellung, daß ein königlicher Bediensteter einen Mord begeht und die Königin ihn vor der Justiz schützt, ist völlig absurd!"

Ich stellte mir vor, mit welchem Erstaunen Thomas Becket so etwas vernommen hätte – obwohl die Vorkommnisse um seine Person natürlich schon einige Jahrhunderte zurücklagen.

„Aber schon der bloße Schatten eines Verdachts könnte der Königsfamilie unvorstellbar schaden", fuhr Falkirk fort. „Daher ist vor irgendeiner öffentlichen Stellungnahme eine absolut diskrete Untersuchung unabdingbar, die die Tatsachen zweifelsfrei klärt."

„Das verstehe ich", sagte Holmes, „und wir werden sofort kommen."

Der Kapitän sprang erleichtert auf. „Ausgezeichnet! Die Kutsche wartet unten."

Holmes schüttelte den Kopf. „Es ist mit der gebotenen Diskretion nicht vereinbar, wenn ich den Palast in einer so schlecht getarnten Kutsche aufsuche. Es ist besser, Sie kehren damit allein zurück, und wir werden sehr bald in einem bescheideneren Gefährt folgen."

Der Kapitän nickte, zögerte dann aber auf der Schwelle. „Wenn die Kutsche so auffällig ist, dann wird mein Besuch hier auch nicht unbemerkt geblieben sein."

„Keine Sorge. Es kann sich ja um ein privates Problem von Ihnen gehandelt haben, das den Palast überhaupt nicht betrifft. Falls man mich fragt, könnte ich ja sagen, Sie hätten ein Verhältnis mit einer Küchenhilfe gehabt und bei mir um Rat nachgesucht, wie man die Angelegenheit am besten vertuschen kann." Holmes lächelte, als er sah, wie entsetzt der Captain war.

Eine halbe Stunde später wurden wir unbemerkt durch eine Seitentür in den Palast eingelassen. Wir kamen durch etliche lange Korridore, an denen sich Räume von Bediensteten befanden, und schließlich in einen langen Raum, in den das Tageslicht nur durch zwei sehr schmale, fast schlitzartige Fenster gelangte. Am gegenüberliegenden Ende, fast an der Wand, lag der Leichnam des unglücklichen Stallknechts, in der Hand noch die eigenartig geformte Pistole. Der Fußboden war von einem dicken roten Veloursteppich bedeckt und die Wände von Wandteppichen. Der Mann aus den allerbescheidensten Unterkünften für die Palastbediensteten hatte einen der königlichen Räume betreten, um seinem Leben ein Ende zu setzen.

Holmes kniete beim Leichnam nieder. Er zog die Pistole vorsichtig aus der Hand des Toten. „Oh, hier erkenne ich die Arbeit des blinden deutschen Mechanikers von Herder. Eine sehr leise Waffe, wie ich gleich zeigen werde."

Er vergewisserte sich, daß keine Kugel im Schloß steckte, spannte die Waffe und drückte ab. Wir hörten nur einen ziemlich tiefen Laut, als würde ein Signalhorn kurz angetippt. Holmes drehte sich zu uns um.

„Ein fast reiner Ton mit rund einhundertfünfundsechzig Schwingungen pro Sekunde. Er klingt fast wie eine Orgelpfeife, so präzise ist das Gerät gefertigt. Ein Schuß hieraus fällt viel weniger auf als ein Schuß aus einer normalen Waffe mit Schalldämpfer; aber man muß ihn gehört haben, wenn die Fenster offen waren." Er ging hinüber, um sich die Fenster anzusehen, an denen zum Schutz vor Einbrechern schwere Läden angebracht waren. Beide Fenster standen weit offen. „Waren die Fenster im selben Zustand, als der Schuß fiel?"

„Wahrscheinlich", antwortete Falkirk. „Der Leichnam wurde von einem Dienstmädchen gefunden, das die Zimmer sauber-machen wollte. Sie könnte eines der Fenster oder auch beide ver-stellt haben, bevor sie den Toten sah. Sie ist noch sehr aufgeregt und vermag derzeit keine sinnvolle Aussage zu machen."

„Gut. Sehen wir uns nun auf der Veranda um", sagte Holmes. Falkirk führte uns durch einen Nebenraum hinaus auf eine hoch-gelegene Terrasse. Sie hatte ein Geländer und wirkte wie ein großer Balkon, von dem man einen herrlichen Ausblick auf den gepflegten Rasen und die Blumenbeete hatte.

„Zu Beginn eines königlichen Gartenfestes gehen die Gast-geber auf diese Veranda, um ihre Gäste zu begrüßen", erklärte Falkirk. „Heute hielten sich hier vier Persönlichkeiten auf, und zwar in der Reihenfolge ihres Ranges die Königin, ihr Cousin, der der König von Molstein ist, der Erzbischof von York und Sir Oswald Launton."

Holmes lächelte. „Ah, das erinnert – mit Verlaub, Captain – an die wichtigsten Figuren beim Schach: ein Ritter bzw. Springer, ein Bischof, der in seiner Bedeutung dem Läufer entspricht, und natürlich König und Königin. Sie werden bedroht durch einen Mann, der lediglich den Status eines Bauern innehat. Ich hatte schon immer eine Vorliebe für Schachprobleme. Wo genau stan-den die vier Personen, während der Schuß fiel?"

Der Captain war indigniert ob der Respektlosigkeit, mit der Holmes die Würdenträger titulierte, kam aber der Bitte nach. Er zeigte auf den Fliesen, wo sich jeder einzelne aufgehalten hatte. Die entsprechende Skizze ist hier auf der folgenden Seite abge-druckt. Sie ist etwas humorig, gibt aber die relativen Abstände richtig wieder. Der Captain erklärte: „Alle vier standen an der Balustrade: die Königin genau in der Mitte der Terrasse, zu ihrer Rechten Sir Oswald, zu ihrer Linken der Bischof und wiederum links von diesem der König. Wenn wirklich beide Fenster offen waren, müßten alle – wie ich meine – den Schuß deutlich gehört haben."

Die vier Würdenträger und der Selbstmörder

„Natürlich konnte auch eines der Fenster geschlossen sein", meinte Holmes nachdenklich. „Wenn beispielsweise das rechte

Fenster geschlossen war, dann war der Ritter am weitesten von der Schallquelle entfernt. War aber das linke Fenster geschlossen, so könnte der König den Schuß überhört haben. Wir wissen aber, daß die Königin und auch der König den Schuß deutlich hörten, während der Ritter und der Bischof nichts vernahmen. Das ist wirklich merkwürdig."

Plötzlich leuchteten seine Augen. Er zog ein Maßband, wie es die Schneider verwenden, aus irgendeiner Tasche seiner Kleidung und begann, den Abstand der Fenster abzumessen; es waren rund drei Meter. Außerdem ermittelte er die Entfernung von der Fensterwand zur Balustrade; sie betrug vier Meter.

„Er benimmt sich wie ein mißtrauischer Interessent, der das Haus genau untersucht, das er kaufen möchte", meinte Falkirk leise. „Ich fürchte, ihm wird bald klar werden, daß dieses Anwesen nicht zum Verkauf steht."

In diesem Augenblick hörten wir Holmes einen Triumphschrei ausstoßen. Dann erklärte er, wieder in normalem Tonfall: „Die Tonhöhe betrug einhundertfünfundsechzig Schwingungen pro Sekunde. Sie wissen ja, Watson, daß der Schall sich in Form von Wellen mit ungefähr dreihundertdreißig Metern pro Sekunde ausbreitet. Wie groß war also die Wellenlänge dieses Tones?"

„Zwei Meter", antwortete ich schnell. Manchmal glaube ich doch, daß Holmes mich unterschätzt.

„Nun, Watson, wir hatten gerade heute früh darüber gesprochen, daß Wasserwellen einander auslöschen können, wenn die Wellentäler der einen auf die Wellenberge der anderen treffen. Bei Schallwellen wechseln sich, anders als bei Wasserwellen, Zonen verdichteter Luft mit Zonen geringeren Drucks ab. In unserem Fall liegen die aufeinanderfolgenden Fronten höchsten Drucks – oder die geringsten Drucks – gerade zwei Meter auseinander. Sagt Ihnen das irgend etwas?"

„Ja", antwortete ich. „Ich vermute, die Schallwellen können sich gegenseitig auslöschen, wenn die Zone hohen Drucks der einen Welle auf die Zone geringen Drucks der anderen Welle trifft. Aber mir ist nicht klar, wie Sie feststellen wollen, wann und wo dies geschehen sein könnte."

Holmes lächelte. „Das ist ganz einfach, mein lieber Doktor. Die Königin stand so, daß sie von beiden Fenstern gleich weit entfernt war. Die Wellenberge – die Zonen hohen Drucks also – trafen von beiden Fenstern gleichzeitig auf ihre Ohren, so daß die

Wellen einander verstärkten. Der Ritter stand etwas rechts von ihr, und zwar vier Meter bzw. zwei Wellenlängen vom rechten Fenster entfernt, jedoch fünf Meter bzw. zweieinhalb Wellenlängen vom linken. Also trafen bei ihm die Wellentäler der einen Welle auf die Wellenberge der anderen, so daß sie sich praktisch auslöschten. Deswegen konnte der Ritter den Schuß nicht hören."

Der Captain konnte den Ausführungen offensichtlich folgen, denn ich merkte ihm eine gewisse Erleichterung an.

„Ferner stand der Bischof vier Meter vom linken Fenster entfernt, aber fünf Meter vom rechten. Deshalb hörte auch er – aus demselben Grund wie der Ritter – den Schuß nicht. Interessanter ist jedoch die Position des Königs. Er stand links, und zwar rund vier Meter vom linken Fenster und sechs Meter vom rechten entfernt. Aufeinanderfolgende Zonen hohen Drucks der beiden Wellen erreichten ihn daher gleichzeitig, und auch er konnte den Schuß deutlich wahrnehmen.

Sie können also ganz beruhigt sein, Sir Oswald." Der Captain zuckte zusammen. Holmes fuhr fort: „Natürlich habe ich Ihr Inkognito durchschaut, Sir. Es gibt gar keinen Grund, an der Aussage der Königin zu zweifeln. Und Sie müssen auch nicht erwägen, Ihre Ehre aufs Spiel zu setzen und zu lügen, um sie zu schützen. Sie und der Bischof konnten nichts hören, doch die Königin und der König hörten den Schuß deutlich – und darin liegt überhaupt kein Widerspruch."

„Man kann Ihnen nur gratulieren, Holmes", sagte ich, als wir auf dem Rückweg durch den Hyde Park gingen, gegenüber den Hotels an der Park Lane. „Sie haben ein Rätsel außerhalb Ihres eigentlichen Fachgebiets souverän gelöst."

Holmes schüttelte den Kopf. „Das Verdienst gebührt mir nicht in dem Ausmaß, wie Sie meinen, Watson. Als Challenger heute bei mir war, beschrieb er ein wissenschaftliches Experiment sehr ähnlicher Art. Er hält das Phänomen, daß eine Welle mit sich selbst wechselwirken oder interferieren kann, für höchst bedeutsam. Es wird ihn in seiner ewigen Auseinandersetzung mit Professor Summerlee endlich obsiegen lassen; dabei geht es ja darum, ob Licht wirklich eine Welle ist. Er hat mich für heute um fünf Uhr zu einer öffentlichen Debatte bei Summerlee eingeladen. Anscheinend will er Bekannte, deren Intellekt er schätzt, zugegen haben, damit sie Zeugen seines erwarteten Triumphes werden."

Er sah auf seine Taschenuhr. „Es ist jetzt kurz vor fünf. Ich hatte eigentlich nicht vor, hinzugehen. Aber ich meine, wir sind es ihm nun schuldig, denn er hat uns – wenn auch zufälligerweise – bei diesem Fall geholfen. Die Diskussion findet in der Aula der *Royal Society* am Burlington Place statt, nicht weit von hier. Wollen wir den kleinen Umweg machen?"

Als wir den Saal betraten, hörten wir die hohe, näselnde Stimme von Summerlee. Wir versuchten zwar, unsere Sitze möglichst unauffällig einzunehmen, aber die Bestuhlung fällt in diesem Saal nach vorn steil ab, so daß wir vom Podium aus bemerkt wurden. Challenger saß rechts vom Rednerpult, ziemlich ungeniert hingelümmelt. Als er uns sah, blinzelte er uns träge zu.

Noch sprach Summerlee. „Damit ist bewiesen, daß es keinen Äther gibt, der die elektromagnetischen Wellen übertragen müßte." Ich nickte unwillkürlich, denn die Experimente zur Lichtgeschwindigkeit, von denen ich inzwischen einiges wußte, hatten dies nach meinem Dafürhalten ja gezeigt.

Summerlee fuhr fort: „Doch ich verlasse mich nicht auf solche theoretischen Argumente, um meinen Standpunkt zu begründen. Es gibt zwei ganz unterschiedliche, leicht durchzuführende Versuche, aus denen hervorgeht, daß das Licht aus einzelnen Teilchen besteht – ich nenne sie Photonen –, so wie die Materie aus einzelnen Atomen aufgebaut ist.

Zunächst betrachten wir, was geschieht, wenn Licht auf eine entsprechend präparierte metallische Oberfläche trifft. Durch die absorbierte Energie werden Elektronen von der Oberfläche emittiert. Die Anzahlen und Geschwindigkeiten dieser Elektronen sind leicht zu messen.

Nun verdoppeln wir die Intensität des auf die Oberfläche fallenden Lichts, lassen aber die Farbe unverändert. Was passiert? Die von meinem Kollegen vertretene Wellentheorie ließe erwarten, daß sowohl Anzahl als auch Geschwindigkeit der Elektronen ansteigen. Aber wir stellen fest, daß die Geschwindigkeit der Elektronen sich überhaupt nicht verändert, während sich ihre Anzahl verdoppelt, da ja zweimal so viele Photonen aufprallen.

Noch aufschlußreicher ist es, wenn wir nicht die Intensität ändern, sondern die Farbe. Dazu können wir beispielsweise die Temperatur des Glühfadens verdoppeln, so daß seine Farbe von Dunkelrot in Bläulichweiß übergeht. Challenger würde Ihnen weismachen, die Farbänderung entspräche einer Halbierung der

Wellenlänge des Lichts. Aber ich sage Ihnen, daß jetzt die Energie eines jeden emittierten Photons, jedes Lichtteilchens, doppelt so hoch ist. Ich weiß, daß ich recht habe, denn wenn ich die gleiche Gesamtenergie, das heißt die gleiche Lichtleistung, auf die Metallfläche schicke, jedoch mit blauem anstatt rotem Licht, so werden halb so viele Elektronen emittiert, die aber jeweils die doppelte Energie haben. Das ist leicht erklärbar, wenn jedes einzelne Photon genau ein Elektron aus dem Metall herausschlägt: Dann liegen nämlich halb so viele Photonen mit jeweils doppelter Energie vor. Aber es ist fast unmöglich, diesen Sachverhalt mit einer Wellentheorie zu erklären.

Das zweite Experiment ist noch überzeugender. Hier wird Licht mit einer ganz anderen Farbe, nämlich Röntgenstrahlung – sozusagen unsichtbares Licht –, von bestimmten Kristallen reflektiert. Sie wissen sicher, daß reflektiertes Licht dieselbe Farbe wie das einfallende Licht hat. Aber ist das immer der Fall?"

Er zog einen kleinen Gummiball aus der Tasche, warf ihn gegen die Wand und fing ihn wieder auf, nachdem er wieder zurückgeschnellt war. Einige Studenten hinten im Saal klatschten kurz Beifall. Summerlee sah mißbilligend zu ihnen hinauf.

„Angenommen, dieser Ball sei absolut elastisch. Kommt er dann mit derselben Geschwindigkeit in meine Hand zurück, mit der ich ihn geworfen hatte?"

Jemand hob die Hand, und Summerlee nickte ihm zu. Der Zuhörer meinte vorsichtig: „Langsamer, Sir. Die Mauer ist weder unendlich schwer noch absolut starr. Daher wird sie ein wenig nachgeben, so daß der Ball einen Teil seiner Bewegungsenergie verliert."

Summerlee nickte zustimmend. Dann nahm er einen Fußball in die Hand, der neben dem Pult gelegen hatte, und reichte ihn Challenger, der erstaunt seine buschigen Augenbrauen hob. „Sir, wären Sie so gut, diesen Ball ein, zwei Meter senkrecht hochzuwerfen?"

Summerlee ging etwas zur Seite. Challenger zuckte die Achseln, warf aber den Fußball, wie gewünscht. Als dieser seinen höchsten Punkt erreicht hatte, schleuderte Summerlee den kleinen Gummiball kräftig gegen den Fußball, so daß er exakt in der Mitte getroffen wurde. Man hatte den Eindruck, Summerlee fühlte sich in seine Jugend zurückversetzt, als er die ersten Ballspiele geübt hatte. Der Fußball wurde durch den Stoß merklich abgelenkt, flog also etwas zur Seite, während der Gummiball in die Hand von Summerlee zurückkehrte, jedoch langsamer, als er ihn geworfen hatte. Nun brach Beifall aus, in den Challenger ironisch einfiel.

„Ich habe gerade gezeigt", sagte Summerlee ernst, „was geschieht, wenn Röntgenstrahlen auf einen Kristall treffen. Sie verlassen ihn mit geringerer Energie, als wären sie gegen einen schweren Körper gestoßen, der ein wenig zurückwich.

Elektromagnetische Strahlung weist einen Impuls auf, den man berechnen kann. Er ist aber bei weitem zu gering, als daß er einen ganzen Kristall oder auch nur die Schicht von Atomen an dessen Oberfläche merklich verschieben könnte. Nun nehmen wir aber an, daß bei dieser Wechselwirkung einzelne Photonen auf einzelne Elektronen im Kristall treffen. Dann ist der bei den Röntgenstrahlen gemessene Energieverlust genauso groß wie der, den wir erwarten, wenn einzelne Elektronen zurückprallen. Die Strahlung ist also keine Welle, sondern ein Hagel von Photonen, von denen jedes auf ein anderes Elektron trifft; und die Elektronen bewegen sich dabei ein wenig, wie wir es eben beim Fußball gesehen haben."

Wieder applaudierte das Auditorium, diesmal die würdigen Herren in den vorderen Reihen ebenso wie die jungen Studenten. Ich hatte den Eindruck, daß Summerlee die Debatte klar für sich entschieden hatte. Aber als er sich wieder gesetzt hatte, stand Challenger majestätisch auf und strahlte in die Runde; er wirkte in keiner Weise beunruhigt.

„Meine Damen und Herren", begann er, „mein Kollege gab eine wirklich sehr einleuchtende Schilderung. Er zeigte, daß bei gewissen *Wechselwirkungen* zwischen Licht und Materie die Energie des Lichts absorbiert oder reflektiert wird, und zwar in einzelnen Portionen, deren Größe sich mit der Farbe – oder, wie ich sage, mit der Wellenlänge und der Frequenz – des Lichts ändert. Die Folgerung, daß Licht daher aus einzelnen Teilchen bestehen muß, ist nun so verlockend, daß ihr sogar ein intelligenter Mann erliegen kann." Er lächelte breit, während Summerlee erstarrte.

„Diese Folgerung ist aber keineswegs zwingend. Lassen Sie mich einen Vergleich mit alltäglichen Dingen ziehen, die zumindest den Studenten im Publikum vertraut sind: Wir gehen in ein Pub und beobachten den Wirt, wie er das Bier zapft. Wir sehen, daß er dem Faß jeweils ein Pint an Bier entnimmt. Schließen wir daraus etwa, daß Bier nur in unteilbaren Portionen von je einem

Pint vorkommen kann? Nein; denn es ist ja eine Flüssigkeit, die auch in viel kleineren Mengen abgefüllt werden kann."

„Sie waren bestimmt noch nie in unserem Pub", erscholl da eine jugendliche Stimme aus dem Publikum.

Der Professor ignorierte den ironischen Beifall und fuhr ungerührt fort: „Wir müssen uns also keine Mühe geben, die Ausführungen von Professor Summerlee zu widerlegen, sondern dürfen sie getrost ignorieren. Ich kann Ihnen nämlich unwiderlegbar beweisen, daß Licht eine Welle ist, die sich gleichmäßig im Raum ausbreitet." Er wies auf zwei Billardtische auf der Bühne, wie sie hier abgebildet sind.

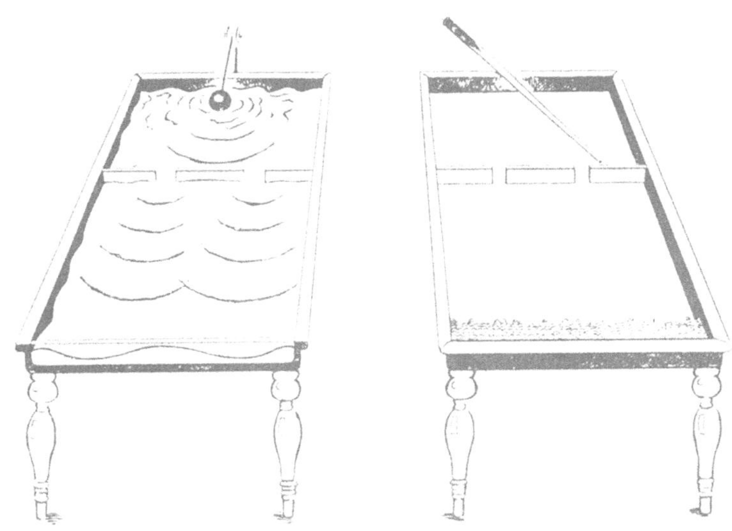

Die beiden Billardtische

Ich reckte den Hals, um sie besser zu sehen. Der eine Billardtisch sah ganz normal aus, abgesehen von drei kleinen Holzbalken als Teiler, die auf seiner Spielfläche lagen. Dasselbe war auch beim anderen der Fall, aber die Fläche schimmerte seltsam. Bald erkannte ich, daß auf ihm farbiges Wasser stand, vielleicht fünf Zentimeter hoch. Möglicherweise sehen ja manche Billardtische im Pub so aus, wenn das Finale eines Turniers gebührend gefeiert worden war. Challenger ging an den Tisch ohne Wasser und nahm ein gewöhnliches Queue zur Hand. Auf einem kleinen Tisch daneben lagen zahlreiche kleine Kugeln.

„Wir wollen annehmen, daß die Kugeln unkontrolliert gespielt werden. Daher möchte ich Professor Summerlee bitten, dies zu tun. – Sir, wären Sie so freundlich, die Kugeln zum anderen Tischende zu stoßen?" Dabei zeigte er auf zwei Lücken zwischen den Holzbalken, durch die die Kugeln genau hindurchpaßten.

Summerlee trat bereitwillig an den Tisch und stieß in rascher Folge die Kugeln, so wie Challenger sie ihm reichte. Man konnte nicht erkennen, ob Summerlee einfach schlecht zielte oder ob Bälle oder Queue irgendwie manipuliert waren. Jedenfalls liefen die Kugeln in völlig zufällige Richtungen. Mir fiel dazu eine Szene aus einem Musical von Gilbert und Sullivan ein, in der mit elliptischen Bällen gespielt wurde.

Die meisten Kugeln trafen auf den mittleren Balken, und Challenger nahm sie dann jeweils schnell wieder vom Tisch. Einige gingen durch die Löcher und wurden dabei in ganz zufälliger Weise abgelenkt; dann rollten sie durch klebrige Pfützen blauer bzw. roter Farbe, die sich hinter jeder Öffnung befanden. Daher sammelten sich am anderen Ende des Tisches jeweils ungefähr gleich viele blau bzw. rot gefärbte Kugeln.

Challenger trat vor, als Summerlee die letzte Kugel gespielt hatte, und erklärte: „Ohne es zu wissen, hat Summerlee ein Experiment simuliert, bei dem Licht aus einer einzigen Lichtquelle durch einen Doppelspalt geführt wird. Zudem hat er es auf eine Weise durchgeführt, die seiner Teilchentheorie entspricht, nach der das Licht aus diskreten Photonen besteht. Wir finden also am anderen Tischende etwa gleich viele Kugeln mit beiden Farben.

Nun frage ich Sie: Was wäre geschehen, wenn ich eine der beiden Öffnungen verschlossen hätte, beispielsweise diejenige mit der blauen Farbe? Wir fänden dann nur rot gefärbte Kugeln, und zwar genau an den Stellen, wo sie sich auch jetzt befinden. Dagegen wären keine blau gefärbten Kugeln vorhanden. Offensichtlich befänden sich an jeder Stelle weniger oder höchstens ebenso viele Kugeln wie vorher. Das *Verschließen* einer Öffnung kann nicht zu mehr Kugeln an irgendeiner Stelle führen, gleichgültig mit welchen Tricks wir die Kugeln auch spielen mögen.

Nun will ich Ihnen ein anderes Modell vorführen." Er wies auf den Tisch mit dem Wasser und startete an dessen einem Ende einen kleinen Mechanismus, durch den sich eine Kugel auf und ab bewegte und dabei rhythmisch auf die Wasserfläche traf. Dadurch entstanden Wellen, die sich von diesem Punkt aus fortpflanzten. Sie traten auch hier durch die beiden Öffnungen, so daß sich am anderen Tischende der Wasserspiegel auf und ab bewegte. Hier hatte der Professor zuvor Wachspapier angebracht. Es verhinderte das Überschwappen des Wassers und wurde zudem an den benetzten Stellen dunkel. Dadurch konnte man gut erkennen, wie hoch die Wasserwellen an den verschiedenen Punkten waren. In regelmäßigen Abständen war der dunkle Streifen rund zwei Zentimeter höher als dazwischen. In den so gebildeten Tälern, also jeweils genau in der Mitte zwischen den Maxima, lag er am tiefsten.

Mir wurde jetzt einiges klar. „Oh, das ähnelt ja den Verhältnissen auf der Veranda im Palast, wo sich der Selbstmord ereignet hat, Holmes! Die auf und ab schwingende Kugel entspricht der Pistole bzw. der Schallquelle, und die Öffnungen repräsentieren die beiden Fenster."

Mein Freund nickte. „Würden wir hier Schachfiguren an den Punkten aufstellen, wo die Wellen am stärksten und wo sie am schwächsten sind, dann hätten wir ein genaues Modell für die Positionen der Königin und ihrer Gäste", sagte er leise.

Challenger gebärdete sich jetzt wie ein Zauberkünstler, der auf den Höhepunkt eines besonders schwierigen Tricks zusteuert. „Jetzt beobachten Sie bitte sehr genau", sagte er, „was geschieht, wenn ich eine der Öffnungen verschließe. Beachten Sie dabei einen Punkt an der gegenüberliegenden Tischseite, wo sich das Wasser im Moment nicht bewegt."

Sobald er die Öffnung geschlossen hatte, verschwand das Muster am Wachspapier. Statt dessen bewegte sich das Wasser hier nun überall gleichmäßig auf und ab, im selben Rhythmus wie die Wellen, die durch die einzige verbliebene Öffnung gelangten.

„Sie sehen", erklärte Challenger, „daß nach dem *Verschließen* einer Öffnung das Wasser an den zuvor tiefen Stellen jetzt *höher* steht. Das ist aber bei den Billardkugeln nicht möglich."

Er ging in den hinteren Teil der Bühne, wo mehrere große, verpackte Photoplatten standen. „Derselbe Versuch wurde schon oft mit Licht durchgeführt. Wenn Licht durch einen Doppelspalt fällt, ergibt sich hinter ihm ein ähnliches Muster von Auslöschungen, weil – wie der Wissenschaftler sagt – eine Interferenz der Wellen eintritt.

Um die Sache definitiv zu klären, wiederholte ich dieses Experiment mit sehr empfindlichen Photoplatten, die mir mein

Freund Doktor Adams überlassen hatte. Die Lichtquelle war so schwach, daß nach Summerlees Berechnung zu jedem Zeitpunkt allenfalls ein einzelnes Photon in der Apparatur vorhanden war. Damit konnte ich die Möglichkeit ausschließen, daß sich die Photonen irgendwie gegenseitig beeinflussen, wobei auch ein solches Wellenmuster entstehen könnte. Zunächst ließ ich bei dem Versuch nur einen Spalt offen."

Nun packte er die linke Photoplatte aus: Sie war gleichmäßig grau. „Wie Sie sehen, breitete sich das Licht in einem großen Winkel einheitlich stark aus. Dann wiederholte ich den Versuch, wobei beide Spalte offen waren." Er zeigte uns jetzt die zweite Photoplatte; sie wies ein deutliches Muster aus hellen und dunklen Streifen auf. „Hier war eindeutig ein Interferenzmuster entstanden. Wenn wir Professor Summerlees Argumentation folgen, müßte jedes einzelne Photon irgendwie *beide* Spalte wahrgenommen und mit sich selbst interferiert haben, denn anders wäre das Muster mit seinen Photonen nicht zu erklären. Wir sehen, daß auf gewisse Stellen der Photoplatte überhaupt keine Photonen aufgetroffen sind. Diese Stellen sind dadurch charakterisiert, daß der Wegunterschied von den beiden Spalten zu ihnen jeweils einer halben Wellenlänge des Lichts entspricht."

Er hielt inne, als erneut Beifall aufbrandete, und stoppte ihn, indem er die Hand erhob. „Sie sehen, daß das Licht in Wahrheit Wellennatur hat, was sich in seinen verschiedenartigen Wechselwirkungen mit der Materie offenbart. Dieses Experiment wurde erstmals zu Beginn unseres Jahrhunderts durchgeführt, und seine Bedeutung ist seitdem allen klar denkenden Männern bekannt." Er funkelte Summerlee an. „Ich bin jedoch nicht hier, um diese alten Sachen wiederzukäuen, sondern möchte eine wirklich neue Entdeckung vorstellen. Ich wage zu behaupten, daß sie die Wissenschaft in ihren Grundfesten erschüttern wird."

Er hielt inne, und man konnte eine Stecknadel fallen hören. Ich glaube, er hätte auch – statt in der Wissenschaft – als Schauspieler oder Anwalt Hervorragendes geleistet.

„Ich wollte nun ergründen, was bei einem Doppelspalt-Experiment mit Teilchen anstatt mit Licht herauskommt. Heutzutage können wir mit geeigneten Apparaturen einen Strom von Elektronen, Atomen oder sogar Molekülen erzeugen, die einzeln und mit einer bestimmten Geschwindigkeit emittiert werden. Die Photoplatten von Doktor Adams sind empfindlich genug, um

auch den Aufprall solcher Teilchen aufzuzeichnen, ähnlich wie
bei den sogenannten Lichtphotonen von Summerlee. Ich muß
zugeben, daß ich ein Resultat erwartete, wie wir es bei den Billardkugeln gesehen haben. Im Gegensatz zu einer Welle kann
jedes einzelne Elektron ja nur einen der beiden Spalte passieren.
Um auszuschließen, daß die Elektronen miteinander zusammen-
stoßen und so vielleicht ein wellenartiges Verhalten vortäuschen,
hielt ich den Strom in der Apparatur gering, so daß zu jedem
Zeitpunkt stets nur ein Elektron austrat.

Als nur ein Spalt offen war, wurden die Elektronen auf zufällige Weise gestreut, und die Photoplatte wurde gleichmäßig
schwach geschwärzt, wie erwartet. Ich war sicher, daß bei zwei
offenen Spalten dasselbe geschähe, nur mit doppelt so starker
Schwärzung der Photoschicht. Was ich fand, war aber dies.“

Er zeigte die dritte Photoplatte. Man hörte im Publikum Laute
des Erstaunens. Die Platte wies ein deutliches Muster aus abwechselnd hellen und dunklen Streifen auf, wie es auch von den
Photonen erzeugt worden war.

„Aus zahlreichen Experimenten weiß man, daß Elektronen
winzig kleine, unteilbare Teilchen sind. Aber dieser Effekt hier
beweist, daß jedes Elektron irgendwie *beide* Spalte passiert haben
muß. Das ist nur dann erklärbar, wenn das Elektron eine Welle ist.
Man kann daher nicht sagen, es halte sich zu einem gewissen
Zeitpunkt an einer bestimmten Stelle auf.

Ich wiederholte das Experiment mit Atomen und dann mit
ganzen Molekülen. Jedesmal ergab sich ein gleichartiges Muster,
wie es bei wellenartigem Verhalten entsteht. Meine Damen und
Herren, ich habe hiermit bewiesen, daß jegliche feste Materie
lediglich eine Illusion ist. Das Universum besteht vielmehr vollständig aus Wellen.

Und sogar Sie“ – er wandte sich dabei seinem Kollegen zu –
„sind im Grunde nur eine Ansammlung von Wellen, die am Rand
mit der Zeit allmählich schwächer werden, also eine kleine örtliche Störung in einem grenzenlosen Meer von Wellen.“

Er wandte Summerlee den Rücken zu und verbeugte sich
dreimal feierlich vor dem Publikum: zur Linken, zur Rechten und
in der Mitte.

Das Publikum verharrte einen Moment lang still, aber dann
brach ein Beifallssturm los. Ich bemerkte allerdings, daß etliche
der anwesenden Wissenschaftler sich kaum daran beteiligten,

sondern nachdenklich die Stirn runzelten; sie schienen noch mit sich zu kämpfen, ob sie das Gesagte akzeptieren könnten. Doch niemand schien geneigt zu sein, mit dem respekteinflößenden Professor zu streiten. Als die ersten Zuhörer aufstanden und den Saal verließen, gingen auch Holmes und ich hinaus.

10. Der Fall des verlassenen Strandes

Die Fensterscheiben zitterten, als sich die Ausläufer des ersten Herbststurms bemerkbar machten. Ich saß allein in unserem Wohnzimmer im Hause von Mrs. Hudson in der Baker Street. Sherlock Holmes war in der vergangenen Woche meist unterwegs gewesen. Er untersuchte einen Fall, über den er mir kaum etwas erzählte, und ich fühlte mich schon ein wenig vernachlässigt. So freute ich mich, als ich Schritte auf der Treppe hörte; aber es war nur ein Telegrammbote. Der rote Umschlag war an Mr. Holmes adressiert, aber ich öffnete ihn. Das hatte mir Holmes grundsätzlich gestattet.

Das Telegramm war kurz und bündig: LEICHE AM STRAND BEI BOURNEMOUTH GEFUNDEN IN SCHEINBAR UNMOEGLICHEN UMSTAENDEN STOP BEWEISE WERDEN DURCH FLUT BALD ZERSTOERT STOP BITTE UMGEHEND KOMMEN WENN MOEGLICH STOP GEZEICHNET GREGORY.

Ich zögerte. Ich hatte keine Ahnung, wo sich Holmes derzeit aufhielt; doch würde jegliche Verzögerung eine mögliche Hilfe von unserer Seite sehr erschweren. Ich wußte nur, daß Holmes einige Hoffnungen in Inspektor Gregory setzte, einen Provinzdetektiv, von dem man erwartete, daß er sich bei Scotland Yard bewarb, sobald sein Dienstalter und seine Aufklärungsquote dies gestatteten.

Ich muß zugeben, daß ich bisher nur mäßig erfolgreich gewesen war, wenn ich einen Fall allein, ohne Mitwirkung meines Freundes Holmes, zu klären versuchte. Aber hier ging es offenbar auch um eine gerichtsmedizinische Beweisführung, so daß ich als Mediziner bestimmt hilfreich sein konnte. Wenn ich dann meinem Freund das berichtete, was ich aus eigener Anschauung erfahren konnte, so müßte ich ihm wertvolle Hinweise geben können. Ich schlug in unserem Kursbuch nach und kritzelte dann eine Antwort auf das Telegrammformular, das der Bote mir gereicht hatte. Darin bat ich Gregory, mich am Fünf-Uhr-Zug zu erwarten. Schließlich hinterließ ich noch eine Nachricht für Holmes, daß er mir, wenn möglich, folgen möge. Dann zog ich einen warmen

Umhang an, der mich gegen den Sturm schützen sollte, und begab mich zur Victoria Station.

Ich kam schon eine halbe Stunde vor Abfahrt des Zuges an und setzte mich in das hintere Abteil des letzten Wagens, also ganz nahe am Zugang zum Bahnsteig. Ich hoffte, daß Holmes noch vor der Abfahrt hier sein konnte. Zu meiner Erleichterung hörte ich jemanden heranrennen, gerade als der Bahnsteigwärter schon zum zweiten Mal die Pfeife ertönen ließ. Die Abteiltür wurde aufgerissen, aber es war nicht Holmes, der im letzten Augenblick in den schon anfahrenden Zug stürzte, sondern ich erkannte die massige Figur von Professor Challenger. Er schien genauso überrascht zu sein wie ich, daß wir uns hier trafen.

„Guten Tag, Doktor. Wollen Sie sich von Ihren Hausbesuchen erholen?" fragte er, noch leicht keuchend vom schnellen Lauf.

„In gewissem Sinne, ja", antwortete ich vorsichtig, denn Holmes hatte mir eingeschärft, daß gerade bei freundlichen Unterhaltungen mit unserem Bekannten besondere Vorsicht zu walten habe. „Und Sie?"

„Nun, Doktor, ich führe sozusagen unser kleines Abenteuer weiter, das wir auf der Nordsee erlebt haben." Er drohte mir scherzhaft mit dem Finger. „Sie erinnern sich wohl noch, daß eine anscheinend paradoxe Bewegung durch eine verborgene Welle erklärt werden konnte. Obwohl sie nicht sichtbar war, hatte sie doch sehr reale Auswirkungen auf Gegenstände an der Oberfläche. Diese Episode war sehr lehrreich. Sie lieferte eine wichtige Metapher, durch die ich zur Erkenntnis gelangte, daß alles im Universum – feste Materie ebenso wie Licht – im Grunde nur aus Wellen besteht."

Ich erinnerte mich an seine Vorführung mit den Billardtischen vor ein paar Wochen. „Ja, Ihre Auffassung schien sich gegenüber der von Summerlee schließlich durchgesetzt zu haben", sagte ich, während unser Zug weiter beschleunigte.

Challenger zuckte die Achseln. „Summerlee gab nicht so einfach nach. Der Beweis der Tatsache, daß Atome Teilchen sind, ist ja recht überzeugend, denn man kann Atome, im Gegensatz zu seinen angeblichen Lichtphotonen, durchaus zu einem gewissen Zeitpunkt an einem bestimmten Ort beobachten.

Indem ich die Elektronen durch den Doppelspalt schickte, konnte ich nicht nur zeigen, daß sie sich wie Wellen verhalten, sondern ich vermochte sogar ihre Wellenlänge zu ermitteln. Die ist nun nicht konstant, sondern hängt von der Geschwindigkeit der Elektronen ab: Je langsamer ein Elektron ist, desto größer ist seine Wellenlänge. Dasselbe gilt für andere Teilchen. Summerlee konnte nun aber auf verschiedene Weise zeigen, daß ein Elektron praktisch unmeßbar klein ist, und zwar weitaus kleiner als die Wellenlänge, die ich gemessen hatte. Als wir beide unsere Experimente mehrmals verfeinerten, maß ich immer größere Wellenlängen, während seine Elektronenteilchen winziger wurden. Der Widerspruch schien hoffnungslos zu sein.

Wir einigten uns schließlich auf ein Experiment, das wir beide als entscheidend ansahen. Summerlee hatte eine dermaßen empfindliche elektrische Sonde entwickelt, daß mit ihr der Durchgang eines einzelnen Elektrons nachzuweisen war. Wir wollten nun mein Doppelspalt-Experiment durchführen, wobei hinter jedem Spalt eine von Summerlees Sonden aufgestellt wurde. Damit sollte erkennbar werden, ob ein einzelnes Elektron durch nur einen Spalt geht oder ob es sich irgendwie aufteilt und dann beide Spalte passiert."

Er schüttelte ernst den Kopf. „Fairerweise sollte ich Ihnen sagen, daß das Ergebnis uns beide sehr überraschte. Wir machten einen Probelauf, bei dem Summerlees Sonden abgeschaltet waren. Auf der Photoplatte fanden wir danach das erwartete Streifenmuster, das von der Interferenz herrührte. Für den zweiten Versuch schalteten wir die Sonden ein. Wie Summerlee postuliert hatte, passierte jedes Elektron eindeutig den einen oder den anderen Spalt, wobei jeweils eine der entsprechenden Anzeigelampen aufleuchtete. Aber nun fanden wir auf den Photoplatten kein Interferenzmuster mehr!

Es schien wirklich, als wollte uns das Universum foppen, indem es – wie der altrömische Gott Janus – zwei unterschiedliche Gesichter der Realität zeigt. Elektronen verhalten sich wie Wellen. Aber sobald man versucht, sie als Teilchen nachzuweisen, verschwindet das wellenartige Verhalten! Und dieses Dilemma führte zu Summerlees unglücklichem Scheitern."

Ich hatte davon noch nichts gehört, und Challenger sah mir die Verblüffung wohl an.

„Der arme Kerl erklärte, er glaube nun an Wellen, aber nur an *Wahrscheinlichkeits*-Wellen." Challenger tippte sich vielsagend an die Stirn. „Er behauptet, die Position eines Atoms, eines Elektrons oder irgendeines anderen Teilchens könne nur durch eine Verteilung von Wahrscheinlichkeiten beschrieben werden, solange die Position nicht gemessen wird. Schon der bloße Meßvorgang soll dann dazu führen, daß sich das Teilchen an einem bestimmten Ort innerhalb des Wahrscheinlichkeitsfeldes manifestiert."

Mir erschien Challengers Schilderung etwas voreingenommen.

„Nun, ein Elektron ist doch ein eher abstraktes Gebilde, zumindest für uns, die wir so viel größer sind", entgegnete ich. „Vielleicht könnte man es besser als Zusammenwirken von Wahrscheinlichkeiten ansehen."

Challenger schüttelte heftig den Kopf. „Der Effekt kann für Atome, für Moleküle und im Prinzip für noch größere Teilchen nachgewiesen werden", erklärte er. „Nach Auffassung von Summerlee könnten Sie ihn ebenso bei einer Katze, einem Elefanten oder – warum eigentlich nicht? – bei Summerlee selbst finden."

Er blinzelte schelmisch. „Sie haben sicher den Zirkustrick schon gesehen, bei dem ein Artist aus einem Kanonenrohr geschossen wird. Natürlich ist die Kanone in Wahrheit eine Art Katapult, und man zündet nur ein bißchen Schießpulver, damit es recht dramatisch wirkt. Der Artist fliegt dann im Zirkuszelt durch die Luft und landet auf der anderen Seite im Netz." Ich nickte, denn das hatte ich in der Tat schon mehrmals gesehen. Challenger fuhr befriedigt fort: „Gut, nehmen wir nun an, wir hätten Professor Summerlee in eine solche Kanone gesteckt und würden ihn zu einer großen Mauer hin katapultieren, in der sich zwei Aussparungen befinden. Dieses Experiment wiederholen wir sehr oft. In einem bestimmten Teil der Fälle wird Summerlee durch die eine oder die andere Öffnung fliegen und dahinter irgendwo auf die Erde fallen."

Challenger hob den Zeigefinger. „Nun variieren wir den Versuch ein bißchen. Die einzige Änderung ist die, daß sich jetzt alles in pechschwarzer Nacht abspielt. Da wir Summerlees Flugbahn jetzt nicht mehr beobachten können, kommt das wellenartige Verhalten zum Tragen, und Summerlees Landungspunkte werden wohl nach und nach ein Interferenzmuster ergeben. Wenn wir für seine Landungen wie beim Weitsprung eine sandgefüllte Sprunggrube vorbereiten und den Sand zwischendurch nicht glattharken, dann wird im Laufe der Zeit ein regelmäßiges Muster von Abdrücken entstehen. Natürlich ist dieses Muster durch Professor Summerlees Theorie der Wahrscheinlichkeitswellen erklärbar."

„Dieses Experiment wird gewiß nicht einfach durchzuführen sein", wandte ich ein, „vor allem, weil die Versuchsperson kaum bereit wäre, mitzuwirken".

„Aber im Prinzip ist sie durchaus möglich", entgegnete Challenger unverfroren. „Jetzt nehmen wir an, daß wir Professor Summerlee nach einer seiner Landungen fragen, was er gerade eben erlebt hat. Sie sind ein Mann der Praxis, Doktor. Würden Sie tatsächlich erwarten, daß er sinngemäß folgendes antwortet? – ‚Nachdem ich das Katapult verließ, hatte ich das Gefühl, mich diffus verteilt in einer gespenstischen Wolke von Wahrscheinlichkeiten zu befinden. Ein Teil von mir prallte gegen die Mauer, und ein anderer Teil flog durch eine der Öffnungen. Aber erst, als Sie das Licht einschalteten und die Abdrücke im Sand untersuchten, fühlte ich mich sozusagen wieder als Einheit und befand mich genau da, wo Sie mich jetzt sehen'."

Ich mußte zugeben, daß diese Schilderung absurd klang.

Challenger schnaubte verächtlich. „Es ist natürlich Blödsinn, Doktor, reine Verschleierung und philosophische Sophisterei. Hier wird das Scheitern eines Mannes deutlich, der zwar niemals wirklich bedeutend war, aber zumindest einmal den Anschein von Kompetenz erweckt hatte."

Ich versuchte, ihn in seiner Arroganz etwas zu provozieren. „Aber *Sie* können die verblüffenden Ergebnisse lückenlos erklären, nicht wahr?" fragte ich trocken.

Challenger strahlte mich an; offenbar hatte er meinen Sarkasmus nicht wahrgenommen. „Ich sagte vorhin, daß ich in gewisser Weise unser Abenteuer auf der Nordsee fortsetze. Summerlee ist ein Theoretiker, während ich in erster Linie ein Mann der Tat bin. Um die Natur der Wellen näher zu erforschen, habe ich bei Bournemouth eine Station zur Wellenerforschung eingerichtet, in der einige Mitarbeiter tätig sind. Wasserwellen unterscheiden sich natürlich von ihren abstrakteren mathematischen Verwandten, aber es gibt auffallende Parallelen. Obwohl Summerlee sehr skeptisch war, konnten wir in der Forschungsstation bereits einige wichtige Aspekte klären. Ich werde in Kürze einen entscheidenden Durchbruch bekanntgeben."

Nun schwieg er. Nach einigen vergeblichen Versuchen, ihm nähere Einzelheiten zu entlocken, blickte ich aus dem Fenster und betrachtete die Gegend, durch die wir fuhren. Ich muß aber irgendwann eingedöst sein.

Ich schreckte jäh auf, als Challenger mich an der Schulter rüttelte. Zunächst glaubte ich, wir hätten unser Ziel erreicht, denn der Zug stand. Er hatte jedoch in der Nähe eines kahlen Küstenstreifens gehalten, über den der Wind hinwegblies. Gewaltige Brecher donnerten über eine Reihe von Felsen und erreichten einen Kiesstrand. Der Anblick war wenig einladend, so daß ich mich fragte, warum die Engländer an jedem freien Tag geradezu wie die Lemminge an die See streben. Läge unsere Insel einige tausend Meilen weiter südlich, wäre diese Gewohnheit eher verständlich.

„Dort, Doktor! Da können Sie erkennen, wie wir an den Wasserwellen die Natur besser verstehen können", erklärte Challenger. „Wie Sie sehen, sind die Felsbrocken jeweils nur einige Meter voneinander entfernt. Da kommt eine dreißig Meter breite Welle an und passiert die Barriere, beinahe ohne jede Abschwächung."

„Nun, Professor: Offensichtlich drückt sich die Welle durch die Lücken zwischen den Felsen und bildet sich dahinter wieder neu."

„Das wäre aber unmöglich, wenn die Welle ein fester Gegenstand wäre. Hier enthüllt sich das Geheimnis zweier Phänomene, über die die hervorragendsten Wissenschaftler vergeblich nachgrübelten", sagte Challenger, während er sich unwillkürlich vorbeugte, als der Zug mit einem Ruck wieder anfuhr. Bald darauf sahen wir schon den Bahnhof von Bournemouth.

„Bis vor kurzem konnte man nicht erklären, auf welche Weise Metalle oder andere Substanzen den elektrischen Strom leiten. Angenommen, die Elektronen folgten den Newtonschen Bewegungsgesetzen und stießen miteinander sowie mit den Atomen wie winzige Billardkugeln zusammen, dann könnten sie sich jeweils nur ein kurzes Stückchen weit bewegen, bevor sie ihre Energie durch die aufeinanderfolgenden Zusammenstöße abgegeben hätten. Dann müßten alle Materialien Isolatoren sein.

Ein weiteres Problem ergab sich im Zusammenhang mit der Notwendigkeit, nicht allzu schwere Gefäße zu bauen, um das unlängst entdeckte Gas Helium dauerhaft aufbewahren zu können. Befindet sich Helium nämlich in einem gewöhnlichen, relativ dünnwandigen Behälter, dann wird es allmählich durch die angeblich feste Wandung entweichen – selbst wenn sie perfekt gearbeitet ist und keinerlei Löcher oder andere Fehler aufweist. Das erinnert fast an Häftlinge, die sich einen Fluchttunnel graben.

Beide Phänomene sind leicht zu erklären, wenn Elektronen und Atome sich wie Wellen verhalten; denn Wellen vermögen eine Reihe von Hindernissen zu passieren oder sich gegenseitig zu durchdringen, und zwar fast ohne merkliche Wechselwirkung."

Der Zug hielt, und wir hörten das laute Zischen aus den nun geöffneten Dampfventilen der Lokomotive. Challenger stand schon an Tür unseres Abteils und schickte sich an, auszusteigen.

Ich hatte allerdings noch einen Einwand:

„Das könnte aber ohne weiteres zu deuten sein, wenn man feste Teilchen und Summerlees Wahrscheinlichkeitswellen annimmt. Wenn der exakte Ort eines Teilchens nur eine Frage von Wahrscheinlichkeiten ist, dann kann ein Teilchen nahe an einer Barriere auch auf der anderen Seite auftauchen. Ein Häftling muß sich sozusagen nur gegen die Gitterstäbe seiner Zellentür drücken, und schon – schwupp! – ist er mit ein bißchen Glück in Freiheit."

Das hatte ich natürlich nicht ernst gemeint, doch Challenger rümpfte geringschätzig die Nase. Mit einer unwilligen Handbewegung stieg er aus.

Der Bahnhof schien ziemlich verlassen zu sein; die Urlaubszeit war offenbar schon vorüber. Am Ausgang sah ich Inspektor Gregory. Als er erkannte, daß ich allein kam, war ihm die Enttäuschung deutlich anzumerken.

„Ich konnte Holmes in der kurzen Zeit nicht ausfindig machen", erklärte ich. „Wenn wir Glück haben, kommt er mit dem nächsten Zug."

Gregory seufzte. „Dann ist es zu spät, weil vorher die Flut einsetzt", sagte er. „Wir beide werden wohl gerade noch rechtzeitig dort sein. Der hier zuständige Gerichtsmediziner ist wirklich kompetent, aber eine zweite Meinung einzuholen, schadet sicher nichts. Zudem verläßt sich Holmes lieber auf Ihren Bericht als auf den anderer Leute. Gehen wir also zum Strand."

In einem Polizeiwagen fuhren wir zum Ufer und dann etwa eine Meile weit am Strand entlang bis zum Ende der Uferpromenade. Wir stiegen auf glitschigen Stufen die Klippe hinab und balancierten dann über die groben Kieselsteine. Schließlich erreichten wir eine ausgedehnte, feuchte Sandfläche, an der die Brecher sanft ausliefen. Gregory deutete auf einen menschlichen Körper, der zwischen uns und dem Wasser lag, rund dreißig Meter von uns entfernt. Der Sand um den Leichnam herum war unberührt, abgesehen von einer schmalen Reihe von Fußstapfen zwischen ihm und unserem Standort. Wir gingen zu dem Toten, wobei wir sorgfältig den Spuren folgten, und ich kniete bei ihm nieder. Es war ein junger Mann, zwar groß, aber mit irgendwie schwächlichen Muskeln. Die Todesursache war offensichtlich: Das geronnene Blut in seinem Haar ließ erkennen, daß er mit einem scharfkantigen Gegenstand erschlagen geworden war. Der Hieb war mit großer Kraft ausgeführt worden. Der Tote trug einen noch leicht feuchten Badeanzug. Ich fand keine Anzeichen dafür, daß er Wasser eingeatmet hatte, und auch keine weiteren sichtbaren Verletzungen.

„Das sieht wie ein klarer Fall von Mord aus", erklärte ich. Ich fragte mich, warum Gregory den Fall überhaupt für rätselhaft hielt. „Dieser Mann erhielt einen kräftigen Hieb mit einem ziemlich scharfkantigen Gegenstand, aber das war weder ein Knüppel noch ein Messer. In Anbetracht der Nähe des Meeres denke ich an ein Ruderblatt oder etwas Ähnliches. Der Tod muß sehr rasch eingetreten sein, wahrscheinlich innerhalb von Sekunden; denn es finden sich keine Blutergüsse oder Spuren von Quetschungen."

Gregory schüttelte nachdenklich den Kopf. „Ich würde Ihnen zustimmen, Doktor, wenn es da nicht noch einen ganz besonderen Umstand gäbe. Der Tote wurde vor ungefähr vier Stunden von zwei Offizieren gefunden, die auf der Promenade patrouillierten. Als sie hinzutraten, lag der Leichnam etwa zwanzig Meter vom Wasser entfernt, das aufgrund der einsetzenden Ebbe langsam zurückwich. *Um ihn herum befanden sich im feuchten Sand keinerlei Spuren!* Wäre jemand zuvor in der Nähe gewesen, hätte man auf jeden Fall seine Spuren sehen müssen."

Ich überlegte einen Moment. „Der Mörder könnte sorgfältig in die Fußstapfen seines Opfers getreten sein, wobei er sich rückwärts von ihm entfernte", vermutete ich.

„Es fanden sich aber *überhaupt* keine Spuren, Doktor, nicht einmal die des Opfers. Alles deutet vielmehr darauf hin, als wäre der arme Kerl vom Himmel gefallen. Auch die naheliegende Möglichkeit scheidet aus, daß der Tote an Land gespült wurde; denn dann hätten die Wellen den Sand um ihn herum unterspült. – Sie sehen, wir kennen uns in dieser Gegend mit angestrandeten Leichen und Tierkadavern aus! Außerdem müßte er dabei Wasser in die Lunge bekommen haben, und das Blutgerinnsel müßte teilweise aufgeweicht sein. Beides ist keineswegs der Fall."

Ich stellte weitere Vermutungen an: „Vielleicht ist der Mann an Land geschwommen, nachdem er aus einem Boot herausgefallen und von dessen Kiel oder von einem Ruderblatt getroffen worden war – wie ich ja zuerst angenommen hatte."

„Nein, er wäre binnen weniger Sekunden bewußtlos geworden. Zudem kann hier kein Boot so dicht an der Küste manövrieren, ohne auf Grund zu laufen oder in der tosenden Brandung zu zerschellen." Er zeigte in die Runde, und ich blickte auf die starken Brecher.

In diesem Moment fielen mir Summerlees Wahrscheinlichkeitswellen wieder ein. Könnte eine Person, die sich an einem bestimmten Platz befindet, spontan an einen anderen befördert werden, ohne daß sie dazwischen Fußstapfen hinterläßt? Dann meldete sich aber der gesunde Menschenverstand wieder zu Wort: Selbst wenn Summerlee recht hätte, müßte der Effekt in der nichtmikroskopischen Größenordnung vernachlässigbar gering sein; ansonsten hätte man ihn sicher schon öfter wahrgenommen. Also folgte ich einer anderen Überlegung.

„Weiß man irgend etwas über die Identität dieses Mannes oder vielleicht sogar über seinen Hintergrund?" fragte ich.

„Ja. Einer meiner Männer kannte ihn zufällig. Er hieß Andrew Miller, und sein Wesen wurde mir als angenehm beschrieben. Kürzlich kehrte er von Australien zurück. Er wollte eigentlich dorthin auswandern, konnte aber nicht recht Fuß fassen. Offenbar war das Leben dort für seinen Geschmack zu hart. Seit seiner Heimkehr ging er einer etwas ungewöhnlichen Tätigkeit nach: Er arbeitete als Techniker in einer Wellenforschungsstation, die hier vor kurzem von zwei Londoner Professoren eingerichtet worden war. Die beiden – sie heißen Challenger und Summerlee – sind, soweit ich weiß, sehr brillante Wissenschaftler, gelten aber als etwas eigenartige Chefs."

Ich wollte mich durch diesen Zufall nicht beeinflussen lassen. Vielleicht würde sich später ergeben, daß die neuartige Wissenschaft hier eine Rolle spielte. Jetzt schien mir der Zusammenhang mit Australien bedeutsamer zu sein. Zufälligerweise hatte ich kurz zuvor einen entfernten Cousin besucht, der ebenfalls aus Australien zurückgekehrt war. Ich versuchte nun, mich an seine Schilderungen zu erinnern. Plötzlich hatte ich eine Eingebung.

„Inspektor, haben Sie schon von den australischen Bumerangs gehört? Jemand hätte Miller durchaus mit einem solchen

Gerät töten können! Es kehrt, ohne Spuren zu hinterlassen, in die Hand des Werfers zurück."

Gregory nickte. „Etwas Derartiges hatte ich auch schon erwogen. Aber wie man mir sagte, ist der zurückkehrende Bumerang sehr leicht und kann nur beim Sport verwendet werden. Der schwere Jagdbumerang aber, der das Wild tötet, wird aus dichterem Holz angefertigt und fällt nach dem Aufprall zu Boden. Diese Theorie wird uns also kaum weiterbringen."

Ich wollte mich eigentlich noch nicht geschlagen geben, denn ich war von meiner Idee überzeugt. Doch wir wurden durch lautes Rufen unterbrochen; vier Männer näherten sich uns. Der leicht komisch wirkende Kontrast zwischen der gedrungenen Figur Challengers und der hageren Gestalt Summerlees machte es leicht, sie aus der Ferne zu erkennen. Bei ihnen waren zwei Polizisten in Uniform. Bald konnte ich mit Erschrecken Challengers verstörte Miene und seine bedrückte Haltung erkennen. Ein krasserer Gegensatz zu seinem sonst so selbstsicheren Auftreten war kaum vorstellbar.

„Darf ich Sie höflichst bitten, den Toten offiziell zu identifizieren, Sir?" fragte ihn Gregory leise.

„Ja. Das ist Andrew Miller, einer meiner Mitarbeiter. Ich fühle mich schuldig an seinem Tod, Sir, schrecklich schuldig."

Ich glaubte schon, das Eingeständnis eines Mordes gehört zu haben, doch der Professor fuhr fort: „Ich hätte daran denken müssen, daß ein so junger Mann kein Empfinden für die Gefahr hat. Um Kollegen und Vorgesetzte zu beeindrucken, nimmt er zuweilen unnötige Risiken auf sich. Ich hatte ihn auf die Idee gebracht, und seine Erinnerungen an Australien besorgten das übrige."

„Ah, es wurde also ein Bumerang benutzt, wie ich schon vermutete", warf ich ein.

Der Professor sah mich erstaunt an. „Bumerang? Was hat ein Bumerang hiermit zu tun? Die Wellen waren es, die ihn töteten: Aber darüber hinaus war es mein Stolz, meine Überheblichkeit. Ich hatte vor, eine Demonstration zu inszenieren, mit der ich Professor Summerlee hier überraschen wollte. Ich deutete Miller an, wie er dabei einen entscheidenden Part übernehmen könnte. Aber welche Dummheit war es, allein zu handeln, ohne daß Hilfe in Reichweite war. Wie hätte ich das ahnen können?"

Uns lagen etliche Fragen auf der Zunge, aber gerade jetzt fielen die ersten schweren Regentropfen, und es kam Sturm auf.

Gregory rief seinen Männern zu, sie sollten eine Plane herbeischaffen, um den Leichnam zu bedecken. Die Professoren und ich rannten landeinwärts. Am Fuße der Klippe stand ein kleiner Pub mit dem Namen *The Smuggler's Rest*. Er war ziemlich voll. Wir fühlten uns unter den rauhbeinigen Seeleuten an der Theke etwas deplaziert und drängelten uns bis zu einem Tisch am Fenster durch. Challenger starrte trübsinnig auf die schäumende See hinaus.

„Kommen Sie, Professor", sprach ich ihn an. Ich wollte versuchen, ihn aus seinen trüben Gedanken zu holen. „Wie Sie schon sagten, liegt es in der Natur junger Männer, ein wenig kühn und impulsiv zu sein. Sie dürfen sich nicht die Schuld an diesem Unglück geben. Ich bin sicher, daß die Demonstration, die Sie planten, recht bedeutsam war. Können Sie uns erklären, worum es dabei ging?"

Challenger zuckte teilnahmslos die Achseln und entgegnete dann: „Sie müßten zuerst Professor Summerlee fragen, was es mit seiner Idee der Wahrscheinlichkeitswellen auf sich hat."

Ich sah zu Summerlee hin. „Die Mathematik dafür ist recht komplex, doch das zugrundeliegende Konzept um so einfacher", sagte er trocken. „Während ich den Mikrokosmos der einzelnen Atome und Photonen erforschte, wurde mir immer klarer, daß die beobachteten Phänomene eine gewisse *Zufälligkeit* aufweisen.

Nehmen wir beispielsweise die instabilen Atome in jenem tödlichen Paar von Statuen: Sie zerfallen oder spalten sich spontan. Das bedeutet, von Zeit zu Zeit zerfällt wieder eines, und es ist keine Ursache dafür erkennbar, wann welches Atom zerfällt. Trotzdem kann man die durchschnittliche Zerfallsrate in Abhängigkeit von der Zeit genau angeben. Es ist fast so, als spiele irgendein kleiner Dämon innerhalb des Atoms Würfel, und immer wenn er vielleicht siebenmal hintereinander eine Eins gewürfelt hat, dann – peng! – zerfällt das Atom.

Und mehr noch: Jedesmal, wenn wir versuchen, das Verhalten dieser kleinen Teilchen genau zu definieren oder zu beschreiben, dann erweisen sie sich als seltsam widerspenstig. Will man die Position eines Atoms exakt messen, dann muß man es dazu mit irgendeinem anderen Körper wechselwirken lassen. Das hat aber zur Folge, daß der Impuls des Atoms, also Richtung und Betrag seiner Geschwindigkeit, nun unbekannt ist. Je exakter man den Ort bestimmt, desto ungenauer kennt man den Impuls, und umgekehrt. Es ist fast so, als wolle man eine Laterna magica möglichst scharf einstellen, obwohl schon das eingesetzte Bild verschwommen ist. Die Realität selbst ist also bereits etwas unscharf, wenn man nur intensiv genug auf sie starrt. Man kann auch sagen, daß man auf der Ebene der kleinsten Teilchen niemals Gewißheiten, sondern stets nur Wahrscheinlichkeiten ermitteln kann. Die Wahrscheinlichkeit wird erst dann zur meßbaren Wirklichkeit – und das auch nur flüchtig –, wenn ein makroskopisches Wesen die Dinge untersucht, beispielsweise wenn ein Forscher in sein Mikroskop blickt und dabei etwas beobachtet."

Er ignorierte das spöttische Schnauben von Challenger. „Dieses Konzept der Wahrscheinlichkeitswellen ist bestens auf das Doppelspalt-Experiment anwendbar. Das Teilchen befindet sich an keinem bestimmten Ort, bis die endgültige Messung durchgeführt wurde."

Ich tat mich recht schwer damit, das einzusehen. „Das erinnert an eine Tanzdarbietung, die ich kürzlich sah", meinte ich. „Die Bühne wurde mit einer Stroboskoplampe angestrahlt, so daß das Licht regelmäßig blinkte; das wurde ganz einfach durch eine rotierende Blende vor dem Scheinwerfer erreicht. Man sah die Figuren daher nur bei jedem Blitz, so daß sie in unterschiedlichen Positionen eingefroren schienen. Zudem war die Choreographie so geschickt angelegt, daß man nie erkennen konnte, auf welchem Wege sich eine Ballerina oder ein Tänzer von einer Position zur anderen bewegt hatten. Ich muß aber sagen, daß mir das Ganze nicht besonders gefallen hat", fügte ich hinzu. „Sie mögen mich für altmodisch halten, aber ich ziehe das klassische Ballett mit seinen fließenden, harmonischen Bewegungen vor."

Summerlee nickte. „Mir geht es genauso", sagte er. „Aber die Natur ist nun einmal nicht so beschaffen, daß wir sie mit unserem beschränkten Geist so einfach verstehen können."

Jetzt wurde ich mutiger: „Also gilt diese Unbestimmtheit von Ort und Impuls nur für einzelne kleine Teilchen, die sozusagen zwischen zwei charakteristischen Bahnen wählen können?"

Summerlee wollte antworten, aber Challenger war schneller.

„Das haben Sie absolut und gründlich mißverstanden, Doktor", donnerte er. „Ich hätte nie gedacht, daß man etwas derart durcheinanderbringen kann."

Er wies auf den Billardtisch, an dem gerade ein Spiel im Gange war. „Die Regeln, die Summerlee beschreibt, gelten für beliebige Größenordnungen und in allen Situationen", sagte er. „Wenn der Spieler dort ungezielt stößt – und so betrunken, wie er ist, kann er es kaum anders –, dann könnte der Spielball durch eine der Lücken zwischen den anderen Kugeln rollen und noch so viel Schwung haben, daß er die hintere Bande erreicht. Nun nehmen wir an, es herrsche pechschwarze Finsternis, so daß kein einziges Photon und auch kein anderes Teilchen vom Tisch ausgehen könnte. Dazu können wir uns vorstellen, der Tisch befinde sich in einem riesigen versiegelten und innen verspiegelten Gefäß. Dann resultiert die Wahrscheinlichkeit, mit der der Spielball einen bestimmten Punkt der hinteren Bande trifft, aus dem wellenartigen Verhalten. An der Bande entstünde also ein Interferenzmuster, abhängig von den Wahrscheinlichkeiten, mit denen der Spielball einen der möglichen Wege nimmt. Dies wäre sozusagen eine komplexere Version des Doppelspalt-Experiments.

Wenn der Stoß kräftig genug wäre, könnten sich sukzessive alle möglichen Abläufe bzw. Wege ergeben. Der Spielball hielte sich eher rechts oder eher links, einige Kugeln landeten in den Taschen oder auch nicht; andere Kugeln kämen nach dem Zusammenstoß momentan zur Ruhe oder auch nicht, so daß ein nachfolgender Stoß durch sie übertragen würde. Nach einiger Zeit kämen alle Kugeln zur Ruhe, wobei ihre wahrscheinlichsten Positionen ein Wellenmuster aller möglichen Abläufe widerspiegelten, die sich zuvor ergeben konnten."

In diesem Augenblick sprang eine Katze, die bis dahin auf dem arg mitgenommenen Klavier des Pubs gesessen und sich geputzt hatte, plötzlich herunter – direkt auf den Billardtisch. Einer der Spieler hatte gerade einen Stoß ausgeführt. Die Katze miaute laut auf, als der Spielball ihren Schwanz traf, und versuchte mit einer flinken Wendung vergeblich, der von der Bande zurückprallenden Kugel zu entkommen. Die angetrunkenen Spieler grölten Beifall.

Challenger lächelte dünn. „Unser Szenario könnte natürlich auch diese Katze und ihre Eskapaden enthalten", sagte er. „Und da diese Tiere recht empfindliche Schädel haben, könnte sie je nach dem Aufprallwinkel dabei sogar umkommen. Summerlee würde Ihnen nun erzählen, alle möglichen Vorgänge und Wechselwirkungen ergäben schließlich den Zustand, den wir sehen - könnten, wenn wir den Tisch wieder aus dem erwähnten Gefäß herausnähmen. Das Interferenzmuster bei den Doppelspalt-Experimenten deutet ja darauf hin, daß das Photon oder Atom in gewisser Hinsicht *beide* Spalte passierte und wie eine Welle mit sich selbst wechselwirkte, so daß das schließlich zu beobachtende Resultat entstand. Daher glaubt Summerlee vermutlich, daß die Katze *sowohl* tot *als auch* lebendig wäre, solange wir den Tisch nicht beobachteten. Anders könnte er die Statistik der Ergebnisse kaum erklären. Mein armer Professor", fuhr er in gespieltem Mitleid fort, „wenn ich nur wüßte, *wessen* Beobachtung die Macht hat, diese Wahrscheinlichkeiten in Realitäten umzusetzen! Und wenn wir nun anstelle der Katze unseren Professor Summerlee auf den Tisch setzten, im versiegelten Gefäß und unbeobachtet? Bewirkte schon seine Anwesenheit als kompetenter Beobachter, daß das wellenartige Verhalten während des Experiments kontinuierlich in Realitäten umschlüge, so daß sich statistisch unterschiedliche Resultate ergäben? Dann müßte die Überlegenheit eines Professors gegenüber einer Katze die physikalischen Gesetze verändern, denen die Billardkugeln unterliegen! Und was geschähe, wenn wir die Katze durch einen Affenmenschen ersetzten, der gerade an der Schwelle zu einem menschlichen Bewußtsein steht? Dabei nehmen wir natürlich an, daß Professor Summerlee in seiner Kompetenz als Beobachter über dieser Kreatur rangiert."

Die beiden Professoren starrten sich an. Im Pub war es auf einmal totenstill. Die Stammgäste hatten wohl ein Gespür dafür, wann ein Streit in einen Faustkampf ausartet, auf dessen Ausgang man vielleicht Wetten abschließen könnte. Zu meiner großen Erleichterung gab Summerlee nach.

„Lassen Sie also Ihre Erklärung hören", entgegnete er etwas herablassend.

Challenger nickte. „In Australien wurde in letzter Zeit ein neuartiger Wassersport sehr beliebt", begann er. „Man betreibt ihn an den Küsten, bei denen große Wellen auf den Strand treffen. Wenn die Brandung für normales Schwimmen zu heftig ist, gehen junge Männer auf sogenannten Surfbrettern ins Wasser. Diese bestehen aus leichtem Holz, beispielsweise Balsaholz, so daß man sie auf der Schulter transportieren kann. Ihr Auftrieb im Wasser ist aber hoch genug, um im Wasser das Gewicht des Surfers zu tragen.

Der Surfer geht ein Stück weit ins Wasser und wartet dort auf eine ausreichend hohe Welle. Dann steigt er auf sein Surfbrett und lehnt sich auf ihm etwas nach vorn, sobald die Welle ihn erreicht." Er nahm einen Bierdeckel, legte ihn vorsichtig auf eine große Bierlache auf dem Tisch – fürchterliche Zustände in diesem Pub, wirklich! – und setzte einen Finger schräg darauf, um die Haltung des Surfers anzudeuten.

„Wenn der Surfer richtig balanciert, wird er an der Vorderseite der Welle mit hoher Geschwindigkeit vorwärtsgleiten. Er kann seinen Kurs in gewissem Ausmaß bestimmen, indem er sich entsprechend zur Seite neigt; im großen und ganzen ist er aber dem Lauf der Wellen ausgeliefert. Das ist ein für die Zuschauer recht beeindruckender Sport, wenn auch nicht ungefährlich. Am Schluß fällt der Surfer jeweils ins Wasser."

„Ich vermute, er wird sein Brett häufig verlieren", sagte ich.

„Es wird mit der Rückströmung der Welle oft ins Meer hinausgetragen", erklärte Challenger. „Natürlich kann die nächste große Welle es wieder an den Strand befördern, so daß der Surfer wieder aufsteigen kann. Das gleicht aber eher einem Glücksspiel. Eine Welle kann das Brett auch umkippen, während der Surfer nach Halt sucht. Wenn es ihn gar am Kopf trifft –"

„Das also war dem armen Miller widerfahren!" rief ich aus.

Challenger nickte. „Ich fürchte, ja. Er hatte wohl gerade noch die Kraft, sich an Land zu schleppen, wo er dann zusammenbrach. Die zurückweichenden Wellen löschten bei einsetzender Ebbe seine Fußspuren aus, und das Surfbrett wurde von den Wellen fortgetragen." Er senkte den Kopf. „Miller prahlte mir gegenüber, wie gut er surfen könne. Er wirkte allerdings nicht sehr sportlich, und ich denke, er hatte wohl übertrieben. Vermutlich kommen nur Anfänger auf diese Weise um."

„Aber was hat das alles mit der Physik von Wellen und Teilchen zu tun?" fragte ich. Ich war froh, daß das Rätsel geklärt war, aber er schien sich mit seiner Argumentation vom ursprünglichen Aspekt zu entfernen.

„Nun, mein lieber Doktor, hier wird klar, daß ein Teilchen von einer Welle *gelenkt* werden kann, während es ein eigenes Gebilde bleibt."

Summerlees Gesicht hellte sich allmählich auf.

Challenger setzte seine Lektion fort: „Setzen wir einmal voraus, daß der Raum von unsichtbaren Wellen durchdrungen ist, auf denen Photonen, Elektronen und andere Teilchen reiten, so wie ein Surfer auf einer Wasserwelle. Sehen wir uns das Doppelspalt-Experiment noch einmal an. Nehmen wir an, die Aktion, die das Elektron freisetzt, starte auch eine Welle, auf der das Elektron reitet. Das Elektron befindet sich zu einem bestimmten Zeitpunkt nur an einem bestimmten Ort und passiert auf seinem Flug eindeutig einen der beiden Spalte. Aber die Welle passiert beide Spalte. Und da das Elektron weiterhin von der Welle gelenkt wird, hängt seine Flugbahn von der Existenz des anderen Spaltes ab."

Nicht zum ersten Mal beeindruckte mich die enorme Brillanz des Professors.

Aber Summerlee wollte es noch genauer wissen: „Wie erklären Sie dann, daß eine Beobachtung – nämlich die Messung, bei der ermittelt wird, welchen Spalt das Elektron passiert – das Interferenzmuster zerstört?"

„Ich glaube, daß der Meßvorgang das Elektron von seiner Welle herunterschlägt, so wie ein Surfer schon sein Gleichgewicht verlieren kann, wenn man ihn leicht anrempelt."

Summerlee nahm einen Schluck Bier, aber er sah eher so aus, als sei Essig in seinem Glas. „Und was ist mit der Zufälligkeit, die man überall im Mikrokosmos antrifft?" fragte er. „Woraus resultiert die Unbestimmtheit, die es verhindert, daß man im atomaren Maßstab Ort *und* Impuls exakt messen kann?"

Challenger lächelte triumphierend. „Ist Ihnen die Brownsche Molekularbewegung ein Begriff, meine Herren?" Wir nickten beide, und ich erinnerte mich wieder an das Hin-und-her-Zittern der Pollenkörner, hervorgerufen durch die Zusammenstöße mit den viel kleineren Luftmolekülen. Damit hatte ich seinerzeit meine Patientin von der Realität der Atome überzeugen können, so daß sie meiner Therapie folgte und ich sie heilen konnte.

„Staubkörnchen werden in der Luft ständig hin- und hergestoßen. Ihre Flugbahnen sind daher unregelmäßig, und es gelten die Gesetze der Statistik. Dadurch ergibt sich im Laufe der Zeit eine völlig gleichmäßige Verteilung. Die Position eines Staubkorns ist in jedem Augenblick eindeutig definiert. Will man aber seine momentane Geschwindigkeit messen – beispielsweise seine Fallgeschwindigkeit aufgrund der Schwerkraft –, dann muß man zwei Messungen durchführen, zwischen denen eine äußerst kurze Zeitspanne vergeht. Je kürzer sie ist, desto größer ist der Meßfehler; je länger sie aber ist, desto unsicherer ist der Meßwert, weil es inzwischen einen Stoß gegeben haben kann. Andererseits ist die Position des Staubkorns während einer gewissen Zeitspanne nicht eindeutig definiert, denn wegen des Zitterns ist es nie zweimal hintereinander genau am selben Ort. Erinnert das nicht stark an das Problem, die Position und den Impuls eines Atoms zu ermitteln?

Sie müssen jetzt zugeben, Summerlee", bat Challenger fast schon inständig, „daß die scheinbare Zufälligkeit im Mikrokosmos ihre Ursache in einer noch mikroskopischeren Ebene hat, für die unsere heutigen Meßinstrumente nicht empfindlich genug sind. Die Ursache liegt letztlich in den unregelmäßigen Wellenbewegungen auf dem ‚Leitmeer', von dem ich sprach – so wie auch der wirkliche Ozean stets unregelmäßige Wellen aufweist."

Die beiden Männer starrten einander an, Challenger triumphierend und Summerlee ausdruckslos. Ich hatte den Eindruck, als sei dies ein Wendepunkt in der Beziehung zwischen diesen zwei brillanten Wissenschaftlern. Die nächsten Worte könnten sie für immer zu Feinden machen, wobei Challenger als Sieger aus dem Streit hervorginge. Sie könnten aber auch zu Kameraden werden, die gemeinsam eine große Entdeckung machten.

Ich sprang auf. „Ich beglückwünsche Sie, meine Herren!" rief ich aus. „In den letzten Monaten hat mich die Frage beschäftigt: ‚Ist das Universum wirklich, wie Professor Summerlee sagt, aus Teilchen aufgebaut, oder hat es, wie Professor Challenger meint, Wellencharakter?'

Ich erkenne nun, daß Sie beide recht haben. Die Grundbausteine von Licht und Materie sind Teilchen: Photonen, Elektronen und dergleichen. Aber alle reiten sie auf den Leitwellen, die ihr Schicksal bestimmen. Diese tiefgründige Wahrheit konnte nur zutage treten, weil Sie beide in Ihrer großen Rivalität so intensiv darum gerungen haben. Eine ehrenhaft geführte wissenschaftliche Kontroverse hat so zur Klärung der Tatsachen geführt. Reichen Sie sich die Hände, meine Herren!"

Nach anfänglichem Widerstreben gaben sich die beiden die Hand. Die rauhbeinigen Stammgäste des Pubs klatschten laut Beifall, auch wenn sie eigentlich nur so viel verstanden hatten, daß der hitzige Streit nicht wie üblich in eine Keilerei mündete, sondern freundschaftlich beigelegt wurde.

Wir saßen zu dritt im letzten Zug nach London. Ich genoß immer noch das erhebende Gefühl, erfolgreich als Friedensstifter gewirkt zu haben; doch plötzlich sagte Summerlee: „Ah, Challenger, ich denke, ich weiß jetzt, wo der Fehler in Ihrer Argumentation liegt!"

Ich stöhnte innerlich auf, doch Challenger blickte hoch, offenbar recht befriedigt.

„Sehr gut, meinen Glückwunsch! Bitte sagen Sie es mir", sagte er freundlich.

„Ich wäre schon früher darauf gekommen", entgegnete Summerlee, „wenn ich jemals einen Surfer in Aktion gesehen hätte. Es ist doch so: Bei den Photonen wird angenommen, daß sich ihre Leitwelle mit Lichtgeschwindigkeit ausbreitet, nicht wahr? Und bei einem Elektron, das sich fast mit Lichtgeschwindigkeit bewegt, hat die Welle eine entsprechende Geschwindigkeit?" Challenger nickte.

„Das würde aber bedeuten, daß sich Photonen und auch Elektronen zuweilen schneller als das Licht bewegten; denn nach Ihrer Theorie ‚surfen‘ sie ja im Zickzack an der Wellenfront. So wie ein Surfer, der sorgfältig vor dem Wellenkamm bleibt, vielfach schneller vorankommt, als die Welle auf die Küste zuläuft, müßten Photon oder Elektron manchmal viel schneller als das Licht sein."

Ich erinnerte mich an unseren Fall des schnelleren Kaufmanns und sagte: „Das ist wie bei dem Schnittpunkt der Scherenklingen, der sich um so schneller bewegt, je weiter er vom Drehpunkt entfernt ist." Beide Professoren nickten zustimmend.

„Gemäß der Relativitätstheorie müßte sich das Teilchen dann in der Zeit rückwärts bewegen – zumindest vom Standpunkt einiger Beobachter aus gesehen –, so daß ein Paradoxon vorliegt", sagte Summerlee.

Challenger schien ganz gelassen zu sein.

„Das ist in gewisser Hinsicht richtig", erklärte er. „Natürlich war ich mir dieser Schwierigkeit bewußt, und zuweilen hat sie mich auch beunruhigt. Aber, mein lieber Summerlee, sie ist eigentlich nebensächlich, solange wir niemals beobachten, daß sich ein Teilchen unmöglich schnell bewegt. Denken wir an das Ballett, das Doktor Watson gesehen hatte: Die unmögliche Bewegung könnte sich während der Dunkelphasen zwischen den Lichtblitzen vollzogen haben, ist aber niemals unmittelbar nachzuweisen."

„Das erinnert fast an den Vogel Strauß, der ein Raubtier verschwinden läßt, indem er seinen Kopf in den Sand steckt", entgegnete Summerlee geringschätzig.

Challenger schüttelte den Kopf. „Da steckt schon mehr dahinter, Sir. Entscheidend ist, daß die ‚surfenden‘ Teilchen keinesfalls eine *Information* schneller als das Licht übertragen können. Sie werden von den Leitwellen geführt – und nicht umgekehrt –, und schon die bloße Aktion der Beobachtung eines surfenden Teilchens stößt dieses von seinem überlichtschnellen Sitz. Selbst wenn sich die Teilchen in einem indirekten Sinne zuweilen schneller als das Licht bewegen, kann auf diese Weise niemals eine tatsächliche Wirkung oder eine Nachricht befördert werden. Somit können keine Paradoxa auftreten."

Das kam wir nun ziemlich dubios vor, doch Summerlee nickte nur, und die restliche Fahrt verlief erstaunlicherweise in friedlichem Schweigen.

11. Der seltsame Fall von Mrs. Hudsons Katze

Das Klopfen an der Tür war so leise, daß ich zuerst annahm, es rühre nur vom Wind her. Daher ignorierte ich es. Aber es wiederholte sich – jetzt ein bißchen lauter –, und ich öffnete. Vor mir stand Mrs. Hudsons Tochter Angela, die offenbar in Not war.

„Doktor, Mutter ist völlig außer sich!" rief sie. „Können Sie mir bitte helfen?"

Da war ich durchaus im Zweifel. Sherlock Holmes ist sicherlich einer der schwierigsten Mieter von ganz London. Und wenn er Mrs. Hudsons wirklich große Geduld wieder einmal strapaziert hat, obliegt es gewöhnlich mir, den Frieden wiederherzustellen. Holmes war an diesem Abend ausgegangen, so daß man ihn mit den Konsequenzen seines Verhaltens nicht unmittelbar konfrontieren konnte.

„Natürlich gern, wenn ich kann", sagte ich. „Was ist denn geschehen?"

„Es geht um diese verflixten streunenden Katzen", antwortete sie. „Unsere Henrietta ist gerade läufig, und sämtliche Kater von London scheinen auf unserem Dach herumzuschleichen. Mutter bekommt dann jedesmal einen gewaltigen Schrecken. Sie ist wieder fürchterlich aufgeregt."

Ich war ziemlich erleichtert, daß Holmes ausnahmsweise einmal nichts mit dem Problem zu tun haben konnte.

„Möchten Sie, daß ich ihr ein Beruhigungsmittel gebe?"

„O nein, Doktor, Mutter würde so etwas nicht einnehmen. Das Problem ist, daß die Katzen – wie Sie sehen – auf dem Küchendach genau bis an ihr Fenster kommen." Sie deutete zum hinteren Fenster. Wir gingen hin und schauten in den dicken, gelblichen Nebel hinaus, der sich schon am Vortag über London gelegt hatte. Zwei streunende Kater hockten mitten auf dem Dach, nur wenige Meter von Mrs. Hudsons hellem Wohnzimmerfenster entfernt. Angela klatschte in die Hände und schrie. Wie weggezaubert, waren die Kater fast augenblicklich verschwunden.

„Wäre es zuviel verlangt, Doktor, ab und zu hinauszusehen und sie zu verscheuchen?"

Ich gab mich ritterlich und sagte: „Ganz und gar nicht. Gehen Sie wieder hinüber und sagen Sie Ihrer Mutter, sie braucht keine Angst mehr zu haben. Ich werde nach besten Kräften über unsere Burg wachen."

Um die Kater nachhaltig zu vertreiben, dachte ich mir folgendes aus: Ich müßte abwarten, bis sie gerade vor dem erleuchteten Fenster waren, das ja ihr Ziel war, und sie dann ganz fürchterlich erschrecken. Also suchte ich meinen Revolver und lud ihn mit einer Blindladung Pulver. Mit einem gewissen Hang zum Unfug, wie ihn kleine Jungen haben, setzte ich mich ans Fenster. Ich öffnete es einen Spalt weit, und es kroch ein feiner Streifen kalten Nebels herein. Ich nahm mein Buch zur Hand und stützte den Revolver an der Fensterbank ab. Von Zeit zu Zeit, zum Beispiel beim Umblättern, wollte ich nach draußen sehen.

Es erwies sich aber als unerwartet schwierig, die Tiere sozusagen auf frischer Tat zu ertappen. Die Kater hatten sich anfänglich auf die unteren Teile des Daches zurückgezogen. Ich blickte öfter ganz vorsichtig hinaus, ohne daß sie mich sehen konnten. Ich erspähte sie an verschiedenen Stellen, und immer schlichen sie tief geduckt nach oben. Bei jeder folgenden Beobachtung schienen sie sich an zufälligen Stellen zu befinden, und es sah aus, als seien sie im Durchschnitt nicht weitergekommen als zuvor. Aber als ich nur einige Augenblicke nicht aufgepaßt hatte, weil ich ein anderes Buch holte, machte der Lärm augenblicklich klar, daß die Katzen ihr Ziel erreicht hatten. Ich rannte sofort zum Fenster zurück und wollte schießen.

„Großer Gott, was machen Sie denn da, Watson?" – Holmes stand auf einmal in der Tür.

Ich errötete und wandte mich zu ihm um. „Es ist alles in Ordnung, Holmes. Ich wollte nur eine Blindladung abfeuern, um die streunenden Kater zu verscheuchen. Sie stören unsere Hauswirtin."

„Nun, wenn schon streunende Katzen sie beunruhigen, dann wird ein Revolverschuß für ihre Ruhe sicher Wunder wirken!"

Ich zog mich vom Fenster zurück. „Ich fürchte allerdings, daß ich nicht sehr erfolgreich war. Wirklich, Holmes, ich könnte schwören, daß es mit Katzen etwas Gespenstisches oder gar Übernatürliches auf sich hat. Wann immer ich aus dem Fenster blicke, hocken sie ganz unschuldig an offenbar zufälligen Stellen herum. Aber sobald ich nur einen Moment lang wegsehe, erreichen sie augenblicklich ihr Ziel! Das widerspricht allen Gesetzen der Wahrscheinlichkeit."

Holmes schüttelte den Kopf. „Kaum, Watson. Die Sinne einer Katze sind so fein, daß sie auch Beobachter wahrnehmen kann, die sich im Schatten verstecken. Glauben Sie wirklich, Sie könnten – kaum einen Meter entfernt – Ihren Kopf am Fenster erheben, ohne gehört oder gesehen zu werden? Katzen vermögen es nun einmal, alles um sich herum wahrzunehmen, ohne dabei ihre eigene Anwesenheit zu verraten. Ihre Bewegungen sind alles andere als zufällig. Jedesmal, wenn Sie hinsahen, zogen sie sich zurück, um danach sofort mit vorsichtigen Sprüngen wieder vorzurücken."

Er sank erschöpft in einen Sessel. „Das erinnert mich an ein Problem, mit dem sich mein Bruder Mycroft herumschlagen mußte. – Würden Sie mir bitte einen Drink einschenken, Watson? Ich denke, ich habe ihn nötig: Ich mußte mir den ganzen Abend sein nervtötendes Gerede anhören."

„Zeichnen sich internationale Verwicklungen ab?" fragte ich, während ich mit der Karaffe hantierte.

„Nein, Watson, nicht unmittelbar, sonst hätte ich mich zu etwas mehr Mitgefühl aufraffen können. Angenommen, Sie und ich vermögen ebenso weit vorauszuschauen wie Mycroft; dann sind Probleme, die für uns noch in ferner Zukunft liegen, für ihn schon akut.

Aber diesmal denke ich, daß seine Phantasie mit ihm wirklich durchgegangen ist. Er läßt sich nicht davon abbringen, daß er Probleme voraussehen kann, die im nächsten Jahrhundert auftreten werden. Er sagt, daß unüberwindliche politische Kräfte zum Krieg führen werden, Watson. Es sollen zwischen den Großmächten Kriege ausbrechen, deren Ausmaß man sich heute noch nicht einmal vorstellen könne."

Ich seufzte. „Nun, Holmes, so tragisch es auch ist, aber Kriege sind eigentlich nichts Neues. Ich kann mir wirklich keinen Buchmacher vorstellen, der mir eine akzeptable Quote für die Wette anböte, daß die Welt in den nächsten fünfzig Jahren in Frieden leben wird."

Holmes schüttelte den Kopf. „Seine Sorgen haben tiefere Gründe. Er prognostiziert, daß unsere zunehmenden wissenschaftlichen Erkenntnisse die Entwicklung immer entsetzlicherer Waffen ermöglichen werden. Seine Visionen über die künftige

Kriegsführung gehen noch über die beklemmendsten Schilderungen von H. G. Wells hinaus. Besonders erschrecken ihn die Möglichkeiten der neuen Physik, deren Anfänge wir ja miterleben konnten: Relativitätstheorie und Quantentheorie."

Ich schauderte wieder bei der Erinnerung daran, daß eine Kugel von der Größe eines Fußballs vor einiger Zeit fast ganz London hätte zerstören können. Dann sagte ich: „Nun, die Paradoxa im Zusammenhang mit den Relativbewegungen und der Lichtgeschwindigkeit hatten mit dieser entsetzlichen Bombe zu tun. Aber was hat es mit der Quantentheorie auf sich?"

„Diese Theorie – ihr Name ist ganz neu geprägt – beschreibt die Natur des Lichts und der Materie, die ja Wellen- und auch Teilchencharakter haben kann, wie Challenger und Summerlee letztens gezeigt haben. Kontinuierliche, wellenartige Gebilde oder Wahrscheinlichkeiten werden auf einzelne bestimmte Größen zurückgeführt, die man beobachten kann, beispielsweise die streng definierten Energieniveaus, die den Elektronen und den Photonen zugänglich sind."

„Ich kann mir kaum vorstellen, wie etwas Bedrohliches aus einer Theorie hervorgehen kann, die sich nur auf mikroskopische Gebilde beschränkt", meinte ich

„Nun", entgegnete Holmes, „nichts könnte geheimnisvoller und abstrakter erscheinen als die Ansätze, die Lichtgeschwindigkeit zu messen. Und doch führten sie zur Relativitätstheorie. Mycroft macht sich vor allem darüber Sorgen, daß – wie er meint – unser Verständnis der Quantentheorie und das ihrer möglichen Konsequenzen bislang recht dürftig sind."

Ich war überrascht: „Aber ich dachte, die Auswirkungen der Wellentheorie seien mit größter Genauigkeit überprüft worden."

„Quantitativ, ja. Auch die Newtonsche Mechanik schien völlig exakt zu gelten, bis das Relativitätsprinzip entdeckt wurde. Und dieses wirkt sich nicht nur auf Gegenstände aus, die sich mit extrem hohen Geschwindigkeiten bewegen, sondern ängstigt alle, die vermeiden wollen, in die Luft gesprengt zu werden. Mycroft meint, es sei noch sehr ungenügend verstanden oder interpretiert, wie ein Gebilde gleichzeitig Teilchen und Welle sein kann."

„Hat aber Challenger nicht gerade das mit seinem Bild vom Surfer oder Wellenreiter gut erklärt?" fragte ich.

„Mycroft ist damit in zweierlei Hinsicht nicht zufrieden, Watson. Zum einen besteht ja noch das Problem der überlicht-

schnell ‚surfenden' Teilchen. Es ist möglich, daß dies zu para-
doxen Konsequenzen führt. Zum zweiten ist fraglich, wie die
bloße Aktion der Beobachtung bewirken kann, daß ein stetig
anwachsendes Meer von Möglichkeiten augenblicklich auf ein
einzelnes reales Ergebnis reduziert wird.

Ein Experiment, das er beschrieb, erinnert irgendwie an Ihr
Problem mit den Katzen. Abgesehen von den technischen Einzelheiten ging es darum, Elektronen in einer magnetischen Falle zu
halten. Zu Beginn befinden sie sich im tiefsten Energieniveau, am
Boden der Falle – wie hier die Katzen auf dem untersten Dach-
gesims. Wenn man sie nicht beobachtet, besteht eine Unsicherheit
über ihre Position, wie es uns Summerlees Theorie der Wahrscheinlichkeiten voraussagt. Läßt man sie lange genug unbeobachtet, dann beginnen einige, aus der Falle zu entweichen; das
heißt, die Katzen steigen höher und erreichen das Fenster.

Nun kommt aber etwas Seltsames, Watson. Wenn man in
regelmäßigen Zeitabständen die Positionen beobachtet – nur beobachtet, ohne sie in irgendeiner Weise zu stören –, dann verharren sie nahe bei ihrem wahrscheinlichsten Grundzustand und
kommen niemals so hoch, daß sie entweichen könnten.“

Das konnte ich mir nicht vorstellen. „Sie meinen wirklich, daß
die bloße Anwesenheit eines aufmerksamen Beobachters, beispielsweise eines Menschen, der ins Mikroskop blickt, auf diese
Art wirkt?“

„Ganz so einfach ist es allerdings nicht. Diese Dinge kann
man nicht mit einem Mikroskop beobachten. Das Energieniveau,
in dem sich ein Elektron befindet, wird ermittelt, indem man es
kurzen Lichtblitzen aussetzt. Es kommt also auf die Anwesenheit
oder Abwesenheit dieser Pulse an und nicht darauf, ob jemand
tatsächlich hinschaut.“

Ich seufzte. „Das ist ja dasselbe wie mein Problem mit den
lästigen Katern. Offensichtlich haben die Lichtblitze einen physikalischen Einfluß auf die Elektronen. Das hat jedoch nichts mit
der psychischen Wirkung zu tun, die die Gegenwart eines Beobachters haben kann.“

Holmes lächelte. „Ihr gesunder Menschenverstand beruhigt
mich, Watson“, meinte er. „Genau dasselbe versuchte ich auch
Mycroft klarzumachen. Aber er beharrt darauf, daß diese ‚Beob-
achtereffekte' in vielen unterschiedlichen Situationen unvermeid-
lich sind, ungeachtet der Art und Weise, in der die Messungen

durchgeführt werden. Danach sollte sich das Verhalten eines Systems ändern, sobald irgendein Effekt auftritt, der *im Prinzip* den Zustand des untersuchten Quantensystems ausweiten kann. Dadurch sollte sich die Umgebung in einer Weise verändern, die dann meßbar ist. Es ist, als riefe die Verfügbarkeit oder das Aufnehmen bloßer Information eine Wirkung hervor, die durch die bekannten physikalischen Gesetze nicht erklärbar ist und ihnen auch nicht entspricht."

In diesem Augenblick wurden wir durch Lärm im Treppenhaus unterbrochen. Wir hörten laute Stimmen im Korridor, eine davon fast schrill. Ich ging zur Tür. Mrs. Hudson zog gerade den Mantel an und band einen Schal um. Angela stand zwischen ihr und der Haustür.

„Mutter, du kannst doch nicht in die Dunkelheit und den Nebel hinausgehen! Man ist doch abends auf der Straße seines Lebens nicht sicher. Außerdem wirst du dir bei der Kälte noch den Tod holen!"

Sie blickte bittend zu mir hinauf. „Henrietta ist weg, Doktor. Sie ist offenbar zur Haustür herausgeflitzt, die Mr. Holmes wohl nicht richtig hinter sich geschlossen hatte. Mutter will sie jetzt unbedingt draußen suchen."

Holmes und ich waren nun eindeutig schuld an dieser Situation: er durch seine Unachtsamkeit und ich als nachlässiger Wächter.

„Machen Sie sich keine Sorgen, Mrs. Hudson", rief ich nach unten. „Mr. Holmes und ich suchten gerade nach einem Anlaß für einen kleinen Spaziergang. Und wenn wir nach Ihrer Katze fahnden, erfüllt er auch noch einen Zweck."

Holmes war nicht bester Laune, doch ich war froh, daß er mitkam. Mir ist immer ein bißchen unheimlich in der Londoner „Waschküche". Die Geräusche klingen gedämpft, und man kann sie nicht weit hören, so daß man mit Hören und Sehen nur die allernächste Umgebung wahrnehmen kann.

Mir gingen nun die Gespenstergeschichten von Henry James durch den Kopf. Gelegentlich bemerkt man eine streunende Katze, und mir kam der seltsame Gedanke, daß sich Henrietta vielleicht – unbeobachtet – an keinem bestimmten Ort aufhielte, sondern sozusagen als Mannigfaltigkeit gespenstischer Katzen existierte, die nur auf einen menschlichen Blick warteten, um wieder in der Realität zu erscheinen. War dieser Gedanke wirklich so abstrus? War es nicht vielmehr die Auswirkung der Quantentheorie, wie sie einige der bedeutendsten Wissenschaftler inzwischen interpretierten?

Plötzlich sah ich Henrietta, gerade als Holmes leise rief: „Hier ist sie, Watson!"

„Nein, hier ist sie. Ich erkenne sie eindeutig", rief ich zurück. Ich bückte mich, um die Katze aufzuheben, aber sie fauchte mich an und huschte davon. In der Nähe hörte ich Holmes fluchen. Ich stolperte zu ihm hin und sah, wie er sich den zerkratzten Finger leckte.

„Wer von uns hatte denn nun recht?" fragte ich, wobei ich in den Nebel spähte.

„Wahrscheinlich keiner. Welch ein Unsinn, im Londoner Nebel und dazu noch nachts eine schwarze Katze zu suchen, die gar nicht gefunden werden will. Eine feine Aufgabe für jemanden, der sich einbildet, ein Detektiv zu sein!" Er seufzte. „Hoffen wir nur, daß Lestrade nie davon erfährt, Watson. Sonst werde ich nicht mehr das Geringste von ihm erfahren. – Ah, guten Abend, Lestrade! Was treibt Sie denn in einer solch fürchterlichen Nacht aus dem Haus?"

Im Nebel erkannte ich allmählich eine Gestalt im Trenchcoat, mit der ich fast zusammengestoßen wäre. Es war tatsächlich niemand anderer als unser Bekannter von Scotland Yard.

„Oh, ich wollte Sie aufsuchen, Mr. Holmes. Wie ich sehe, sind Sie aber gerade unterwegs, um etwas zu erledigen."

Ich wollte schon erklären, was wir vorhatten, doch Holmes bedeutete mir mit einer Handbewegung, zu schweigen.

„Wir führen ein kleines wissenschaftliches Experiment durch und untersuchen den Einfluß des Nebels auf Gehör und Sehkraft", erklärte er dreist. „Wir sind inzwischen fertig und wollen gerade wieder ins Kaminzimmer zurück. Kommen Sie, Lestrade, lassen Sie uns sehen, ob wir Ihnen helfen können."

Auf der Treppe zum Haus Nr. 221B saß, ganz unschuldig, Mrs. Hudsons Katze Henrietta. Holmes nahm sie auf und gab sie unserer Wirtin. Lestrade wunderte sich offenbar über ihren überschwenglichen Dank, aber Holmes komplimentierte ihn nach oben, bevor jemand nähere Erklärungen abgeben konnte. Kurz darauf saßen wir zu dritt gemütlich am Kaminfeuer, jeder mit einem Glas Grog in der Hand. Lestrade lehnte sich nach vorn; er wirkte etwas verlegen.

„Das Problem scheint nicht allzu dramatisch zu sein, Mr. Holmes. Es gehört sicher nicht in dieselbe Kategorie wie Mord oder Entführung. Aber die besten Leute unseres Betrugsdezernats kommen nicht klar damit. Der uns beratende Wissenschaftler – wirklich vertraut mit kriminellen Erfindungen! – erklärt, dies sei das Merkwürdigste, was ihm je vorgekommen sei. Hier sehen Sie die Ursache unserer Probleme." Lestrade zeigte uns eine Karte, wie sie hier abgebildet ist.

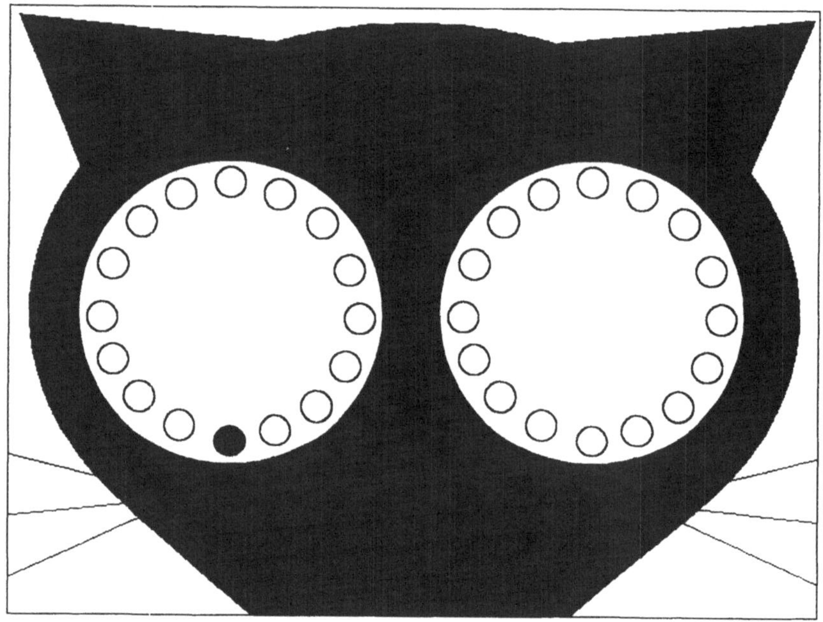

Eine Gewinnkarte

„Solche Karten werden seit kurzem an allen Zeitungskiosken in London verkauft, für einen Schilling das Stück. Es sind im Grunde Rubbellose einer Lotterie mit sofortiger Gewinnauszahlung. Die Anleitung ist auf der Rückseite abgedruckt."

Er drehte die Karte um, und wir lasen den Text (siehe die Abbildung auf der gegenüberliegenden Seite).

„Ich sehe, daß jemand mit dieser Karte gewonnen hat", bemerkte ich. Schließlich wollte ich zeigen, daß ich ebenso aufmerksam bin wie Holmes. Dann zählte ich im Geiste die Variationen ab und erklärte: „An jedem Kreis gibt es vier Stellen, an denen schwarze und weiße Flecken benachbart sind, und es gibt sechzehn Möglichkeiten von Paaren benachbarter Flecke. Daher be-

Lotterie mit Sondergewinn

1. *Die silbernen Augen jeder Katze verbergen ein einfaches Muster von abwechselnd schwarzen und weißen Viertelsegmenten, zum Beispiel:*

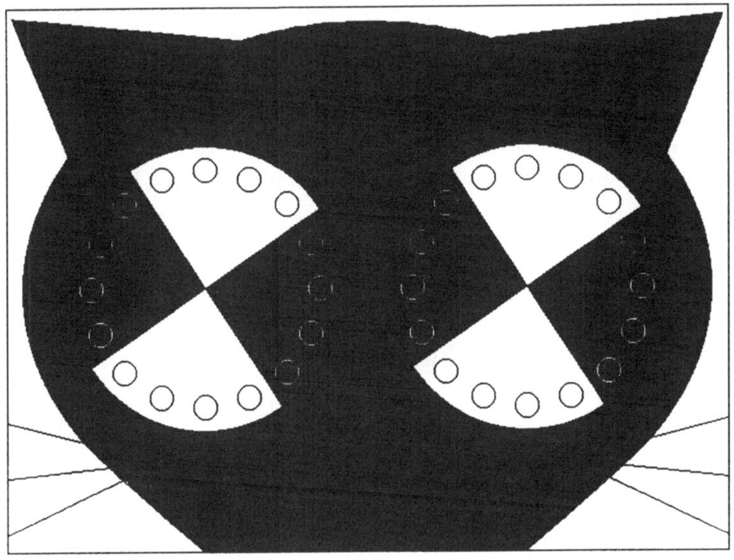

2. *Der Winkel, in dem die Muster angebracht sind, variiert auf zufällige Weise von Karte zu Karte. Jedoch sind stets beide Augen der Katze identisch.*

3. *Rubbeln Sie in jedem Auge genau einen der Flecke frei, die am Rand der Augen markiert sind, so daß die darunterliegende Farbe sichtbar wird. Jeder freigelegte Fleck ist entweder völlig schwarz oder völlig weiß.*

4. *Wenn sich die Positionen der beiden freigelegten Flecke nur um eine unterscheiden **und** die Flecke unterschiedliche Farben zeigen, wird an Ort und Stelle ein Gewinn von fünf Schilling ausgezahlt.*

Warnung zu Ihrer eigenen Sicherheit:

Es ist strikt untersagt, mehr als einen Fleck an jedem Auge abzurubbeln!

trägt die Gewinnchance vier zu sechzehn; das entspricht eins zu vier. Wenn man also vier Schilling investiert, wird man im Durchschnitt jeweils fünf Schilling gewinnen. Die Gesellschaft, die diese Lotterie betreibt, will anscheinend ihr Geld möglichst schnell loswerden."

Lestrade lächelte. „In der Tat, Doktor. Fast jeder in der Stadt kam zum gleichen Schluß, und die Karten gingen weg wie warme Semmeln. Aber – Sie werden wohl kaum überrascht sein, Mr. Holmes – die Gewinnchancen sind in der Praxis keineswegs so günstig. Bei Scotland Yard prüften wir zahlreiche solcher Karten, die wir in ganz London, nach dem Zufallsprinzip verteilt, gekauft hatten. Wir stellten fest, daß die tatsächliche Gewinnchance nur ungefähr eins zu sieben beträgt. Das ergibt einen ganz ansehnlichen Profit für die Verkäufer."

Sherlock Holmes runzelte die Stirn. „Ich nehme an, Sie haben nach jedem Versuch alle Flecken auf den Karten freigerubbelt, um zu überprüfen, ob das Muster auch wirklich dem behaupteten entspricht."

Lestrade hüstelte verlegen. „Um ehrlich zu sein – nein. Die Karten wurden offenbar von einem besonders cleveren Chemiker hergestellt, der sicherzustellen hatte, daß die Karten eine solche Prozedur nicht überstehen. Versuchen Sie es selbst, und Sie werden sehen, was ich meine."

Mein Freund nahm einen Brieföffner und kratzte am obersten Fleck des linken Auges. Augenblicklich ging die Karte in Flammen auf! Kurz darauf lag nur noch ein Häufchen graue Asche auf dem Tisch, und es war nichts mehr zu erkennen.

„Wir wissen noch nicht genau, wie das vor sich geht", erklärte Lestrade, „aber es scheint zuverlässig zu funktionieren. Man hat keinerlei Chance, Informationen über mehr als einen Fleck pro Auge zu erhalten, gleichgültig, ob er schwarz oder weiß ist. So konnten wir nicht feststellen, welches Muster unter der Deckschicht wirklich verborgen ist. Mit anderen Worten: Wir können nicht beweisen, daß die Beschreibung betrügerisch ist. Und was uns am meisten ärgert: Wir konnten uns noch kein Muster ausdenken, das mit der ermittelten Gewinnchance vereinbar ist."

Nun hielt es mich nicht mehr. „Meine Güte, Lestrade, ich sehe hier überhaupt kein Rätsel! Die Flecke sind offensichtlich nach irgendeiner einfachen Regel gefärbt, die genau die Ergebnisse hervorbringt, die Sie gefunden haben, und ich kann mir ohne weiteres eine solche vorstellen: Bei sechs von sieben Karten sind beide Augen entweder nur schwarz oder nur weiß, und die siebente Karte hat ein schwarzes und ein weißes Auge. Welche Flecke man auch freirubbelt, immer ist die Chance eins zu sieben, wie Sie ja auch herausgefunden haben."

Lestrade lächelte. „Das war auch unsere erste Hypothese, Doktor. Aber es gibt ein paar Tests, die man durchführen kann, ohne daß sich die Karten selbst zerstören. Der eine besteht darin, auf beiden Augen dieselbe Position freizurubbeln und das Ergebnis zu notieren. Das taten wir mit Hunderten von Karten, und immer fanden wir unter beiden Flecken die gleiche Farbe. Also muß es so sein, daß die beiden Augen identisch sind und daß es bestimmt keine Karten mit einem völlig weißen und einem völlig schwarzen Auge gibt."

Sherlock Holmes sagte bedächtig: „Obwohl die Muster identisch scheinen, muß es doch einige Karten geben, bei denen die Farben abwechseln – wenn auch nicht in Viertelsegmenten, wie behauptet. Dies erinnert mich an einen Wasserball, den man so hält, daß man sozusagen auf einen seiner Pole schauen kann, wo die Farbfelder zusammenlaufen. Stellen Sie sich vor, daß man aus irgendeinem zufällig gewählten Winkel den Ball betrachtet, und zwar in *drei* anstatt in zwei Dimensionen. Dann sieht man zuweilen recht unterschiedliche Muster." Er zeichnete eine Skizze, wie sie auf der folgenden Seite abgedruckt ist.

Dann fuhr er fort: „Hier gibt es pro Auge nur zwei Positionen, an denen die Farbe wechselt. Solche Karten ergäben eine Gewinnchance von eins zu acht. Wenn sich ausreichend viele dieser Karten in der Gesamtmenge befinden, kann die Chance – gegenüber den Karten mit den Viertelsegmenten – auf den Wert sinken, den Sie herausfanden. Das Hinterhältige daran ist, daß die auf der Kartenrückseite abgedruckte Erklärung wörtlich zutreffen kann. Man würde es daher vor Gericht sehr schwer haben. Es könnte sich herausstellen, daß der Erfinder der Karte womöglich als Gentleman gilt, während er Ihnen eher als gerissen denn als bösartig erscheint."

„Gut, Mr. Holmes, Sie mögen schon mit Gentleman-Verbrechern zu tun gehabt haben, aber nach meiner Erfahrung ist der Erfinder dieses Tricks alles andere als ehrlich! Das konnten wir ausschließen; denn wir haben bei unseren Versuchen auch Flecke freigerubbelt – natürlich nicht am selben Auge –, deren Posi-

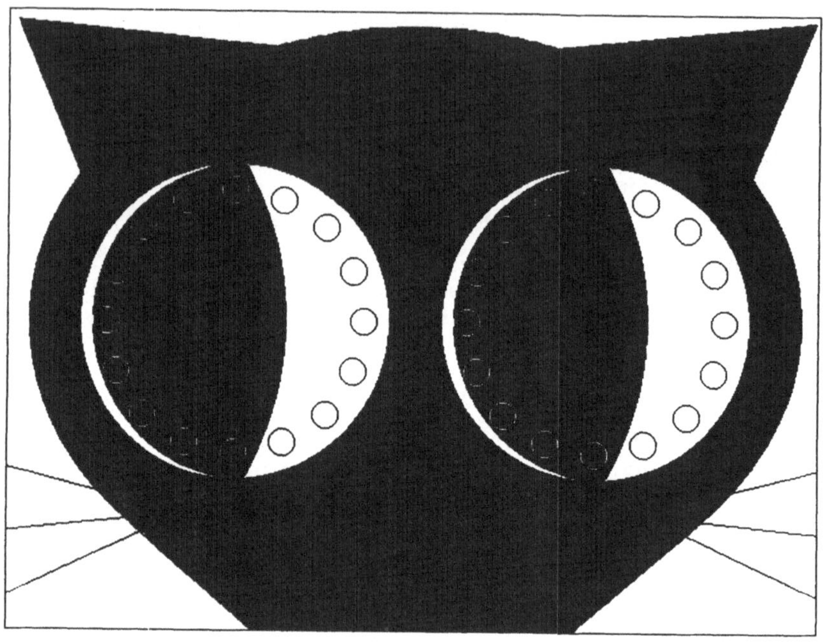

Sherlocks erster Ansatz

tionen sich im rechten Winkel zueinander befanden, also beispielsweise den obersten Fleck an einem und den am weitesten
rechts gelegenen am anderen Auge. Entspräche das Muster dem
in der Anleitung angegebenen, dann hätten wir dabei *jedesmal*
unterschiedliche Farben finden müssen. Ein einziges Gegenbei-
spiel, so hofften wir, hätte es uns dann erlaubt, den Betrüger zu
entlarven. Aber stets waren die Farben verschieden."

„Das beweist doch, daß das Muster wirklich aus alternieren-
den Viertelsegmenten besteht", wandte ich ein.

Sherlock Holmes schüttelte ungeduldig den Kopf. „Nein,
Watson, es beweist nur, daß irgendeine Vierersymmetrie vorliegt,
etwa folgendermaßen: Wir nehmen irgendein Viertelsegment mit
schwarzen und mit weißen Punkten, drehen es um neunzig Grad
und invertieren alle Farben, also schwarz zu weiß und weiß zu
schwarz. Das ergibt dann das benachbarte Segment. Wir drehen
und invertieren erneut und erzeugen so das dritte Segment und
auf gleiche Weise schließlich das vierte. Damit ist der Kreis geschlossen. Ein Beispiel für ein derartiges Muster sähe dann so
aus." Er fertigte eine weitere Skizze an, die auf der nächsten Seite
wiedergegeben ist.

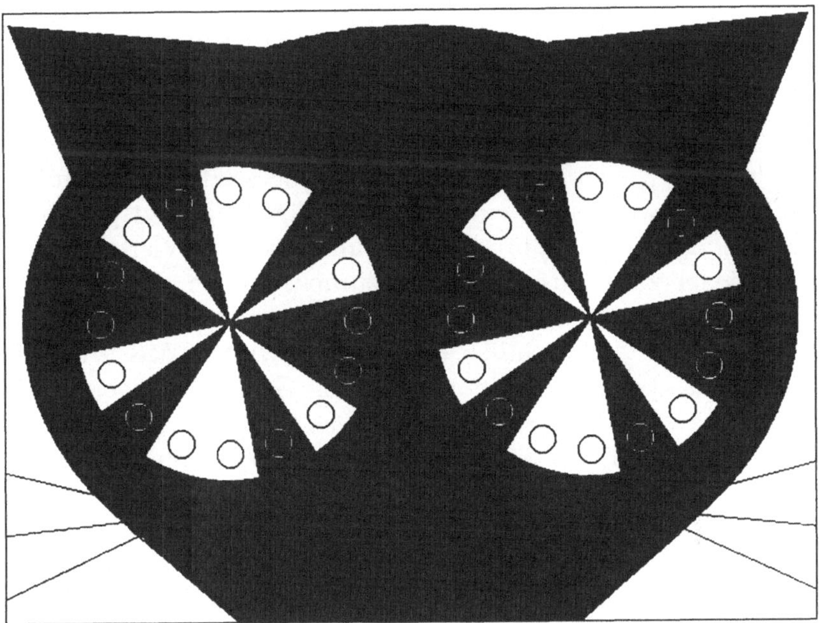

Sherlocks zweiter Ansatz

„Ganz gut", sagte Lestrade beinahe schadenfroh, „diese schöne Hypothese hat leider einen Haken: Hier gibt es nicht weniger als zwölf Positionen, an denen die Farbe wechselt, so daß sich eine Gewinnchance von drei zu vier anstatt von eins zu sieben ergäbe! Ich bin gespannt, wie Sie dieses Problem aus der Welt schaffen wollen, Mr. Holmes."

Er gab uns einen Stapel noch unberührter Karten, damit wir eigene Versuche anstellen konnten, und wandte sich vergnügt zum Gehen. Ich wunderte mich, daß mein Freund mit gerunzelter Stirn sitzen blieb.

„Kommen Sie, Holmes", munterte ich ihn auf, „es kann in der Wirklichkeit keine Paradoxa geben. Man muß nur das richtige Muster herausfinden."

„Langsam, Watson! Ein Paradoxon nicht lösen zu können, ist eine Sache. Aber eines zu übersehen, ist weniger verzeihlich. Gehen wir Schritt für Schritt vor. Wir wissen, daß wir bei jeder Drehung um neunzig Grad von einem schwarzen Fleck zu einem weißen kommen, und umgekehrt. Offensichtlich gibt es innerhalb eines jeden Neunzig-Grad-Bogens – einer Schnittlinie über vier Schritte von einem Fleck zum benachbarten – mindestens eine

Stelle, an der sich ein weißer Fleck unmittelbar neben einem schwarzen befindet."

„Einverstanden."

„Wir wissen, daß der Übergang von einem zu einem anderen Viertelkreis wiederum zu einer entgegengesetzten Farbe führt, also ebenso wenigstens ein Schritt zu entgegengesetzt gefärbten Flecken. Ähnliches gilt für das dritte und das vierte Viertel, so daß wir wieder zum Ausgangspunkt zurückkommen. Dabei haben wir mindestens vier Grenzen zwischen entgegengesetzten Farben überschritten. Offensichtlich haben wir bewiesen, daß für jedes Muster, das Lestrades Tests mit neunzig Grad Verschiebung besteht, eine Gewinnchance von *mindestens* eins zu vier vorliegen muß anstatt von eins zu sieben, wie sie experimentell gefunden wurde. Wahrhaft ein unergründliches Rätsel!"

Als ich am nächsten Morgen aufstand, saß Holmes mit geröteten Augen und noch immer in der zerknitterten Kleidung vom Vortag am Tisch. Vor ihm lagen ein Stapel Karten und Papier, auf dem er einiges notiert hatte.

„Gott sei Dank sind Sie auf, Watson. Ich habe eine Lösung gefunden, aber ich brauche jemanden, der mir überprüfen hilft, ob sie korrekt ist.

Sie kennen meinen Grundsatz, daß man dann, wenn andere Erklärungen *unmöglich* sind, die lediglich *unwahrscheinlichen* akzeptieren sollte. Die einzige Möglichkeit, die Beobachtungsergebnisse zu erklären, Watson, ist die, daß das verborgene Fleckenmuster nicht fixiert, sondern variabel ist. Sie könnten ebensogut sagen, es sei eigentlich gar kein Muster vorhanden, bis man einen Fleck freirubbelt und dessen Farbe beobachtet. Gleichgültig, ob man beim linken oder beim rechten Auge beginnt – erst die Aktion, einen Fleck freizulegen, entscheidet darüber, wie das Muster am anderen Auge beschaffen ist. Also ist die Frage ‚Wie sieht das Muster unter den Augen aus?' zu Beginn sinnlos, denn es gibt keine bestimmte Antwort, bevor eine Beobachtung angestellt wurde.

Damit das Ganze funktioniert, muß irgendeine Form der Kommunikation zwischen dem rechten und dem linken Auge existieren. Nun glaube ich nicht an eine sogenannte ‚Fernwirkung'. Daher kann die Kommunikation vermutlich verhindert werden, wenn man die Karten auftrennt. Hier habe ich zahlreiche

Karten dementsprechend in zwei Hälften geschnitten. Seien Sie bitte so freundlich und tragen Sie diesen Stapel mit den rechten Hälften in Ihre Räume und rubbeln auf jeder einen zufällig ausgewählten Fleck frei. Ändern Sie dabei bitte nicht die Reihenfolge der Kartenhälften. Ich werde hier dasselbe mit den linken Hälften machen. Ich weiß noch nicht, was wir sehen werden, wenn wir sie dann zum Vergleichen nebeneinanderlegen. Ich würde aber mein Leben verwetten, daß sich das Ergebnis irgendwie von den Beobachtungen unseres Freundes Lestrade unterscheiden wird."

Zum Glück war niemand anderer zugegen, der auf diese leichtsinnige Wette hätte eingehen können; denn der Vergleich der Kartenhälften ergab exakt dieselbe Statistik wie zuvor.

„Vielleicht", wagte ich eine Deutung, „ist hier eine Art Zufallsgenerator am Werk, bei dem sich keine Kommunikation zwischen den beiden Hälften vollzieht. Möglicherweise wird die Farbe eines Flecks erst im Moment des Freirubbelns irgendwie zufällig festgesetzt."

„Nein, das widerspricht der Beobachtung, die ja den Kern unseres Problems darstellt: In *jedem* Fall sind die ausgesuchten Flecke gleichfarbig, wenn ihre Positionen im Auge dieselben sind. Jegliche Zufälligkeit hätte unweigerlich Gegenbeispiele zur Folge, solange keine Kommunikation zwischen den Hälften vorliegt."

Er schüttelte den Kopf. „Watson, gewöhnlich werde ich von komplexen Sachverhalten zunächst einmal verwirrt. Aber hier ist es gerade die Einfachheit des Problems, die mich stört. Wir haben ein Ergebnis, das jeglicher Vernunft hohnspricht!"

Beim Frühstück sah ich auf seine ausgezehrte Gestalt und hatte Mitleid mit ihm.

„Holmes, liegen derartige wissenschaftlichen Probleme nicht ein wenig außerhalb Ihres Betätigungsfeldes? Ich selbst scheue mich nie, einen Spezialisten zu konsultieren, wenn mir in meiner Praxis etwas begegnet, mit dem ich nicht vertraut bin."

Holmes grübelte noch eine Weile und lachte dann auf einmal laut auf.

„Sie haben recht, Watson. Es ist nur mein Stolz, der mir im Wege steht. Ich hasse es wirklich, wenn man mir einfache, logische Folgerungen erklärt, auf die ich selbst hätte kommen können. Lassen Sie uns in Ruhe weiter frühstücken; dann werden wir einen unserer Wissenschaftlerfreunde aufsuchen, der uns sicher eine Erklärung anbieten wird."

Wir gingen durch den Park zum *Imperial College*. In Professor Challengers Büro sagte man uns, er habe gerade im Kellerlabor zu tun. Holmes wollte nicht auf ihn warten, und wir gingen in den Keller. Unsere Schritte auf den steinernen Stufen hallten laut im Treppenhaus. Ich öffnete eine breite Tür, hinter der Dunkelheit herrschte. Doch gleich darauf bemerkte ich einen bläulichen, irgendwie schaurigen Schimmer, der von einer großen Apparatur vor uns ausging. Sofort schrie jemand: „Tür zu! Verflixt noch mal, ich habe strikte Anweisung gegeben, daß wir keinesfalls gestört werden!"

Jemand machte Licht, und wir sahen Challenger und Summerlee vor besagter Apparatur, die hier skizziert ist. Der Deckel des Geräts war offen, und ich erkannte in der Mitte eine Halterung mit einer Glühbirne, von der das bläuliche Licht ausging. An jedem Ende der Halterung befanden sich identische kreisförmige Glasfilter, die man in der Fassung leicht drehen konnte. Hinter jedem Filter stand noch eine Linse.

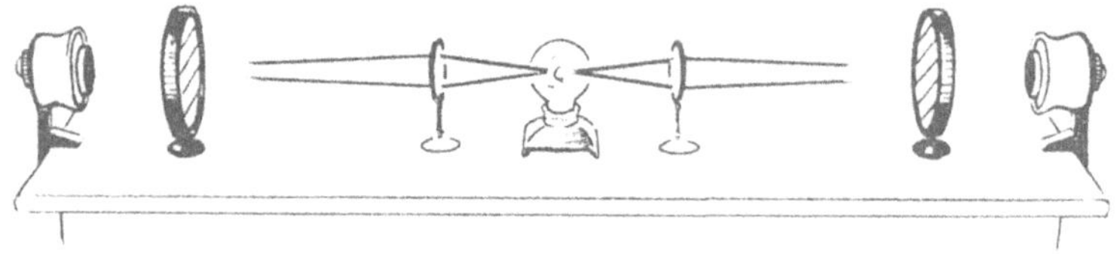

Nachweis von Photonen durch Polarisationsfilter

„Bitte verzeihen Sie, meine Herren Professoren. Watson und ich haben ein kleines Problem, das uns jedoch ziemlich verwirrt. Wir hoffen sehr, daß Sie uns mit Ihren profunden Kenntnisse helfen können", erklärte Holmes entschuldigend.

Challenger seufzte. Ich sah, daß er und Summerlee kaum in einem besseren Zustand waren als mein Freund: Beide wirkten, als hätten sie die ganze Nacht gearbeitet, und ganz sicher hatten sie sich in den letzten vierundzwanzig Stunden auch nicht rasiert.

„Nun, um ganz offen zu sein: Wir stecken in einer Sackgasse. Summerlee und ich versuchten, ein bemerkenswertes Experiment zu wiederholen, das kürzlich auf dem Kontinent durchgeführt wurde. Wir beide mißtrauen den mitgeteilten Ergebnissen. Doch allzu leicht war ein recht beunruhigendes Resultat zu reproduzieren. Vielleicht tut uns eine Pause gut, in der wir uns mit einem weniger kniffligen Problem befassen können."

Summerlee schien mir viel weniger niedergeschlagen zu sein als sein Kollege. „Bitte verzeihen Sie das Verhalten meines Kollegen", sagte er förmlich. „Er ist ein bißchen aufgeregt. Wir haben gerade seine Vorstellung von unsichtbaren Meeren grundlegend erschüttert, deren ständige Wellenbewegung ein lokales Quantenzittern verursacht."

Challenger ließ uns Platz nehmen und hörte dann – zusammen mit Summerlee – aufmerksam zu, wie Holmes in aller Kürze das Paradoxon der Karten schilderte. Während er sprach, wurden beide Koryphäen sichtlich immer erstaunter. Challenger hieb schließlich mit der Faust auf den Tisch neben ihm.

„Sind Sie hergekommen, Sir, um uns auf den Arm zu nehmen?" schrie er. Er sah uns durchdringend an und schüttelte dann wütend den Kopf.

„Anscheinend nicht. Aber es ist schier unglaublich: Das Problem, das Sie beschreiben, ähnelt frappierend dem Experiment, mit dem wir uns die ganze Nacht herumgequält haben." Er wies auf die Apparatur.

„Sie kennen ja die möglichen Schwierigkeiten bei meiner Interpretation der Quantentheorie – Sie erinnern sich an den Surfer? – oder bei jeder anderen Interpretation. Erstens sollten demnach die Teilchen oder die Surfer gelegentlich schneller sein als das Licht bzw. die Leitwelle. Zweitens sollte eine Beobachtung, das heißt, die bloße Aufnahme von Information aus einem Quantensystem, dieses System von einer Überlagerung möglicher Zustände in einen einzelnen realen Zustand kippen lassen." Wir nickten beide.

„Gut", fuhr er fort, „nun hat ein Wissenschaftler in Europa ein Experiment ersonnen, mit dem diese beiden Probleme zugleich angepackt werden. Das ist vermutlich der raffinierteste Versuch, den ich jemals sah. Außerdem sind seine Ergebnisse außergewöhnlich schwierig zu deuten."

Er zeigte auf die blaue Glühbirne. „Eine schwache Lichtquelle von ganz bestimmter Beschaffenheit emittiert jeweils zwei Photonen, die sich von ihr in entgegengesetzte Richtungen entfernen. Beim Emissionsvorgang wird sichergestellt, daß die Photonen absolut identische Eigenschaften aufweisen, insbesondere dieselbe Polarisation."

Ich hüstelte. „Verzeihen Sie bitte meine Unwissenheit, Sir, aber dieser Begriff ist mir unbekannt."

Challenger starrte mich ungeduldig an. „Er bezieht sich auf eine Eigenschaft der Photonen, die dem Spin ähnlich ist. Im Augenblick genügt es, sich vorzustellen, jedes Photon sei ein winziges Scheibchen, das im Fluge – wie ein Diskus – unterschiedlich stark geneigt sein kann. Nun stellen wir uns vor, die Diskusscheibe erreiche ein Gitter." Ich nickte.

„Wenn der Diskus parallel zu den Gitterstäben ankommt", erklärte er weiter, „hat sie gute Chancen, durch die Lücken hindurchzufliegen. Trifft sie aber quer auf, dann prallt sie an den Stäben ab. Wir können nun eine Glasscheibe mit einer Beschichtung versehen, die auf die Photonen genau wie solch ein Gitter wirkt. Man spricht dann von einem Polarisationsfilter oder einfach Polarisator. Diese Glasscheiben an den Enden dieser Halterung sind solche Polarisatoren. Wir können sie unabhängig voneinander so verdrehen, daß die ‚Gitterstäbe' jeden gewünschten Winkel zur Vertikalen annehmen.

Nun sind, wie gesagt, die zwei Photonen identisch. Um im Bild zu bleiben: Jede der beiden ‚Diskusscheiben' müßte stets im selben Winkel geneigt sein wie die andere. Ihre Drehimpulse addieren sich zu null. Wenn sich also die eine Scheibe im Uhrzeigersinn dreht, so dreht sich die andere ihm entgegen. Beide befinden sich aber in derselben Ebene. Was geschieht nun Ihrer Meinung nach, wenn jedes Photon seinen Polarisator erreicht?"

Ich dachte kurz nach. „Nun, wenn es gerade parallel zum Gitter auftrifft, geht es durch; und wenn es quer ankommt, schnellt es zurück. Ich weiß aber nicht, was bei anderen Winkeln geschieht."

Challenger nickte. „Dann ist es eine Frage von Wahrscheinlichkeiten. Die Wahrscheinlichkeit, daß das Photon das Gitter passiert, entspricht dem Quadrat des Kosinus des Winkels zwischen dem Gitter und der Polarisationsebene des Photons. Man muß jedoch –" ich wollte etwas einwenden, aber er hob die Hand und fuhr fort: „– keine trigonometrischen Berechnungen anstellen, um das Problem zu klären."

Er sah mich durchdringend an und erklärte dann: „Zwischen den beiden Photonen scheint nun keine Kommunikation möglich zu sein, und jedes muß sozusagen für sich selbst entscheiden, ob es vom Gitter zurückprallt oder nicht."

„Oh, das leuchtet mir ein", meinte ich. „Die Photonen treffen im selben Augenblick auf die Polarisatoren, und zwischen ihnen kann sich kein Signal überlichtschnell ausbreiten. Daher kann es unmöglich so sein, daß der eine Aufprall auf das Gitter den anderen irgendwie beeinflußt."

Challenger strahlte mich an. „Genauso ist es", antwortete er. „Sie sehen aber auch, daß die Photonen ein einzelnes Quantensystem darstellen, dessen Zustand unbestimmt ist, solange keiner der beiden Vorgänge beobachtet wird. Mit anderen Worten: der Zustand entspricht lediglich einer Überlagerung von Wahrscheinlichkeiten. Ungefähr das sagt uns die statistische Theorie von Summerlee.

Untersuchen wir nun, was gemäß seiner Theorie geschehen müßte. Dazu müssen wir uns nicht in mathematischen Gleichungen verheddern. Wenn die zwei Filter im gleichen Winkel angebracht sind, *verhalten sich die beiden Photonen stets gleich*: Beide passieren, oder beide prallen zurück. Es sieht so aus, als wenn das erste Photon beim Anprall auf das Gitter entweder so gedreht wird, daß es durchgeht, oder rechtwinklig dazu. Dann würde das zweite Photon durch irgendeine seltsame Kraft in denselben Winkel gedreht wie das erste. Daher verhalten sich beide stets gleich."

„Das könnte man aber viel einfacher erklären", wandte ich ein. „Vergessen Sie einmal die Trigonometrie. Angenommen, ein Photon passiert das Gitter, wenn sein Winkel gegenüber den Gitterstäben kleiner als fünfundvierzig Grad ist. Andernfalls prallt es zurück. Dann brauchen wir keine seltsamen Kräfte, um die Duplikation zu erklären!"

Challenger nickte. „Sehr gut, Doktor. Ihre Hypothese erklärt sogar einen zweiten Effekt, der beobachtet wird: Wenn die Gitter rechtwinklig zueinander angeordnet sind, dann zeigen die Photonen *immer* gegensätzliches Verhalten. Das bedeutet, eines prallt zurück, und das andere passiert sein Gitter."

Er sah mich aufmerksam an und fragte dann: „Aber was, glauben Sie, wird passieren, wenn ich die Filter um einen kleinen Winkel gegeneinander verdrehe, sagen wir um zweiundzwanzigeinhalb Grad, also gerade um ein Viertel eines rechten Winkels?"

Ich überlegte kurz. „Nun, an jedem Filter wird normalerweise dasselbe geschehen, aber nicht ausnahmslos", antwortete ich. „Nach meiner Hypothese müßten sich die Photonen in einem von vier Fällen unterschiedlich verhalten."

„Sehr richtig. Und wie erklären Sie dann, Sir," – er erhob plötzlich die Stimme, so daß ich zusammenzuckte – „daß wir nur in etwa einem von *sieben* Fällen einen solchen Unterschied feststellen konnten?"

Diese Chance von eins zu sieben erinnerte mich irgendwie an die Geschehnisse der vergangenen Nacht. „Dann muß die Formel wohl doch etwas komplizierter sein", meinte ich ohne große Überzeugung.

Challenger schüttelte den Kopf. „Nein, Sir: Keine Formel, wie kompliziert auch immer, kann diese Befunde erklären – es sei denn, zwischen den Photonen gäbe es doch irgendeine unmögliche Kommunikation.

Erkennen Sie es nicht? *Es ist genau dasselbe Paradoxon wie bei Ihren Lotteriekarten.* Die zwei Photonen entsprechen dem linken und dem rechten Auge der Katze, und das Festlegen der beiden Filterwinkel entspricht der Wahl der freizurubbelnden Flecke. Stellt man die Filterwinkel gleich ein, so bedeutet das, man rubbelt je einen Fleck an der gleichen Position frei und so weiter."

Er stöhnte auf. „Es ist nicht nur unbegreiflich, sondern widerspricht auch jeglicher Logik, sogar wenn man die absurdesten Hypothesen ansetzt." Er starrte mich an. „Ausweglose Situationen erfordern äußerste Maßnahmen. Summerlee und ich diskutierten sogar, ob nicht doch irgendein überlichtschnelles Signal zwischen den Photonen übertragen werden könnte.

Aber dann stellt sich die Frage, welches Photon von welchem beeinflußt wird; denn gemäß der Relativitätstheorie hängt die scheinbare Abfolge der Ereignisse ausschließlich von der Wahl der Bezugssysteme ab. Beispielsweise erreicht für einen Beobachter, der sich relativ zum Labor nach Osten bewegt, dieses linke Photon zuerst sein Ziel." Er deutete auf das linke Ende der Apparatur. „Aber für einen Beobachter, der nach Westen unterwegs ist, kommt das rechte Photon zuerst an. Somit beendet für einen Beobachter das linke Photon zuerst seine Aktion und steuert damit die spätere Aktion des rechten Photons. Aber für den anderen Beobachter ist es gerade umgekehrt. Das Ganze erscheint eigentlich nicht logisch.

Berücksichtigen wir nun, daß derartige Phänomene nicht nur Photonen beeinflussen, sondern jegliche Teilchen, die miteinander wechselwirken. Wenn ich ein Teilchen der kosmischen Strahlung nachweise – ein geladenes Teilchen, das von einem fernen Stern stammt –, ändern dann etwa sämtliche Teilchen augenblicklich ihren Zustand, die irgendwo und irgendwann seit der Entstehung des Universums mit diesem Teilchen wechselwirkten? Das glaube doch, wer will!"

Allmählich wurde mir schwindlig, und ich wollte wieder auf den Boden der Tatsachen zurück. „Aber was hat es nun mit den Lotteriekarten auf sich?" fragte ich.

Summerlee winkte unwillig ab. „Die sind ziemlich raffiniert ausgedacht und nutzen im Grunde diesen Quanteneffekt aus. Zum Beispiel kann jede Kartenhälfte ein speziell eingebettetes Elektron enthalten, dessen Spin mit dem seines Zwillings korreliert ist. Das ist nur ein chemischer Trick, bei dem zweifellos eine lichtempfindliche Emulsion oder etwas Ähnliches eine Rolle spielt. Beim Freirubbeln entsteht dann eine Färbung, die dem betreffenden Elektronenspin entspricht."

Challenger hob die Hand. „Denken Sie daran, was Sie selbst berichtet haben", dröhnte er. „Sie mögen zwar das *Prinzip* durchschaut haben, aber dies *in der Praxis* zu realisieren, das kann wohl kein Chemiker, den ich kenne. Offenbar ist uns jemand weit überlegen, wenn es darum geht, diese neue Physik anzuwenden. Vermutlich versteht er sie auch viel besser als wir. Es muß jemand sein, der keinesfalls mit dem wissenschaftlichen Establishment zusammenarbeiten will und zudem kriminelle, wenn nicht gar anarchistische Neigungen hat."

Er wandte sich an Sherlock Holmes. „Aber bei uns ist ja der bedeutendste Detektiv der Welt. Könnten Sie nicht ermitteln, Sir, welche Fabrik dermaßen viele Lotteriekarten produziert hat, daß ganz London förmlich damit überschwemmt wurde?"

Mein Freund lächelte. Challenger hieb auf den Tisch. „Ich würde zu gern denjenigen kennenlernen, der diese physikalischen und chemischen Probleme meistern konnte. Wie verquer er auch sein mag, irgendwie zolle ich ihm Respekt. Ich werde erst wieder ruhig schlafen können, wenn wir dieses Rätsel gelöst haben."

Als wir durch den Park nach Hause gingen, fiel mir eine seltsame Möglichkeit ein.

„Es ist schade, daß Mr. Rolleman nicht mehr unter uns weilt", sagte ich, „denn nun kann ich sehen – ob ich an die Relativitätstheorie glaube oder nicht –, wie man mit den Lotteriekarten, die derzeit unser Wohnzimmer verschandeln, Nachrichten überlichtschnell übertragen kann, beispielsweise von London nach Chicago oder sonstwohin. Man muß nur eine Karte in der Mitte durchschneiden. Sie nehmen dann die linke Hälfte mit nach Chicago, und ich behalte die andere hier in London."

„Und dann?" fragte Holmes ruhig.

„Ganz einfach", entgegnete ich, etwas überrascht von seiner Begriffsstutzigkeit, „zu einem vorher vereinbarten Zeitpunkt rubbeln wir jeder einen Fleck frei, und zwar rubbeln Sie jeweils den obersten Fleck frei. Ich dagegen nehme den obersten Fleck, wenn Sie verkaufen sollen, jedoch den Fleck eine Position weiter links, wenn Sie kaufen sollen. Wenn Ihr Fleck die gleiche Farbe hat, dann habe ich Ihnen die Anweisung übermittelt, daß Sie Anteile zu kaufen haben."

„Und wie soll ich, dreitausend Meilen weit weg, herausfinden, ob mein Fleck dieselbe Farbe hat wie Ihrer?"

„Nun, es müßte –" ich hielt inne „ – wir könnten vielleicht – nein, das geht auch nicht. Kommen Sie, Holmes, helfen Sie mir aus der Patsche! Es muß doch einen Weg geben!"

Holmes seufzte. „Es kann keinen Weg geben", sagte er. „Das Problem ist: Sie können nicht erzwingen, daß irgendein Fleck auf Ihrer Karte schwarz bzw. weiß ist. Die Farbe der Nachricht, die Sie senden, unterliegt nicht Ihrem Einfluß, und wir können unsere beiden freigerubbelten Farben nur vergleichen, indem wir die Kartenhälften aneinanderhalten. Offenbar war der Erfinder der Karten sorgfältig darauf bedacht, daß der interne Mechanismus der Kommunikation vor gedankenlosem Herumpfuschen geschützt ist." Mir schien es, als würde Holmes halb im Spaß sprechen.

„Eine Signalübertragung entgegen dem Zeitablauf ist unmöglich, Watson. So bizarr ist das Universum denn doch nicht beschaffen, obwohl es uns zuweilen merkwürdig genug vorkommt. Ich denke, Summerlee hat einen Pyrrhussieg errungen: Seine mathematischen Gleichungen haben sich sozusagen durchgesetzt, aber dabei ein Resultat bestätigt, das uns alle nur verwirrt."

12. Der Fall der verlorenen Welten

In den nächsten Tagen sah ich Holmes nur selten. Ich wußte, daß seine Nachforschungen über die Firma, die diese seltsamen Lotteriekarten produzierte, viel schwieriger als erwartet waren. Aber er stand auch sonst früher auf als ich und kam abends sehr häufig erst nach Hause, wenn ich schon lange im Bett lag. Am Donnerstag aber, als ich gerade von meinen Hausbesuchen heimkehrte, saß er gemütlich am Kamin und rauchte.

Auf meine Frage nach dem Stand der Dinge schüttelte er den Kopf und meinte: „Nein, Watson: Wer auch immer hinter der Organisation steckt, die wir suchen – er ist teuflisch gerissen. Es kommt mir fast so vor, als säße da jemand, der jede meiner Aktionen vorausahnt. Heute konnte ich endlich die Büros der Gesellschaft ausfindig machen. Aber als ich hinkam, waren sie verschlossen. Es war niemand mehr da; der Vogel war schon ausgeflogen. Als ich mich ein wenig umsah, kam zufällig die Maklerin vorbei, eine bemerkenswerte Erscheinung, offenbar asiatischer Herkunft, doch sehr groß. Wir fielen wohl ein wenig auf, als wir miteinander sprachen. Sie beschrieb mir einige Männer, die sehr höflich aufgetreten waren, denen sie aber – wie sich inzwischen herausstellte – zu Unrecht vertraut hatte. Offenbar haben sie sich aus dem Staub gemacht, ohne die Miete zu zahlen, und die Dame möchte sie ebenso dringend finden wie ich.“

Ich gab Holmes die Zeitung vom Vortag, die ich für ihn aufgehoben hatte. „Das ist zu schade, Holmes. Bei den Versuchen, das Paradoxon der Quantenmessung aufzuklären, das die Lotteriekarten so offenkundig ausnutzen, kommt man anscheinend kaum voran. Hier wird von einer stürmischen Debatte in der *Royal Society* über dieses Thema berichtet. Den Vorsitz hatte unser alter Freund, Doktor Illingworth.“ Holmes stöhnte unwillkürlich auf.

„Es muß wie im Tollhaus gewesen sein. Nachdem sich Challenger und Summerlee geäußert hatten, bat Illingworth um Meinungen aus dem Auditorium. Meist sprachen Philosophen oder Logiker, aber keine Naturwissenschaftler, und ihre Ansätze waren sämtlich verschroben. So behauptete jemand, das Experiment beweise, daß es in Wahrheit weder einen freien Willen noch eine wahren Zufall gäbe: Welche Seite der Lotteriekarte man auch immer wähle oder wie man die Polarisatoren auch orientiere – dies sei alles seit jeher vorherbestimmt gewesen. Andere meinten, alles im gesamten Universum sei auf raffinierte Weise ineinander verwoben. Wieder andere glaubten, das Universum existiere nur im Geist bewußter Beobachter, oder die Anwesenheit eines bewußten Beobachters bestimme bzw. verknüpfe Ereignisse auf irgendeine mystisch wirkende Weise. Einige behaupteten, es sei in gewisser Hinsicht sinnlos zu fragen, wie der Effekt zustande kommt, weil der Mechanismus nicht beobachtet werden könne. Manche waren sicher, der Effekt sei so verzwickt, daß er dem menschlichen Verständnis grundsätzlich unzugänglich sei. Das alles klingt mir sehr nach defätistischem Geschwätz, Holmes. Vielleicht werde ich der Diskussion nicht gerecht; allerdings behaupte ich nicht, Philosoph zu sein."

Holmes lächelte. „Gott sei Dank sind Sie keiner, Watson: Ich ziehe den schlichten gesunden Menschenverstand in jeder Situation der silberzüngigen Sophisterei vor."

„Den ausgefallensten Vorschlag machte eine Dame auf der Publikumsempore", fuhr ich fort. „Sie beschrieb recht zutreffend das Phänomen des Quantenkollapses – die Auflösung vielfacher Wahrscheinlichkeiten zu einem bestimmten Resultat – und fragte dann, warum die Anwesenden überhaupt meinten, es sei jemals aufgetreten! Sie ließ durchblicken, daß es nicht nur ein Universum, sondern deren mehrere gäbe, wenn nicht gar unendlich viele. Und in jedem von ihnen könne jede mögliche Quantenhistorie nachgewiesen werden. Für sie sei das einzelne Universum, das ein Beobachter wahrnimmt, nur eine Art von zusammenhängender Illusion, so wie man aus den Unterhaltungen in einer größeren Gruppe unwillkürlich eine einzelne Stimme heraushört.

Einige der Persönlichkeiten auf der Bühne nahmen ihre Äußerung tatsächlich ernst und fragten sie nach der Anzahl solcher Universen – ob sie wirklich unendlich hoch sei und ob sie im Laufe der Zeit größer würde –, und warum die Illusion eines einzelnen Universums überhaupt auftrete. Bevor sie darauf eingehen konnte, fragte Illingworth sie recht verletzend nach ihrer Qualifikation und stellte klar, daß dieses vornehme Gremium nicht gewillt sei, sich das Geschwafel von Laien anzuhören. Sie drehte sich auf dem Absatz um und verließ augenblicklich den Saal. Ich möchte Illingworth ausnahmsweise einmal recht geben: Sie redete wirklich Unsinn.

Aber dann erklärte Challenger, daß die von dieser Dame vorgetragene Hypothese die erste ihm bekanntgewordene sei, die die experimentellen Befunde erklären könnte, ohne daß man unnötige Annahmen hinzufügen müsse. Die Worte wurden immer hitziger. Schließlich ergriff Challenger ein Schmuckschwert, das an der Wand hing, schrie, damit – mit Ockhams Kriterium oder ‚Rasiermesser‘ – könne man alle Wucherungen überflüssiger Annahmen wegschneiden, und jagte Illingworth von der Bühne. Das war für die anwesenden Reporter natürlich ein gefundenes Fressen.“

„Ah, ja: William von Ockhams Prinzip von der logischen Beschränkung: ‚Führe keine zusätzlichen Hypothesen außer den unbedingt notwendigen Annahmen ein, um die Tatsachen zu erklären.‘ Dieser englische Theologe hätte zu seiner Zeit, im Mittelalter, einen guten Detektiv abgegeben“, sinnierte Holmes.

Plötzlich stolperte ich über eine Zeile in dem Zeitungsartikel. Nur halb im Ernst fragte ich: „Diese Maklerin war doch eine auffallende Erscheinung, nicht wahr? Trug sie womöglich einen blauen Mantel mit einer Goldspange in Form eines Krebses?“

Holmes sprang auf und riß mir die Zeitung geradezu aus der Hand. Er überflog den Artikel und warf das Blatt fluchend auf den Boden. „Das war sie, Watson. Oh, wo hatte ich nur meine Gedanken? Ihre ganze Erscheinung und ihre Intelligenz waren irgendwie unvergleichlich. Ich hatte das wohl bemerkt, dieses Gefühl dann aber ignoriert, weil ich es nur auf ihre Attraktivität zurückführte. Und ich ließ sie einfach weggehen! Das ist um so bedauerlicher, weil ich vermute, daß jemand, der diese seltsamen Aspekte wirklich versteht, durchaus das geistige Haupt der Bande sein kann, die den ‚wissenschaftlichen Terror‘ mit den Lotteriekarten ausübt.“

Ich sah ihn scharf an. Bisher hatte ich Holmes nur ein- oder zweimal über eine Frau in einer Weise sprechen hören, die wenigstens etwas Emotion erkennen ließ. Bevor ich näher nachfragen konnte, wurde die Zimmertür geöffnet, und unseren Augen bot sich ein widersprüchlicher Anblick: Da stand ein großer, beleibter Mann in geschmackvoller, sicher nicht billiger Kleidung. Sein Gesicht war bleich, und er keuchte, als hätte er gerade einen Marathonlauf absolviert.

Holmes bot ihm einen Stuhl an. „Einen Brandy für unseren Gast, bitte, Watson!" Unser Besucher war noch zu sehr außer Atem, um sprechen zu können. Er zog eine Visitenkarte aus der Tasche und reichte sie Holmes.

„Doktor Grainer, Institut für Angewandte Pädagogik", las Holmes laut. „Oh, Doktor, ich habe schon von Ihrem berühmten oder soll ich sagen: berüchtigten Institut gehört."

Der Mann nickte; entweder störte ihn Holmes' Beleidigung nicht, oder er hielt einen Protest für sinnlos. „Dort ist etwas Schreckliches geschehen", ächzte er. „Vor knapp zwei Stunden wurde ein junger Mann in seinem Zimmer tot aufgefunden. Er war mit Drähten verbunden und wurde offenbar durch elektrischen Strom getötet. Es ist schrecklich, meine Herren, ganz schrecklich! Das könnte meinen Ruin bedeuten!"

Holmes hob die Augenbrauen. „Das klingt äußerst interessant. Wir müssen den Tatort besichtigen, bevor die Polizei in ihrem Übereifer zuviel durcheinanderbringt. Bitte lassen Sie eine Mietdroschke kommen, Watson. Wir werden uns unterwegs die Hintergründe anhören."

Das Institut von Doktor Grainer befand sich außerhalb von London, und zwar in den Fenlands. Schon nach einer knappen halben Stunde stiegen wir in der Station Liverpool Street in den Zug. Wir hatten ein Abteil für uns, und Doktor Grainer begann unaufgefordert zu berichten:

„Vor rund zwanzig Jahren, als junger und nicht besonders guter Doktorand, machte ich zwei bedeutende Entdeckungen.

Ich arbeitete über Bitumen und suchte nach Methoden, wertvolle Chemikalien daraus herzustellen. Ich hatte im Ansatz die Idee für eine neuartige chemische Reaktion. Ein Freund meines Doktorvaters, ein Kaufmann namens Parkes, übrigens von zweifelhaftem Ruf, hatte ein mehr als akademisches Interesse am Fortschritt meiner Arbeit. Er bot mir eine stattliche Summe für den Fall an, daß ich die Forschung in annehmbarer Zeit abschließen könnte. Einen Teil zahlte er mir im voraus.

Nun gibt es für einen jungen Mann in einer Großstadt mancherlei Ablenkungen. Trotz des finanziellen Anreizes zog sich meine Arbeit immer weiter über den zugestandenen Termin hinaus. Dann standen eines frühen Morgens zwei kräftige Männer vor meiner Tür. Sie ließen mich wissen, daß Mr. Parkes mich sehen wolle und daß sie ein ‚Nein' als Antwort nicht akzeptierten.

Ich stieg also ohne viel Aufhebens mit ihnen in die Kutsche. Sie brachten mich aber nicht in den palastartigen Landsitz von Mr. Parkes, sondern in eine wenig wohnliche steinerne Hütte in den Fenlands. Sie hatten auch etliches an Literatur sowie ein Exemplar meiner noch unvollständigen Dissertation mitgenommen. Der Größere und auch Häßlichere der beiden Männer eröffnete mir, ich könne die Hütte erst wieder verlassen, wenn meine Arbeit vollständig sei, und daß es mir schlecht erginge, wenn ich etwa trödelte.

Leider machte ich mich lustig über ihn. Ich erklärte, daß unter solchem Druck keine kreative Arbeit möglich sei, sondern daß man dazu stets in der richtigen Gemütsverfassung sein müsse. An manchen Tagen sei beispielsweise ein gemütlicher Vormittag mit viel Kaffee und ausgedehnten Unterhaltungen unter Freunden gerade das Richtige, um den Geist wieder zu lockern; dann könne sich eventuell eine halbe Stunde wirklich produktiver Arbeit anschließen.

Da packte mich der Schlägertyp am Kragen und schüttelte mich, daß mir die Zähne klapperten. In der Folgezeit machte ich meine erstaunlichste Entdeckung: Man kann tatsächlich kreative Leistungen erbringen, ohne unaufhörlich Kaffee zu trinken und zu plaudern, bis sich irgendwann die gewünschte Gemütslage einstellt. – Es muß nur der Anreiz hoch genug sein!"

„Eine Entdeckung, die alle Doktoranden erstaunlich finden werden", kommentierte mein Freund trocken.

„In der Tat. Als ich meine Arbeit abgeschlossen und die vereinbarte Summe erhalten hatte, beschloß ich, das Geld in eine Art Sanatorium zu investieren. Hier sollte den unzähligen Studenten geholfen werden, die zwar mit Geistesgaben gesegnet sind, denen aber der rechte Antrieb fehlt. Sie kommen nun zur *Fairley Farm* und werden dort fast den ganzen Tag in ihrer Zelle eingeschlossen. Sie haben natürlich Stift und Papier, doch jegliche Ablenkung oder gar Luxus fehlt. Selbst das Essen müssen sie sich durch produktive Arbeit verdienen. Unser Tauschhandel funktioniert nach einem ganz einfachen Prinzip: eine Seite Dissertation – eine Scheibe Brot.

Die Farm wurde sehr populär, und schon bald mußte ich das Kostgeld drastisch erhöhen, um den Zulauf einzudämmen. Die ganze Zeit, bis heute, lief das Institut hervorragend." Er sah sehr bedrückt aus.

Holmes legte ihm beruhigend die Hand auf die Schulter. „Würden Sie nun bitte Näheres von dem jungen Mann erzählen, der umgekommen ist?"

„Von Mr. Pemberton? Nun, ich würde sagen, er war aus unserer Sicht recht normal. Er war sehr intelligent und hatte in Cambrigde sein Studium mit Auszeichnung abgeschlossen. Danach widmete er sich einer sehr anspruchsvollen mathematischen Dissertation. Nach drei Jahren hatte er noch keine Fortschritte erzielt, und seine Familie wollte ihn nicht weiter unterstützen. Sie ist wohlhabend, wenn auch nicht ausgesprochen reich. Weil der junge Mann selbst kaum Geld hatte, bezahlte die Familie seinen Aufenthalt in der Farm. Zunächst lief es für ihn hier recht gut. Doch kürzlich", er runzelte die Stirn, „stellte sich heraus, daß er nicht soviel arbeitete, wie ich erhofft hatte. Wenn ich darüber nachdenke, fällt mir übrigens auf, daß die meisten unserer Gäste in den letzten Wochen eher enttäuschende Leistungen erbracht haben. Diese jungen Leute von heute, meine Herren, da kann man sagen, was man will, sind doch ..."

Er steigerte sich in eine Schmährede hinein, die er erst unterbrach, als der Zug an einer Haltestelle bremste. Wir stiegen in einen Zweispänner um, der für uns bereitstand. Nach recht langer Fahrt kamen wir, als schon die Dämmerung einsetzte, zu einem großen, flachen Gebäude.

„Die Einsamkeit hilft dabei, unsere Gäste vor Ablenkungen zu bewahren. – Ah, guten Abend, Kate", sagte Grainer, als eine hübsche, aber kräftig gebaute Frau auf die Treppe heraustrat. „Hier, Liebling, sind die Detektive, die ich engagiert habe."

Die Frau seufzte. „Und dafür gondelst du einen ganzen Tag in London herum, wo es doch auch ein Telegramm getan hätte! Nein, du brauchst sie nicht herumzuführen; ich mache das schon. Hier ist reichlich Arbeit für dich. Die Monatsabrechnungen erledigen sich nicht von allein, nur weil sich irgendein Drama abgespielt hat."

Trotz dieser Standpauke gab sie ihm einen zärtlichen Kuß, bevor sie Holmes und mich durch einen Korridor in einen kleinen, zellenartigen Raum mit einem hohen Fenster führte. Die einzigen Möbel darin waren ein Schreibtisch, ein einfacher Stuhl und ein schmales, hartes Bett. Über dem Schreibtisch war ein stattlicher junger Mann zusammengebrochen. Schreckliche Brandwunden an seinem Kopf zeigten an, wo ihn der tödliche Stromschlag getroffen hatte. Zwei Drähte, mit Siegelwachs seitlich am Kopf befestigt, verliefen durch kleine Löcher nach draußen, die in den Fensterrahmen gebohrt worden waren.

„Haben Sie versucht festzustellen, wo sich die Stromquelle befindet?" fragte Holmes. Mrs. Grainer schüttelte den Kopf. „Die örtliche Polizei hat uns verboten, irgend etwas zu berühren, bevor die Detektive von Cambridge einträfen."

Holmes nickte. „Das war eine gute Anweisung, Madam", meinte er. „Ich denke, wir sehen uns inzwischen draußen ein wenig um. Ich nehme an, die Zellen haben alle ein derartiges Fenster."

Draußen ging er an der Fensterreihe entlang und sah sich eingehend die Fenstersimse an. Recht deutlich war ein Paar isolierter Drähte zu erkennen, das von jedem Fenster ausging. Außerdem befanden sich feinere Drähte girlandenartig zwischen benachbarten Fenstern; sie waren besser getarnt und am Mauerwerk schwer zu erkennen. Alle diese Drähte führten letztlich zu einem kleinen Seitengebäude, in dem wir eine ganze Anzahl großer Leidener Flaschen vorfanden. Sie waren in Reihe zusammengeschaltet worden, so daß sie eine hohe Spannung abgeben konnten.

Nun war klar, woher der tödliche Stromschlag kam. Aber der Grund für diese seltsame Anordnung schien mir unbegreiflich. Plötzlich entfuhr Holmes ein kurzer Aufschrei, und er führte uns ins Haus zurück. Kate Grainer kam hinzu. Ihren Gatten sahen wir nicht; er mußte wohl hart arbeiten.

„Würde es Ihnen etwas ausmachen, uns mit einem Ihrer Gäste sprechen zu lassen?" fragte Holmes.

Mrs. Grainer preßte die Lippen zusammen. „Ich mag es nicht, wenn man ihre gewohnten Abläufe stört. Aber eine kurze Unterhaltung ist jetzt noch gestattet, kurz bevor zur Nacht die Lichter ausgeschaltet werden. Wir sind jetzt gerade ein paar Minuten vor der üblichen Zeit."

Sie ging mit uns zu einer der Zellen und schob den Riegel zurück. Ein junger Mann mit fliehendem Kinn starrte uns an. „Mr. Digsby, diese Herren möchten Ihnen ein paar Fragen über den armen Mr. Pemberton stellen", sagte sie scharf.

Holmes wartete, bis sie gegangen war. Er wandte sich dann an Digsby, der ziemlich nervös wirkte. „Das Spiel ist aus", sagte Holmes leise. „Ich weiß über das Radio Bescheid. Bitte sagen Sie mir genau, welche Anweisungen Sie für heute erhalten hatten."

„Es war Pembertons Idee, und alles nur ein harmloser Streich, wirklich!" schrie der junge Mann. Holmes wartete.

Digsby seufzte. „Wir sind ja alle hier, um zu arbeiten, aber die Isolation wird manchmal wirklich unerträglich. Sonntags dürfen wir in das nahegelegene Dorf gehen. Dort ist ein kleines Radiogeschäft. Pemberton schlug vor, daß sich jeder ein Paar Kopfhörer und eine Batterie kaufte. Zudem legten wir Geld zusammen, um einen einzigen Radioempfänger zu kaufen.

Wir fanden aber ein Arrangement, das die Versuchung in Form des Radios für uns nicht allzu groß werden ließ. Wir schlossen immer nur eine Batterie an. Außerdem wurde die Magd bestochen, die Batterie durch eine neue zu ersetzen, wenn sie leer wurde. An den Empfänger schlossen wir, in Reihe geschaltet, die Kopfhörer an.

Daher konnte nur dann Strom fließen, wenn alle Kopfhörer gleichzeitig angeschaltet waren. Wir kamen überein, uns nur die Mittagsnachrichten anzuhören, von eins bis halb zwei. So hatte niemand die Chance zu mogeln – nicht einmal dann, wenn es alle bis auf einen gleichzeitig versuchten. Das System war wirklich sehr diszipliniert."

„Bis heute, wie sich ja zeigte", meinte Holmes.

Digsby nickte. „Pemberton meinte, weil er sich das System ausgedacht hatte, könnten wir ihm einen Gefallen tun. Er schlich sich heute früh aus seiner Zelle und schob jedem eine Anweisung unter der Zellentür durch.

Meine besagte, ich solle sorgfältig das Pferderennen in Newmarket verfolgen, das unmittelbar nach den Nachrichten übertragen wird. Falls ein anderes Pferd als *Fiddler's Reach* das Rennen um halb elf gewönne, so sollte ich meine Drähte zu einem Kurzschluß verbinden. Ich dürfte sie aber keinesfalls mit den Händen berühren, weil sie unter Hochspannung stehen könnten.

Willoughby in der nächsten Zelle hatte eine ähnliche Anweisung erhalten, die sich aber auf das Rennen um elf Uhr und das Pferd *Long Boy* bezog. Und so ging es weiter den Zellengang entlang, soweit ich weiß. Aber ich versichere Ihnen: Ich hatte keine Ahnung, was Pemberton wirklich vorhatte. Er war offensichtlich in guter Verfassung, fast schon in Hochstimmung, und nichts deutete für uns darauf hin, er könnte einen Selbstmord planen."

Holmes nickte. „Ich glaube Ihnen", sagte er. „Besten Dank. Ich denke nicht, daß wir Sie noch einmal behelligen müssen."

Er ging jedoch nicht zum Haupthaus zurück. Von dort hörten wir Mrs. Grainers nörgelnde Stimme, die schon wieder ihren Gatten kujonierte. Wir suchten vielmehr die Zelle noch einmal auf, in der Pemberton lag. Zu meiner Überraschung fing Holmes an, in den Taschen des Jungen zu kramen.

„Was suchen Sie?" flüsterte ich.

„Zwei Dinge, Watson: Einen Wettcoupon und einen Brief. Beide werden wohl kaum versteckt sein. Ah, hier haben wir sie." Er zog aus der Brusttasche einen rosafarbenen Zettel und einen versiegelten Umschlag mit der Aufschrift ‚Nach meinem Tode zu öffnen'. Ich starrte auf den Coupon. Ich kümmere mich nicht um Wetten, aber selbst ich sah gleich, daß es hier um keine normale Wette ging.

„Dies ist ein Coupon für eine sogenannte Akkumulationswette", erklärte Holmes, als er meine Verwirrung bemerkte. „Dabei wird auf kein einzelnes Rennen gesetzt, sondern auf eine ganze Serie von Rennen, maximal auf alle, die am betreffenden Tag stattfinden. Das waren in diesem Falle fünf aufeinanderfolgende Rennen.

Wenn das genannte Pferd das erste Rennen gewinnt, dann wird der Einsatz mit der entsprechenden Gewinnquote multipliziert. Diese Summe ist dann automatisch der Einsatz des Spielers beim nächsten Rennen und so weiter. Wenn auch nur eines der genannten Pferde verliert, so ist die gesamte Wette verloren. Wenn aber jedes der ausgewählten Pferde gewinnt, werden – wie angedeutet – die sukzessiven Summen vervielfacht, ohne Rücksicht auf die normalen Limits.

Der Spieler hat also eine sehr kleine Chance, eine allerdings astronomisch hohe Summe zu gewinnen. Er ist schon vorgekommen, daß ein großer Buchmacher an einem solchen Gewinn bankrott ging.

Verstehen Sie nun, Watson? Pemberton hatte es so angelegt, daß er heute entweder extremen Reichtum oder einen schmerzlosen Tod empfangen würde. Er hatte es so eingerichtet, daß seine Kommilitonen die Tat begingen, so daß er sterben würde, bevor er vom Verlust der Wette erfahren konnte.

„Aber warum das alles, Holmes?" entfuhr es mir. „Ein Mann, der sich keineswegs in einer verzweifelten Situation befand, setzte sein Leben gegen eine minimale Chance auf Reichtum? Das ergibt doch keinen Sinn."

„Was das anbetrifft, habe ich eine Vermutung", entgegnete Holmes. „Ich glaube, dieser Umschlag war für die Grainers gedacht und sollte nur in deren Anwesenheit geöffnet werden."

Ein paar Minuten später standen wir in einem zugigen Wohnzimmer. Holmes schlitzte den Umschlag auf und las den Brief vor:

Sehr geehrter Herr,
Gestern hörte ich von einer sehr außergewöhnlichen Theorie. Danach leben wir in einer Unendlichkeit einander ähnlicher Welten. Sie unterscheiden sich voneinander zu jedem Zeitpunkt, weil unendlich viele mögliche Quantenergebnisse zusammen auftreten.

Diese Logik hat mich überzeugt. Ich weiß aus meinem Studium, daß eine Unendlichkeit beim Verdoppeln die gleiche Unendlichkeit wie zuvor ergibt. Und sogar eine Unendlichkeit, mit sich selbst multipliziert, ist nicht größer als diese Unendlichkeit selbst. Da dies so ist, habe ich beschlossen, mein Leben einzusetzen, wobei das Risiko ungefähr bei zehntausend zu eins liegt.

Von unendlich vielen ähnlichen Kopien meiner selbst wird also nur etwa eine von zehntausend überleben: genau die gleiche Anzahl wie zuvor. Und sie alle werden noch reicher sein, als ich es im Augenblick erträume.

Ich schreibe hier zu rein hypothetischen Menschen, in Welten, die aus meiner Sicht nicht wirklich existieren. Aber wenn irgend jemand dies auf irgendeine Weise liest, möge er bitte meiner Familie und meinen Freunden ausrichten, daß ich sie um Verzeihung bitte. Ich erkläre hiermit, daß ich diese Handlung nicht aus irgendwelcher Verzweiflung heraus, sondern streng nach der Logik beging. Kein Mensch war bisher bereit gewesen, eine Gelegenheit wie diese zu ergreifen.
Mit freundlichen Grüßen,
Arthur Pemberton

„Ein Aspekt an diesem Fall stört mich noch", sagte ich zu Holmes, während wir im Nachtzug nach London zurückfuhren.

Holmes blickte auf. „Und was ist das?"

„Mr. Grainer ist zweifellos ein kluger, doch etwas träger Mensch. Daher überrascht es mich ein wenig, daß er als Geschäftsmann so erfolgreich ist. Schließlich hatten ihn die angeheuerten Schlägertypen in Ruhe gelassen, nachdem er seine Arbeit abgeschlossen hatte. Woher rührte danach sein Antrieb?"

Mein Freund lächelte. „Wenn wir die familiären Umstände auf der Farm bedenken, dann ist eigentlich klar, daß dieses Problem auf wirklich zufriedenstellende Weise gelöst ist."

Er legte die Zeitung aus der Hand und sah mich ein wenig ernster an. „Wenn Sie dieses kleine Abenteuer für Ihre Leserschaft niederschreiben, Watson, dann sollten Sie sie vielleicht bezüglich einiger Punkte warnen.

Erstens: Die Vorstellung, es gebe viele Welten, ist zumindest ziemlich spekulativ.

Zweitens: Selbst wenn diese Idee zutreffend ist, bleibt unklar, ob es wirklich unendlich viele oder nur sehr viele Parallelwelten gibt. Ein Zehntausendstel einer echten Unendlichkeit ist immer noch eine Unendlichkeit; aber ein Zehntausendstel irgendeiner endlichen Zahl ist viel kleiner als diese ursprüngliche Zahl.

Drittens: Die Wahrscheinlichkeit, daß eine Vorrichtung zum Selbstmord nicht wie vorgesehen funktioniert – also das Opfer verletzt oder lähmt –, ist wahrscheinlich höher als eins zu zehntausend. In diesem Falle würden mehr Arthurs verwundet überleben als reich werden.

Viertens war das Vorhaben ziemlich egoistisch, denn es wurden zahlreiche Verwandte in Gram gestürzt. Man kann jedoch einen rein philosophischen Standpunkt einnehmen und dabei voraussetzen, daß Welten, mit denen man keinen Kontakt aufnehmen kann, überhaupt nicht existieren. Das wiederum erscheint mir als reiner Solipsismus, also als eine Überzeugung, die nur das eigene Ich als wirklich gelten läßt."

Ich hob die Hand, um seinen Redefluß zu stoppen. „Holmes, Sie tun meinen Lesern unrecht. Sie wollen doch nicht im Ernst, daß ich – wie in Kinderbüchern über tollkühne Abenteuer – eine Warnung anschließe, etwa: ‚Keinesfalls selbst ausprobieren!' Ich glaube kaum, daß in diesem Fall ein vernünftiger Mensch eine solche Ermahnung nötig hat! Aber wenn es Sie beruhigt, dann will ich es tun."

Am nächsten Morgen riß mich Holmes aus tiefem Schlaf, indem er an meiner Schulter rüttelte.

„Aufstehen, Watson! Das Spiel geht weiter. Die Anarchisten haben zugeschlagen, und alle guten Männer werden gebraucht."

Ich schaffte es tatsächlich, schnell aufzustehen und mich anzuziehen. Draußen war es noch stockdunkel. Ein Zweispänner der Polizei wartete am Bordstein, aber sonst rührte sich nichts. Aus Sherlocks Verhalten hatte ich geschlossen, daß ein Aufruhr im Gange sei, wenn nicht noch Schlimmeres. Das sagte ich ihm – durchaus nicht ohne Vorwurf –, als die Pferde lostrabten. Holmes wirkte hellwach.

„Nein, Watson, es ist eine eher heimtückische Bedrohung. Die Polizei hat allerdings unsere Hilfe erbeten, und ich meine, es ist unsere Pflicht, sie zu gewähren."

In der Kensington Street stießen wir auf eine Straßensperre der Polizei, und zweihundert Meter weiter sahen wir eine weitere. Anwohner, teilweise noch in Nachtkleidung, wurden weggebracht. In all dem Chaos trafen wir Inspektor Lestrade an.

„Morgen zusammen", sagte er fröhlich. „Nun, ich wüßte nicht, was Sie hier tun könnten, Mr. Holmes. Es geht eigentlich nur darum, die Nerven zu behalten, während wir eine Bombe entschärfen. Es ist diesmal nur eine kleine, mit nur ein paar Pfund Schießpulver. Die einzigen Komplikationen sind eine Mitteilung, die uns verwirren soll, und ein etwas verrückter Professor, der fest entschlossen scheint, uns ins Handwerk zu pfuschen. Wenn er mir heute nochmal in die Quere kommt, lasse ich ihn für ein paar Stunden in der Zelle schmoren."

Ein Stück voraus hörten wir lautes Gebrüll; es ließ keinen Zweifel daran aufkommen, wer dieser verrückte Professor war.

„Ich bin ein Freund von Professor Challenger", sagte Holmes zu Lestrade.

„Gut, könnten Sie ihn vielleicht beruhigen und von hier fortbringen?" Lestrade winkte uns weiter. Wir betraten die Eingangshalle eines Bürohauses, wo wir etwas Seltsames erblickten. Da stand, gegenüber dem Eingang, ein gläserner Tank mit etlichen Mechanismen darin. Durch eine seiner Seitenwände verlief eine Röhre, an der eine Plakette befestigt war. Challenger stand daneben dem Tank und stritt sich wütend mit zwei Polizisten herum. Als er meinen Freund sah, winkte er ihn heran.

„Gott sei Dank, daß Sie kommen, Mr. Holmes. Ich glaube, Sie haben etwas Erfahrung im Umgang mit diesen übereifrigen Staatsdienern", dröhnte er. „Ich versuche gerade, ihnen klarzumachen, daß dies keine gewöhnliche Bombe ist, sondern eher eine Art Intelligenzprüfung.

Auf der Plakette steht, daß die Bombe keinen Zeitgeber hat, wohl aber einen sehr empfindlichen Schalter. Man kann ihn nicht gefahrlos bewegen. Schon der Aufprall eines einzigen Lichtphotons soll ihn auslösen! Der Schalter befindet sich glücklicherweise in einem versiegelten Hohlraum, den man nur erreichen kann, wenn man das Ende dieser Röhre freilegt. Zudem besagt der Text auf der Plakette, der Schalter könnte in einer solchen Position fixiert sein, daß die Bombe völlig ungefährlich ist. Weil wir nichts Genaueres wissen, müssen wir äußerst vorsichtig sein."

Lestrade war inzwischen hinter uns getreten. „Die simple Logik sagt doch schon, Professor, daß die Bombe letztlich hochgehen wird, wenn sie scharf ist. Das Areal ist nicht beliebig lange zu evakuieren. Wir können die Leute nur in sicherer Entfernung halten und dann versuchen, die Lage zu klären. Ist der Mechanismus deaktiviert, dann ist es gut; andernfalls müssen wir das Ding explodieren lassen und hinterher alles wieder in Ordnung bringen."

„Und wenn Sie mit Sicherheit wüßten, daß die Bombe scharf ist, würden Sie dann auch so vorgehen?" fragte Challenger und fügte hinzu: „Wir sind hier in der Nähe einiger Museen mit Kunstwerken von unschätzbarem Wert."

Lestrade zuckte die Achseln. „Wenn wir sicher wären, daß die Bombe scharf ist, dann würden wir sie beispielsweise mit Sandsäcken abdecken. Aber wir können auf einen bloßen Verdacht hin keine dermaßen extremen Maßnahmen ergreifen. Und weil der Schalter offensichtlich so empfindlich ist, können wir nicht herausfinden, ob die Bombe scharf ist, ohne daß sie gleich detoniert."

Challenger schnaubte wütend. „Aber genau das versuchte ich gerade, Ihren begriffsstutzigen Leuten klarzumachen! Hätte ich genug Zeit, dann wäre ich in der Lage, einen praktisch sicheren Test zu ersinnen. Aber schon jetzt weiß ich einen Weg, mit nur geringem Detonationsrisiko zu ermitteln, ob die Bombe wirklich scharf ist."

„Und wie wollen Sie das anstellen?" fragte Lestrade einigermaßen skeptisch.

„Indem ich ein Lichtphoton darauf richte."

„Um Gottes Willen! Sie sagten doch gerade selbst, daß die Bombe, falls sie scharf ist, dann ganz bestimmt hochgeht!"

Challenger seufzte. „Ich kann meinen Plan Mr. Holmes erklären, denn er kennt die Grundbegriffe der modernen Physik."

Lestrade sah auf die Uhr. „Ich werde mich auf das Urteil von Mr. Holmes verlassen", sagte er. „Aber wenn Sie ihn innerhalb von fünf Minuten nicht überzeugen können, dann müssen Sie – ob Professor oder nicht – das Feld meinen Leuten überlassen. Andernfalls werden Sie sich in der Polizeiwache wiederfinden."

Challenger zog Bleistift und Notizblock aus der Tasche. „Sie wissen, wie man im Varieté die Illusion eines Gespenstes erzeugt? Zwischen Bühne und Publikum befindet sich eine Glasplatte, die so ausgerichtet ist, daß sie das auftreffende Licht jeweils zur Hälfte durchläßt bzw. reflektiert. Dadurch erscheinen dem Betrachter das reflektierte Bild und die Szenerie dahinter ungefähr gleich stark. Ein Schauspieler, der sich in Wahrheit im Seitenflügel der Bühne befindet, scheint dann gleichzeitig über die Bühne zu schreiten, womöglich sogar durch Möbelstücke hindurch."

Er zeichnete eine Skizze, die auf der folgenden Seite wiedergegeben ist. „Eine ganz ähnliche Anordnung möchte ich hier einsetzen. Ein Lichtphoton wird auf die schrägstehende Glasscheibe geschossen. Die Wahrscheinlichkeit beträgt jeweils fünfzig Prozent, daß es nach rechts reflektiert wird bzw. daß es geradeaus zum Schalter weiterfliegt. Auf diesem befindet sich ein fest angebrachter Spiegel. Rechts von dieser Anordnung stellen wir eine der empfindlichen Photoplatten von Doktor Adams auf."

„Oh, das ähnelt ja, abgesehen von den Winkeln, dem Doppelspalt-Experiment", warf ich ein.

Challenger nickte. „Sehr gut, Doktor. Wenn der Schalter festgeklemmt ist, können wir zahlreiche Photonen in die Anordnung schicken und werden dann auf der Photoplatte Interferenzstreifen vorfinden, wie sie uns ja schon vertraut sind. Wenn wir nur ein Photon hineinschicken, wird sich irgendwo auf der Photoplatte ein Fleck bilden – jedoch nicht dort, wo wir bei Interferenz einen unbelichteten, schwarzen Streifen fänden.

Was geschieht aber, wenn wir ein einzelnes Photon auf den Schalter der scharfen Bombe schicken?"

„Dann beträgt die Wahrscheinlichkeit fünfzig Prozent, daß wir ein ehrenvolles Begräbnis erhalten", vermutete ich. „Wenn das Photon aber am ersten Spiegel reflektiert wird, ergibt sich nur ein Fleck auf der Photoplatte."

„Und wo ungefähr auf der Photoplatte?"

„An einer beliebigen Stelle, außer zwischen den Interferenzstreifen", antwortete ich.

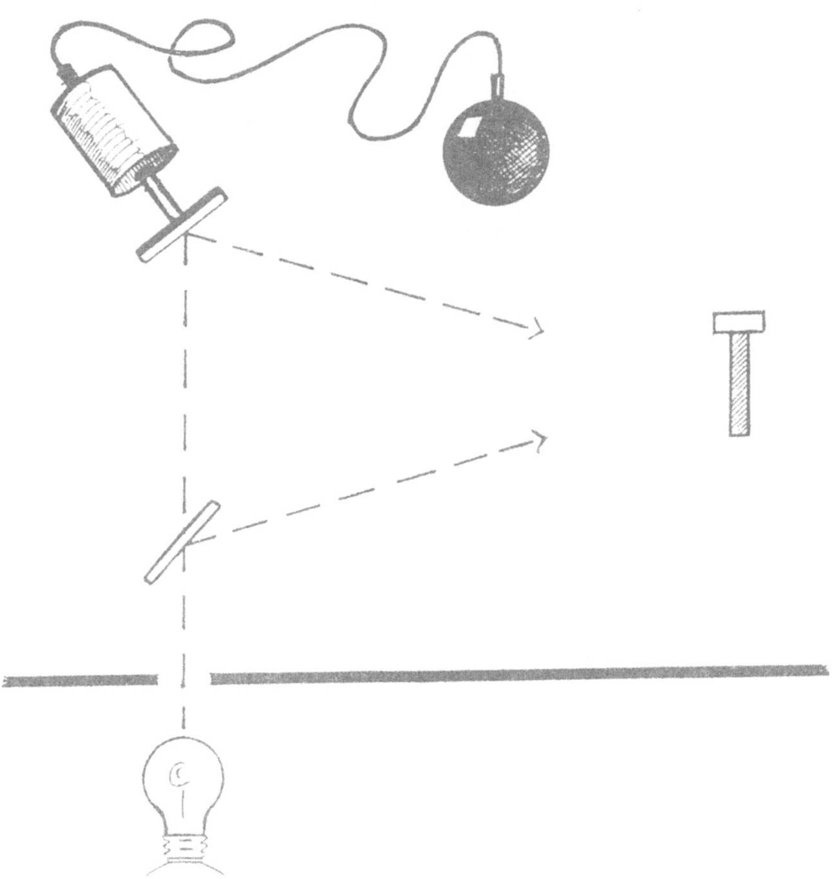

Der unmögliche Bombentester

Challenger schüttelte den Kopf. „Ihre Gedankengänge sind wirklich sehr interessant, Doktor", sagte er mit beißender Ironie. „Haben Sie denn vergessen, daß beim Doppelspalt-Experiment das Interferenzmuster verschwindet, sobald man festzustellen versucht, welchen Spalt das Photon passiert hat? Ist aber dieser Schalter, der die Bombe auslöst, nicht auch eine Vorrichtung, die ermittelt, ob das Photon am ersten oder am zweiten Spiegel reflektiert wurde? Im ersten Fall gibt es nämlich nur einen Fleck auf der Photoplatte, aber im zweiten Fall fliegt die Bombe in die Luft."

Ich versuchte es noch einmal. „Wenn der Schalter aktiv ist, kann keine Interferenz auftreten, und es besteht für das Photon kein Verbot mehr, zwischen den Interferenzstreifen aufzutreffen. Es kann die Photoplatte also irgendwo schwärzen."

„So ist es. Lassen wir nun ein Photon eintreten. Es kann entweder die Bombe auslösen oder am ersten Spiegel zur Photoplatte hin reflektiert werden und dort an einem Punkt auftreffen, der uns nichts sagt. Aber mit ein bißchen Glück kann es vom ersten Spiegel reflektiert werden und dort auf die Platte treffen, wo wir einen Interferenzstreifen erwarten; dann wissen wir, daß die Bombe scharf ist. In diesem Fall wird sie nicht explodieren, *und wir werden bewiesen haben, daß der Schalter frei beweglich wäre, wenn er getroffen würde.*"

Das erschien mir recht unsinnig. Er behauptete, man könne herausfinden, ob der Schalter beim Aufprall eines Photons fixiert oder beweglich ist, ohne daß dieser Aufprall stattfinden müßte! Da konnte doch etwas nicht stimmen! Aber mein Freund nickte nachdenklich.

Glücklicherweise war es von hier nicht weit zu Challengers Laboratorium am *Imperial College*. In knapp einer Stunde war die von ihm skizzierte Vorrichtung zusammengebaut und bei der Bombe aufgestellt. Ein langes Kabel verband einen Schalter mit einer Lampe, die einzelne Photonen emittieren konnte. Wir zogen uns alle in eine sichere Entfernung zurück, legten uns auf den Boden und hielten uns die Ohren fest zu. Dann betätigte Challenger den Schalter der Lampe. Wir konnten nicht bemerken, daß etwas geschah. Einer der Polizisten kicherte, doch Challenger ließ sich nicht aus der Ruhe bringen. Er ging weg, um die Photoplatte zu entwickeln. Bald darauf kam er zurück. Er war jetzt kreidebleich.

„Inspektor", sagte er todernst, „die Bombe ist scharf."

Allerdings mußte sich Holmes noch ins Zeug legen, um Lestrade zu überzeugen. Dann aber ordnete der Inspektor an, die Umgebung der Bombe mit Sandsäcken sorgfältig abzudämmen und die Straße weiträumiger zu sperren, ungeachtet des dadurch verursachten Verkehrschaos. Bis zum Abend waren alle erdenklichen Vorsichtsmaßnahmen getroffen. Challenger hatte den Spiegel aus seiner Apparatur herausgenommen und stellte sich wieder an den Lichtschalter. Das Photon sollte diesmal – ohne einen anderen Weg nehmen zu können – auf den Schalter treffen.

Ich hatte mich ganz darauf eingestellt, daß wieder nichts geschähe, da detonierte die Bombe auch schon. Der Schalter war tatsächlich die ganze Zeit scharf gewesen. Challenger überzeugte sich zunächst, daß die Sandsäcke den Schaden gering gehalten hatten, klopfte uns dann triumphierend auf die Schulter und wünschte noch eine gute Nacht.

„Mich läßt der Gedanke nicht los, daß man Challengers Test auf eine ganz besondere Weise überprüfen muß", sagte ich, als wir in der beginnenden Dunkelheit nach Hause gingen. „Es müßte nämlich zwei Parallelwelten geben, zwischen denen aufgrund der Konzeption dieses Experiments kurzzeitig eine Kommunikation bestand. Die eine hatte kein Glück: Der erste Test löste den Schalter aus, und die Bombe detonierte. Aber diese Informationseinheit wurde in Wahrheit in diese Version der Realität exportiert, und da erkannten wir, was geschehen *wäre*, wenn wir den Schalter getestet hätten – ohne ihn aber wirklich zu betätigen."

Sherlock Holmes gab keine Antwort.

„Zumindest in dieser Hinsicht", insistierte ich, „verstehe ich, was geschah. Dürfte ich da nicht wenigstens postulieren, daß die Viele-Welten-Hypothese dabei hilft, die Realität zu erklären – sei sie nun zutreffend oder nicht?"

Sherlock Holmes lächelte. „Sie sind vorsichtig, Watson, wie Kopernikus. *Es sieht so aus, als ob* die Erde die Sonne umrundet, meinte er sinngemäß, aber wir behaupten nicht, daß dies wirklich so ist. Vielmehr soll uns diese Fiktion nur unsere Berechnungen und Voraussagen erleichtern."

Plötzlich stockte er, und seine Finger krallten sich in meine Schulter. „Watson, sehen Sie, dort!"

Ich spähte in die zunehmende Finsternis. Ein Stück von uns entfernt ging eine große, attraktive Frau mit asiatischen Gesichtszügen den Bürgersteig entlang. Eine goldene Spange schimmerte vorn an ihrem Umhang. Mein Freund eilte zu ihr hin, aber sie bemerkte ihn und floh durch die Menschenmenge.

Die Verfolgungsjagd wirkte recht komisch, aber mein Freund nahm sie bitter ernst. Jedem Mann begegnet irgendwann die Dame seines Schicksals, seine Sirene, seine Loreley oder seine Delilah. Natürlich folgte Holmes der Dame keineswegs aus bloßer Neugier. Wir kamen durch den eher vornehmen Stadtteil Knightsbridge, dann durch Straßen mit Geschäften und Banken und schließlich am Theaterviertel vorbei, immer ostwärts, bis in das heruntergekommene Hafengebiet. Es war mir und sicherlich auch Holmes klar, daß sich die Dame keineswegs zufällig hatte entdecken lassen und daß sie ein Spiel mit ihm trieb. Das änderte aber nichts daran, daß er sich geradezu hypnotisch von ihr angezogen fühlte. Schließlich huschte sie durch einen schäbigen Torweg, über dem das Signet einer Art Club angebracht war. Hier hinein zu folgen, war wohl nicht ganz ungefährlich, aber nichts konnte Holmes zurückhalten. Also gingen wir hinein und waren sogleich von Opiumrauch umgeben. Die Frau war in die hinteren Teile des Anwesens gelaufen. Wir eilten, fast schon benebelt, hinterher und erreichten eine Art Aula, in der sich schon sehr viele Leute befanden.

Die Luft war geschwängert vom Opiumrauch, und mir wurde beinahe schwindlig. Der Zeremonienmeister forderte uns mit ungeduldigen Gesten auf, uns zu setzen, als auch schon eine farbenprächtig gekleidete Zauberkünstlerin auf die Bühne trat. Sie hatte ihr Erscheinungsbild in den wenigen Sekunden so gründlich verändert, daß ich die Frau, der wir gefolgt waren, nicht sofort wiedererkannte.

Sie führte nun etliche Zaubertricks vor, die zwar eindrucksvoll, aber durchaus nicht einzigartig waren. Das Publikum applaudierte begeistert, doch mein Freund interessierte sich eher für die Künstlerin als für deren Vorführung. Nun bat sie mit einer herrischen Geste um Ruhe.

„Bis jetzt, meine Freunde, haben Sie recht gewöhnliche Tricks gesehen. Aber nun führe ich Ihnen etwas Erstaunliches vor.

Unlängst haben kluge Wissenschaftler die Vermutung geäußert, daß die Welt, die wir mit unseren Sinnen wahrnehmen, nur ein Ausschnitt eines größeren Universums mit mehr Dimensionen sei. Von unserem Standpunkt aus läuft unsere momentane Auswahl aus den Realitäten ständig auseinander, und zwar aufgrund dieser Mannigfaltigkeit an Welten: Eine Welt wird zu vielen. Hat ein Photon die Möglichkeit, sich nach oben oder nach unten zu bewegen, dann werden die zwei Realitäten, in denen jeweils das Gegenteil stattfand, anschließend auseinanderlaufen.

Meine Freunde, *ich kann diesen Vorhang zwischen den Realitäten lüften.* Ich kann für ein paar Sekunden Kontakt mit dieser anderen Welt haben, während sie von uns weg eilt."

Sie wies auf ein großes Gerät, das mitten auf der Bühne stand und von einem schwarzen Tuch verhüllt war. Es ließ nur zwei Schalter und eine Glühbirne frei, die oben herausragte.

„Wenn ich diese Schalter betätige", sagte sie und zeigte auf den größeren der beiden Schalter, „dann wird ein Lichtphoton zu einer Glasplatte hin emittiert, von der es jeweils mit einer Wahrscheinlichkeit von 50 Prozent reflektiert oder durchgelassen wird. Wenn es die Glasplatte passiert, regt es ein Atom an, das seinerseits diese Glühbirne aufleuchten läßt. Betätige ich aber den kleineren Schalter, so kann sich das Atom entladen, und die Lampe geht aus.

Wenn das Photon die Glasplatte nicht passiert, bleibt die Lampe dunkel. Aber die Zustände des Atoms in beiden möglichen Welten bleiben miteinander verknüpft: Das eine kann das andere beeinflussen. Wenn ich kurz danach – in der Welt des Photons, das die Platte passiert hat – das Atom sich entladen lasse, dann beeinflußt es sein Gegenstück in der Welt, in der es die Platte nicht passiert hat, so daß *die Glühbirne auch in jener anderen Welt leuchtet.*

Das werde ich Ihnen jetzt beweisen. Dazu brauche ich aber einen Freiwilligen."

Holmes sprang auf. Die Frau sah ihn an und lächelte. „Nein, Sir, ich möchte keinen zu cleveren Kandidaten, sondern eher einen absolut zuverlässigen und vertrauenswürdigen Mann, den man nicht verdächtigen kann, an einem Trick mitzuwirken, und dessen Wort über jeden Verdacht erhaben ist. Ihr Begleiter wäre mir da sehr angenehm." Zu meinem großen Erstaunen deutete sie auf mich.

„Würden Sie bitte auf die Bühne treten, Doktor? Passen Sie gut auf. Ich bitte Sie, sich einen Buchstaben des Alphabets zu denken, den Sie ganz zufällig auswählen können. Lassen Sie sich auf keine Weise anmerken, welcher Buchstabe es ist. Dann werde ich diesen Schalter betätigen.

Wenn die Glühbirne aufleuchtet, müssen Sie mir sofort sagen, welchen Buchstaben Sie sich gedacht haben. Wenn sie nicht leuchtet, behalten Sie ihn für sich, und ich werde ihn nennen. Ihr Gegenstück in der anderen Welt wird ihn mir enthüllt haben! Lassen Sie uns beginnen. Denken Sie sich einen Buchstaben."

Ich wählte N, wie Norden, und nickte. Sie betätigte den großen Schalter an der Maschine. Die Glühbirne leuchtete auf, und gleichzeitig startete die Frau eine Stoppuhr, die sie an einer Halskette trug. „Welcher Buchstabe war es?" fragte sie, und ich sagte: „N, wie Norden." Sie blickte aufmerksam auf die Stoppuhr, und in einem Moment, den sie offenbar sorgfältig gewählt hatte, betätigte sie den kleineren Schalter, so daß die Glühbirne ausging. Dann setzte sie das Gerät und auch die Stoppuhr zurück.

„Denken Sie sich einen weiteren Buchstaben", wies sie mich an. Ich dachte mir O und nickte. Sie betätigte wieder den großen Schalter, aber diesmal blieb die Glühbirne dunkel. Sie startete die Stoppuhr und verfolgte aufmerksam die Zeiger. Nach ein paar Sekunden begann die Glühbirne zu flackern. Die Frau sah mich triumphierend an.

„Ihr Buchstabe lautet O", sagte sie dann.

Wie konnte sie das vermuten oder gar wissen? Mir stand vor Entgeisterung schier der Mund offen.

Danach dachte ich mir R, die Lampe blieb aus, und ich schwieg. „Sie hatten R gedacht", sagte sie mir ein paar Sekunden später.

Das ging eine Weile so weiter, und bald hatten wir das Wort *Norbury* durchbuchstabiert. Offenbar war es das exakte Timing des Signals von Welt zu Welt – jeweils kurz nach der Aufspaltung –, das die Übertragung des von meinem Gegenstück enthüllten Buchstabens erlaubte. Als der letzte Buchstabe genannt war, sprang mein Freund auf.

„Madam, ich würde gern Ihr Gerät überprüfen", sagte er. Sie schüttelte den Kopf, aber Holmes sprang auf die Bühne. Sofort packten ihn zwei kräftige Männer, die hier wohl als Ordner engagiert waren. Ich kam ihm zu Hilfe, wurde aber gleichermaßen attackiert. Ich fühlte, wie mir ein süßlich riechendes Tuch auf das Gesicht gedrückt wurde, und alles weitere versank im Nebel.

Als ich wieder zu mir kam, saß ich auf einer harten Holzbank. Die kalte Nachtluft brannte wie Feuer in meiner Nase. Ich hörte ein Stöhnen und sah dann erst Holmes, der benommen neben mir erwachte. Wir halfen einander mühsam auf die Beine, schwankten aber noch ziemlich.

„Wo sind wir?" fragte ich. Holmes sah sich um. „Nun, in der Euston Street", entgegnete er, „zu Fuß gerade zehn Minuten bis zur Baker Street. Ich denke, unser nächtliches Abenteuer hätte schlimmer enden können."

Wir machten uns auf den Heimweg und gingen langsam nach Westen, eine ganze Weile schweigend. Bald konnte ich die Spannung nicht mehr ertragen.

„Holmes, die Ereignisse in den letzten Tagen – waren sie wirklich so, wie sie zu sein schienen?" fragte ich.

Holmes nickte. „Ja, Watson. Alle, zumindest bis zu dieser Nacht. Sogar Challengers unmöglicher Bombentest war nur eine Version eines Experiments, das schon oft zuverlässig reproduziert werden konnte.

Aber das Abenteuer in dieser Nacht wurde sorgfältig für uns eingefädelt. Die Frau lockte uns natürlich absichtlich in diese Opiumhöhle. Als unsere Sinne schon leicht getrübt waren, sahen wir ein Experiment, das ebenfalls schon vorgeschlagen, aber meines Wissens bislang noch nie durchgeführt worden war."

„Aber wie konnte der Trick bloß funktionieren?" fragte ich zweifelnd.

Holmes lachte. „Oh, eine raffinierte Irreführung, mit der Parapsychologen und sogenannte Medien die Leichtgläubigen täuschen! Das Wort *Norbury* schien zufällig ausgewählt zu sein; aber es war der Schauplatz eines meiner Mißerfolge. Welches Wort sollen Sie mir zuflüstern, wenn Sie jemals bemerken sollten, daß ich überheblich werde?"

Ich fühlte, wie ich errötete. „Dann sind Parallelwelten also in Wahrheit Unsinn?" erlaubte ich mir zu bemerken.

Holmes schüttelte den Kopf. „Diese Vorstellung ist nur noch nicht bewiesen, Watson. Sie kennen ja meine Maxime: Wenn das Unmögliche ausgeschlossen wurde, dann muß das übrige – wie unwahrscheinlich auch immer – wahr sein. Wir können nur sagen, daß die Viele-Welten-Vorstellung von allen mir bekannten Ansätzen wohl die am wenigsten unwahrscheinliche Erklärung für die bizarren Paradoxa der Quantenwelt ist."

Wir kamen inzwischen am *Imperial College* vorbei, über dessen Portal eine Inschrift sozusagen abschreckt: „Lasset niemanden hier eintreten, der nicht die Mathematik beherrscht".

„Ich wünschte, dieses Abenteuer hätte ein ordentlicheres Ende gefunden, Holmes", sagte ich schließlich. „Der Fall ist noch ungelöst. Aber ich nehme an, es wird ein Punkt erreicht werden, an dem wir – ja, auch Sie! – weichen und das Feld denen überlassen müssen, die auf Philosophie, Mathematik und solche tieferen Geheimnisse spezialisiert sind."

Holmes lächelte. „Nein", entgegnete er. „Es liegt in der Natur der Dinge, daß eine Geschichte ein offenes Ende haben kann. Und in der wissenschaftlichen Forschung wirft jede gefundene Lösung im Grunde nur weitere Fragen auf. In den nächsten paar Jahren sind Erkenntnisse zu erwarten, denen die Kollegen von Challenger und Summerlee schon auf der Fährte sind.

Sie dürfen aber niemals glauben, daß man solche Dinge ganz allein den abstrakten Denkern überlassen kann. Große Geister können sich auch leicht selbst täuschen. Sie, Watson, meinten ja schon ein- oder zweimal, ich hätte eine heimliche Vorliebe für das Raffinierte oder Seltsame, wo auch eine einfachere Erklärung ausreichte.

Theoretiker müssen bei ihrer Ehre gepackt werden. Wenn ein brillanter Wissenschaftler seinen Mitmenschen einen Sachverhalt nicht eindeutig erklären kann, dann ist das ein Zeichen dafür, daß er sie selbst nicht richtig versteht. Keine Angst, Watson; die Leute, die mit ihrem gesunden Menschenverstand fest auf dem Boden der Tatsachen stehen, werden immer ihren Platz haben. Also werden auch wir beide bei derartigen Ermittlungen immer wieder gefragt sein.“

Nachwort: Paradoxa und Paradigmenwechsel

In der realen wissenschaftlichen Forschung und auch bei detektivischen Untersuchungen geht es meist darum, den vorliegenden Hinweisen und Indizien sorgfältig nachzuspüren, so daß sich die Details nach und nach zu einem Bild zusammenfügen, dessen Grundzüge schon bekannt sind. Doch in der jüngeren Vergangenheit – am deutlichsten zwischen 1850 und 1930, also etwa zu Lebzeiten des fiktiven Meisterdetektivs Sherlock Holmes – trug sich mehrfach etwas viel Aufregenderes zu, das mehr Parallelen mit Detektivgeschichten als mit der gewöhnlichen Kriminalistik aufweist. In den besten Kriminalromanen erfahren die Geschehnisse etliche Wendungen, die alle Personen und deren Handlungen in immer wieder neuem Licht erscheinen lassen. Sherlock Holmes erzählt Watson, wie er einen „einzelnen Aspekt" findet, der das oberflächliche Bild widerlegt und ein neues Paradigma enthüllt, das die Aktionen der Beteiligten beherrscht. In ähnlicher Weise ist die hier erzählte Geschichte eine Geschichte wissenschaftlicher *Paradigmenwechsel*. Die naturwissenschaftlichen Erkenntnisse ergeben sich nach allgemeiner Überzeugung durch kleine, geduldig ausgeführte Schritte. Aber zuweilen erhielt man experimentelle Ergebnisse, die völlig paradox und im Rahmen der akzeptierten Lehre fast unerklärlich waren. Das führte dann jeweils dazu, daß im betreffenden Teilbereich das gesamte Gedankengebäude einzureißen und neu zu konzipieren war; es mußte also ein neues, verfeinertes Bild von der Wirklichkeit begründet und akzeptiert werden.

Der erste derartige Paradigmenwechsel war die Erkenntnis, daß die Erde, die man seit jeher für ruhend und unbeweglich gehalten hatte, nicht nur durch den Weltraum rast, sondern auch noch erschreckend schnell rotiert. Das Bild einer sich bewegenden Erde wird seit den Zeiten von Kopernikus und Galilei weitgehend akzeptiert. Aber erst Léon Foucault (1819–1868) gelang der überzeugende Beweis, daß die Erde und nicht die Himmelssphäre sich dreht. Sein berühmtes Pendel tritt im **Fall des wissenschaftlichen Aristokraten** auf.

Der nächste Durchbruch führte dazu, daß wir das Wesen der Energie besser verstehen. James Prescott Joule (1818–1889) zeigte, daß sich die Energie von einer Form in eine andere umwandeln läßt. Damit konnte auch die Phlogistontheorie ad acta gelegt werden. Joules erste Arbeit auf diesem Gebiet wurde im Jahre 1847 von der *Royal Society* abgelehnt. Dennoch fuhr er fort, seine Vorstellungen auch dem allgemeinen Publikum bekannt zu machen; schließlich setzten sie sich durch. Dieser Fortschritt wurde auch für die Technik sehr bedeutsam: Die nun bekannten Gesetze der Energieumwandlung wurden in den ersten Dampfmaschinen und Traktoren ausgenutzt. So wurde die Menschheit nach und nach von schwerer körperlicher Arbeit entlastet, die sie seit dem Aufkommen des Ackerbaus auf sich nehmen mußte. Auch die einzelnen Ereignisse im **Fall der fehlenden Energie** beruhen auf Tatsachen. In den 60er Jahren kamen zwei Taucher in der Nordsee auf tragische Weise ums Leben. Die Umstände ähnelten den hier beschriebenen. Und die Unterwasserwellen kommen in norwegischen Fjorden wirklich vor, wenn auch sehr selten.

So wie man schon lange vor dem Beweis vermutet hatte, daß die Erde sich um ihre eigene Achse dreht, hatten bereits antike Gelehrte behauptet, daß die Materie aus unteilbaren kleinsten Teilchen besteht. Doch erst Einstein konnte zu Anfang unseres Jahrhunderts zeigen, daß die Brownsche Molekularbewegung nicht nur die Existenz der Atome beweist, sondern daß man aus ihr auch auf deren Größe schließen kann. Das wird im **Fall des Arztes, der nicht an Atome glaubte**, beschrieben.

Henri Becquerel (1852–1908) erhielt zusammen mit Pierre und Marie Curie im Jahre 1903 einen der ersten Physik-Nobelpreise, und zwar für die Entdeckung der Radioaktivität. Er hatte bemerkt, daß auch verpackte Photoplatten durch gewisse Strahlungen geschwärzt wurden, wie es hier im **Fall des sabotierten Wissenschaftlers** geschildert ist. Die nähere Untersuchung führte zu der Erkenntnis, daß auch die Atome nicht unteilbar sind, sondern aus noch fundamentaleren Teilchen bestehen, und daß sich Atome bestimmter Elemente in die anderer Elemente umwandeln lassen. Damit war ein zentraler Lehrsatz der Chemie gestürzt.

An den Versuchen, die Lichtgeschwindigkeit zu bestimmen, waren zahlreiche Forscher beteiligt. Einige Versuche werden im **Fall der fliegenden Geschosse** erwähnt. Albert Michelson (1852–1931) und Edward Morley (1838–1923) versuchten – wie hier von

Mycroft geschildert – die durch die Erdbewegung hervorgerufene Ätherdrift zu messen. Michelson erhielt 1907 für diese Arbeit, als erster amerikanischer Wissenschaftler überhaupt, den Nobelpreis. Nun war klar, daß die paradoxe Konstanz der Lichtgeschwindigkeit in allen Bezugssystemen nur dann erklärbar ist, wenn man die klassische Vorstellung von einem absoluten Raum und einer absoluten Zeit aufgibt.

Albert Einstein (1879–1955) erkannte als erster deutlich die Tragweite des neuen Paradigmas einer „elastischen Raumzeit", die er mit Hilfe raffinierter Gedankenexperimente untersuchte. Die offenkundigen Paradoxa in den **Drei Fällen von familiärer Eifersucht** folgen seinem berühmten Zwillingsparadoxon (das er selbst allerdings anfänglich falsch beurteilte) und seinem weniger bekannten Paradoxon mit den zwei Zügen; hiermit wurde gezeigt, daß Gleichzeitigkeit ein sinnloser Begriff ist. Einstein bewies auch die Unmöglichkeit einer überlichtschnellen Kommunikation, nach der im **Fall des schnelleren Kaufmanns** gesucht wurde. Und nicht zuletzt beschrieb er die Äquivalenz von Masse und Energie, hier dargelegt im **Fall des Energie-Anarchisten**. Demnach wohnt der trägen Masse eine unvorstellbare Energiemenge inne, die bei der Spaltung oder der Fusion von Atomkernen frei werden kann. Die Erkenntnis dieser Tatsache zeigte wieder einmal, daß eher winzige Änderungen wissenschaftlicher Paradigmen im Laufe der Zeit eine enorme praktische Tragweite erlangen können.

Mit dem Doppelspalt-Experiment, hier geschildert im **Fall des ungetreuen Dieners**, bestätigte Thomas Young (1773–1829) erstmals die Wellennatur des Lichts. Die von Einstein gedeuteten Merkmale der Photoemission von Elektronen aus Metallen und andere Effekte schienen zu Beginn unseres Jahrhunderts dieser Vorstellung zu widersprechen, denn sie bewiesen die Teilchennatur der Photonen. Dieses Paradoxon wurde zum Ausgangspunkt der so merkwürdig anmutenden Quantentheorie. Das Wesen der Realität (insbesondere, ob sich ein Gebilde als lokalisiertes Teilchen oder als räumlich ausgebreitete Welle erweist) scheint davon abzuhängen, welche Art von Messung man vornimmt. Einstein meinte einmal, der Versuch, manche Beweise seiner Zeitgenossen zu verstehen, gleiche dem Versuch, sich auf die Gedankengänge eines unheilbar Geisteskranken einzulassen.

Der **Fall des verlassenen Strandes** – in dem übrigens Schrödingers berühmte Katze einen Gastauftritt auf dem Billardtisch hat – beschreibt einen Versuch des 1992 verstorbenen David Bohm und anderer, ein Bild von der Quantenrealität zu entwerfen, das mit unseren Alltagserfahrungen vereinbar ist. Bei einer solchen Beschreibung riskiert man jedoch, daß bei einem entsprechend präparierten Quantensystem eine Messung an einem Ort anscheinend ein weit entferntes Teilchen augenblicklich beeinflussen kann, und zwar ohne Rücksicht auf die Beschränkungen durch die Konstanz der Lichtgeschwindigkeit. Dieses berühmte EPR-Paradoxon, im Jahre 1935 von Albert Einstein, Boris Podolsky und Nathan Rosen formuliert, wurde von John Bell verfeinert; entscheidende Experimente hierzu wurden 1982 von Alain Aspect, J. Dalibert und G. Roger vorgenommen. Im **Seltsamen Fall von Mrs. Hudsons Katze** führen Challenger und Summerlee eine vereinfachte Version dieser Versuche durch. Der „Beobachtereffekt", den Watson feststellte, als er versuchte, die Katzen von Mrs. Hudsons Wohnzimmer fernzuhalten, ist der sogenannte Quanten-Zenon-Effekt, benannt nach dem griechischen Philosophen Zenon. Es konnte gezeigt werden, daß Berylliumionen in einem Magnetfeld zu halten sind, indem man sie lediglich in bestimmten Zeitabständen beobachtet.

Das hervorstechende Paradoxon der Quantentheorie bleibt jedoch bestehen: Irgendein gegebenes System vermag sich in einer Vielfalt von Wegen zu entwickeln, wobei jede mögliche Abfolge von Ereignissen verfolgt werden kann, beispielsweise alle möglichen Flugbahnen eines Photons durch ein optisches System. Aber diese Vielfalt reduziert sich auf das jeweilige Ergebnis, sobald eine „Messung" stattfindet, das heißt, eine Wechselwirkung mit der Umgebung. Diese Reduktion oder dieser *Quantenkollaps* ist ein unklar definiertes Ereignis, das anscheinend im Moment der Messung augenblicklich stattfindet, selbst wenn das System Elemente umfaßt, die räumlich weit verteilt sind. Die Gleichungen der Quantentheorie ergeben exakte Resultate, aber es existiert kein klares Bild der zugrundeliegenden Realität. Im Physikunterricht wurde uns immer erklärt, daß es nichts nutzt, die Argumente nachzuplappern und die Berechnungen stur nachzuvollziehen, ohne wirklich zu verstehen, was dahintersteckt. Doch genau darin besteht das Dilemma der modernen Physik.

Natürlich ist die Debatte über die Interpretation der Quantentheorie noch im Gange. Um einen alten Scherz aufzugreifen: Wenn man vier Physiker auffordert, das Wesen der Quantenrealität zu diskutieren, wird man mindestens fünf einander ausschließende Meinungen hören. Die Viele-Welten-Hypothese, erstmals 1957 von Hugh Everett vertreten, ist erstaunlicherweise die Interpretation, die die wenigsten zusätzlichen Annahmen als Ergänzung zu den bewiesenen Tatsachen erfordert. Ihr zufolge tritt jedes mögliche Ergebnis in einer Reihe miteinander verknüpfter oder sich verzweigender Welten auf. Diese Hypothese hat heute zahlreiche Anhänger, von denen einige aber aus Furcht vor Sensationsmacherei eine öffentliche Diskussion scheuen. Ein Physiker an der Universität Santa Fé soll provoziert worden sein, seinen Glauben an die Viele-Welten-Hypothese durch seinen Selbstmord zu beweisen. Anders als es hier im **Fall der verlorenen Welten** beschrieben ist, wies er die Aufforderung aber zurück.

Die theoretische Diskussion bringt oft mehr Rauch als Feuer hervor. Das wollte ich mit der Schilderung Watsons zu Beginn des Kapitels 12 karikieren. Heute spricht man gern von der *Dekohärenz*; das ist ein hübscher mathematischer Trick, der zeigt, wie überlagerte Zustände zu einem einzigen Ereignis zerfallen können. Doch nach einer verbreiteten Meinung hilft der Begriff der Dekorärenz nicht beim Beantworten der Frage, ob überlagerte Zustände „real" sind. – Befand sich in gewissen Sinne für eine Weile eine lebendige Katze in Schrödingers Kasten, auch wenn wir sie am Schluß tot auffanden? – Gibt es also wirklich viele Welten?

Es ist beruhigend zu wissen, daß diese Fragen auch mit noch raffinierteren Experimenten erforscht werden. (Es ist ein großer Fehler, über die Tatsachen hinaus zu spekulieren, Watson!) Beispielsweise wurde das „unmögliche Verfahren", mit dem Challenger die Bombe der Anarchisten testet, im Jahre 1993 von Elitzur und Vaidman vorgeschlagen und unter anderem von Anton Zeilinger an der Universität Innsbruck angewandt. Die Methode wurde inzwischen so verfeinert, daß die Bombe mit einer sehr geringen Detonationswahrscheinlichkeit zuverlässig getestet werden könnte. Andere Arbeitsgruppen versuchen die Realität überlagerter Zustände auch für größere Systeme zu beweisen, wenn auch nicht für Schrödingers berühmtes Gedankenexperiment von der zugleich lebendigen und toten Katze.

Sind die Antworten wirklich bedeutsam? Einige Physiker halten daran fest, daß man sich nicht weiter darum kümmern soll, solange die Gleichungen für die Praxis ausreichen und solange kein Experiment eindeutig klären kann, welche Interpretation der

Quantentheorie die richtige ist. Nach meiner Meinung hat die Geschichte bewiesen, daß ein solcher Standpunkt falsch ist. Als Kopernikus sein heliozentrisches System der Planeten konzipierte, war es für ihn lediglich ein Modell, das die mathematischen Berechnungen vereinfachte. Die Frage, ob sich die Erde „wirklich" bewegte oder nicht, hatte keinerlei praktische Konsequenzen. Aber heute könnten wir weder so alltägliche Dinge wie das Wetter verstehen – die globalen Luftströmungen unterliegen den Zentrifugal- und den Coriolis-Kräften aufgrund der Erdrotation – noch ein Raumschiff auf den Weg bringen, wenn wir nichts von den wirklichen Gegebenheiten wüßten. Die Transformationen der Speziellen Relativitätstheorie schienen zuerst auch nur ein nützlicher mathematischer Ansatz zu sein, führten jedoch zu der folgenschweren Entdeckung, daß die Masse so etwas wie eine kompakte Form der Energie ist. Die hilfreichen mathematischen Gleichungen der Quantentheorie können in ähnlicher Weise ein grundsätzlich tieferes Verständnis ermöglichen, wenn ihre Bedeutung erst einmal erkannt sein wird.

Wie die Leser vielleicht bemerkt haben, gelten meine Sympathien der Viele-Welten-Hypothese. Bis heute wurden etliche Experimente konzipiert, mit denen sie überprüft werden soll. Die letzte Episode im Kapitel 12, die in der Opiumhöhle spielt, ist meine eigene Extrapolation einer Anordnung, die von Rainer Plaga am Münchener Max-Planck-Institut für Physik vorgeschlagen wird. Alle anderen in diesem Buch beschriebenen überraschenden Phänomene wurden in der Realität klar bewiesen; nur dieses eine ist eine sehr spekulative Idee, wie man im Kontext leicht erkennt. Auch wenn es sich im Prinzip als möglich herausstellen sollte, zwischen den Quanten-Interpretationen zu unterscheiden, und wenn sich die Viele-Welten-Hypothese als zutreffend erwiese (und viele Physiker mißtrauen diesen beiden Annahmen), wären wir doch froh, wenn ein einfaches Experiment mit derart eindeutigen Resultaten möglich wäre. Ich habe diese Aspekte hier besprochen, obwohl man mich sicher beschuldigen wird, zur Science-fiction herabgestiegen zu sein. Ich wollte nämlich auf einen sehr wichtigen Punkt aufmerksam machen: Früher oder später wird es Experimente geben, die die Natur der Quantenrealität enthüllen; sie könnten zudem von enormer Tragweite sein. Wir sollten nicht glauben, wir hätten alle Paradigmenwechsel schon hinter uns.

Register